普通高等教育系列教材

微机原理与接口技术

主 编 包宋建
参 编 李 杰 杨守良 杨文耀 杨保亮 曾令刚

机械工业出版社

本书以微型计算机系统应用为目标，以 Intel 8086 微处理器为主要对象，对 Intel 8086 的内部结构、外部引脚进行了详细介绍，同时系统地介绍了微型计算机的基本组成、工作原理、接口技术及应用。全书共 11 章，包括计算机基础知识、8086 微型计算机系统、指令系统与寻址方式、汇编语言程序设计、Proteus 仿真平台的使用、半导体存储器、输入/输出接口、可编程接口芯片、中断与中断管理、数/模与模/数转换及应用、总线等内容。

本书内容精练、实用性强。本着"理论够用、突出应用"的宗旨，实验手段先进，引入 Proteus 软件仿真，让学生在"做中学、学中做"，可大大激发学生的学习兴趣。

本书可作为高等院校电气类、自动化类、电子信息类各专业本科生的教材，同时也可供有关工程技术人员参考。

图书在版编目（CIP）数据

微机原理与接口技术/包宋建主编. —北京：机械工业出版社，2019.10
普通高等教育系列教材
ISBN 978-7-111-64390-6

Ⅰ.①微… Ⅱ.①包… Ⅲ.①微型计算机 - 理论 - 高等学校 - 教材 ②微型计算机 - 接口技术 - 高等学校 - 教材 Ⅳ.①TP36

中国版本图书馆 CIP 数据核字（2019）第 293630 号

机械工业出版社（北京市百万庄大街 22 号　邮政编码 100037）
策划编辑：王　康　　　　责任编辑：王　康　王保家
责任校对：王明欣　郑　婕　　封面设计：马精明
责任印制：郜　敏
河北鑫兆源印刷有限公司印刷
2020 年 3 月第 1 版第 1 次印刷
184mm×260mm・16.25 印张・396 千字
标准书号：ISBN 978-7-111-64390-6
定价：39.80 元

电话服务　　　　　　　　　　网络服务
客服电话：010 - 88361066　　机 工 官 网：www.cmpbook.com
　　　　　010 - 88379833　　机 工 官 博：weibo.com/cmp1952
　　　　　010 - 68326294　　金　书　网：www.golden - book.com
封底无防伪标均为盗版　　机工教育服务网：www.cmpedu.com

前 言

"微机原理与接口技术"是电子信息、电气工程及其自动化、自动化、计算机等工科专业学生必修的一门实践性和综合性很强的技术基础课程。本课程的主要任务是使学生从系统的角度出发,掌握微机系统的基本组成、工作原理、接口电路及应用方法,具备微机系统开发的能力。

教材本着"理论够用、突出应用"的宗旨,是专为培养"应用型能手"型学生编写的。在编写过程中,总结了作者历年来的教学经验,力求在内容、结构、理论教学与实践教学等方面充分体现应用型教育的特点。与同类教材相比,本书具有以下特点:

1. 内容精练

"微机原理与接口技术"课程跨越计算机硬件与软件两个层面的综合知识,涉及的内容多且枯燥,概念抽象不易理解。为此,本书特别考虑了内容的选取与组织,注意从微机应用的需求出发,以 Intel8086 微处理器为主要对象,系统地介绍了微型计算机系统的基本组成、工作原理、汇编程序的设计、接口技术及应用,把微机系统开发过程中用到的硬件技术和软件技术有机地结合起来。全书共 11 章,包括计算机基础知识、8086 微型计算机系统、指令系统与寻址方式、汇编语言程序设计、Proteus 仿真平台的使用、半导体存储器、输入/输出接口、可编程接口芯片、中断与中断管理、数/模与模/数转换及应用、总线等内容。

2. 实用性强

考虑到应用型本科教育的特点,在编写时,本书以"必需、够用"为原则,特别强调软件与硬件的结合,强调学生的动手实践能力,所以不但要求学生掌握一定的理论知识和汇编语言程序设计的基本思路与方法,还要求学生比较系统地掌握计算机硬件知识,如 80X86 系列 CPU 的基本结构及其引脚功能,微机应用中常用的各种接口芯片,如 8255A、8259A、8253/8254 等各种芯片内部逻辑及外部引脚功能等。

3. 实验手段先进

针对微机原理与接口技术的知识构成抽象,理解困难,而实验内容固定,缺乏新意。本书在编写过程中引入 Proteus 软件仿真,让学生在"做中学",这样大大激发了学生学习的兴趣,深化学生对课程内容的理解,克服原有硬件实验箱由于是成品,学生很难参与其中的细节设计和扩展设计的缺点,给学生提供了一个进行创新设计的开放平台。不仅有助于提高教学质量,改善教学效果,也使学生的综合设计能力和创新能力得到培养。

本书由包宋建负责规划、内容编排、定稿，杨守良负责统稿。在编写过程中采用集体讨论，分工编写、交叉修改的方式进行。本书的第1章、第3章、第4章、第6章及附录由包宋建编写；第2章由杨文耀编写；第5章由杨保亮编写；第7章由曾令刚编写；第8～11章由李杰编写。在编写过程中得到了李艳琼、任晓霞等相关教师的大力支持，并提出了许多宝贵意见，在此一并表示衷心的感谢。

由于编者水平有限，加之时间仓促，书中错误和不当之处在所难免，敬请读者批评指正。

编 者

目 录

前言
第1章 计算机基础知识 ………… 1
1.1 计算机发展概况 ……………… 1
1.1.1 计算机由来及发展史 …… 1
1.1.2 微机的分类 …………… 3
1.2 微机系统 ………………………… 3
1.2.1 微机系统硬件 …………… 4
1.2.2 微机系统软件 …………… 4
1.2.3 硬件与软件的关系 ……… 5
1.3 计算机中的数制及其转换 …… 6
1.3.1 数制的表示 ……………… 6
1.3.2 数制的转换 ……………… 6
1.4 计算机中数的表示方法 ……… 8
1.4.1 机器数与真值 …………… 8
1.4.2 无符号二进制数的表示 … 9
1.4.3 带符号二进制数的表示 … 9
1.4.4 带符号二进制数的运算 … 10
1.4.5 计算机中常用的编码 …… 11
1.5 微机的主要性能指标 ………… 15
本章习题 ………………………………… 16
第2章 8086微型计算机系统 …… 17
2.1 8086微处理器的结构 ………… 17
2.1.1 8086的内部结构 ………… 17
2.1.2 8086的寄存器结构 ……… 19
2.2 8086微处理器的引脚特征 …… 22
2.2.1 8086的引脚特征 ………… 22
2.2.2 8086的工作模式 ………… 23
2.2.3 两种工作模式下8086的公共引脚特征 ………………… 24
2.2.4 最小工作模式下8086的特殊引脚特征 ………………… 25
2.2.5 最大工作模式下8086的特殊引脚特征 ………………… 26
2.3 8086微型计算机系统的硬件组成 …… 27
2.3.1 系统硬件组成特点 ……… 27
2.3.2 最小工作模式下8086系统的硬件组成 …………………… 27
2.3.3 最大工作模式下8086系统的硬件组成 …………………… 28
2.3.4 8086微处理器对存储器管理概述 ……………………………… 29
2.3.5 8086微处理器对I/O管理概述 … 31
2.4 8086微处理器的总线时序 …… 32
2.4.1 计算机系统的三大周期 … 32
2.4.2 最小工作模式下8086的总线周期时序 …………………… 34
2.4.3 最大工作模式下8086的总线周期时序 …………………… 37
本章习题 ………………………………… 38
第3章 指令系统与寻址方式 …… 39
3.1 概述 ……………………………… 39
3.2 寻址方式 ………………………… 39
3.2.1 操作数类型 ……………… 39
3.2.2 8086/8088寻址方式 ……… 40
3.3 指令系统 ………………………… 46
3.3.1 数据传送指令 …………… 46
3.3.2 算术运算指令 …………… 53
3.3.3 位运算指令 ……………… 59
3.3.4 串操作指令 ……………… 62
3.3.5 控制转移指令 …………… 66
3.3.6 处理器控制指令 ………… 70
本章习题 ………………………………… 71
第4章 汇编语言程序设计 ……… 74
4.1 汇编语言基础知识 …………… 74
4.1.1 概述 ……………………… 74

4.1.2	汇编语言程序的结构	74
4.1.3	汇编语言语句	76
4.1.4	指令语句的操作数组成	78
4.1.5	指令语句中的运算符和操作符	78
4.2	汇编语言的伪指令系统	82
4.2.1	数据定义伪指令	82
4.2.2	符号定义伪指令	83
4.2.3	段定义伪指令	84
4.2.4	过程定义伪指令	86
4.2.5	模块定义与结束伪指令	86
4.2.6	其他伪指令	87
4.3	系统功能调用	88
4.3.1	DOS 功能调用	88
4.3.2	BIOS 功能调用	92
4.4	汇编语言程序设计	92
4.4.1	程序的质量标准	92
4.4.2	汇编语言程序设计的基本过程	93
4.4.3	顺序程序设计	94
4.4.4	分支程序设计	95
4.4.5	循环程序设计	97
4.4.6	子程序设计	99
4.4.7	汇编语言程序设计举例	103
4.5	汇编语言程序的上机过程	107
4.5.1	上机环境	107
4.5.2	上机过程	107
4.5.3	DEBUG 运行调试	108
4.5.4	Emu8086 软件的使用简介	110
本章习题		117
第 5 章	**Proteus 仿真平台的使用**	**119**
5.1	Proteus 简介	119
5.2	Proteus ISIS 的基本使用	119
5.2.1	进入 Proteus ISIS	119
5.2.2	Proteus ISIS 工作界面	120
5.2.3	8086 最小模式电路绘制	121
5.3	Proteus ISIS 下 8086 的仿真	127
本章习题		130
第 6 章	**半导体存储器**	**131**
6.1	概述	131
6.2	半导体存储器的分类	131
6.3	存储器芯片的主要技术指标	133
6.4	典型存储器芯片介绍	134
6.5	存储器与系统的连接	138
6.5.1	存储器扩展	138
6.5.2	存储器的片选信号产生方法	139
6.5.3	8086 CPU 与存储器的连接	140
本章习题		146
第 7 章	**输入/输出接口**	**147**
7.1	I/O 接口的概念与功能	147
7.1.1	概述	147
7.1.2	I/O 接口电路的基本功能	147
7.1.3	CPU 与 I/O 设备之间的接口信息	148
7.1.4	I/O 端口的概念与编址方式	149
7.2	简单 I/O 接口芯片	149
7.2.1	锁存器 74LS373	150
7.2.2	缓冲器 74LS244	150
7.3	CPU 与外设之间的数据传送控制方式	151
7.3.1	程序控制传送方式	151
7.3.2	中断方式	156
7.3.3	直接存储器存取（DMA）传送方式	156
7.3.4	通道控制方式和 I/O 处理器	157
本章习题		158
第 8 章	**可编程接口芯片**	**159**
8.1	概述	159
8.2	可编程定时器/计数器 8253	159
8.2.1	定时/计数概述	159
8.2.2	8253 的外部特性与内部结构	160
8.2.3	8253 的引脚功能	161
8.2.4	8253 的工作方式	162
8.2.5	8253 的初始化	165
8.2.6	8253 的应用	167
8.3	可编程并行接口芯片 8255A	172
8.3.1	并行接口概述	172
8.3.2	8255A 的外部特性与内部结构	173
8.3.3	8255A 的引脚功能	174
8.3.4	8255A 的工作方式	175
8.3.5	8255A 的初始化	176
8.3.6	8255A 的应用	178
8.4	Proteus ISIS 仿真实例	182
本章习题		189
第 9 章	**中断与中断管理**	**190**
9.1	概述	190
9.1.1	中断与中断源	190

9.1.2 中断处理过程 …………………… 191
9.2 8086 的中断系统 ………………… 192
　9.2.1 8086 的中断分类 …………… 192
　9.2.2 中断向量和中断向量表 …… 194
　9.2.3 8086 的中断响应和中断处理
　　　　过程 ………………………… 196
9.3 可编程中断控制器 8259A ……… 197
　9.3.1 8259A 的内部结构和引脚功能 … 197
　9.3.2 8259A 的工作原理 ………… 199
　9.3.3 8259A 的工作方式 ………… 200
　9.3.4 8259A 的应用 ……………… 201
9.4 Proteus ISIS 仿真实例 …………… 207
本章习题 ………………………………… 211

第 10 章 数/模与模/数转换及应用 …… 212
10.1 概述 …………………………… 212
10.2 模/数转换及应用 ……………… 213
　10.2.1 模/数转换器的基本原理 … 213
　10.2.2 模/数转换器的主要参数 … 213
　10.2.3 8 位 A/D 转换器 ADC0809 及其
　　　　 应用 ……………………… 214
10.3 数/模转换及应用 ……………… 220
　10.3.1 数/模转换器的基本原理 … 220

　10.3.2 数/模转换器的主要参数 …… 221
　10.3.3 8 位 D/A 转换器 DAC0832 及其
　　　　 应用 ……………………… 222
10.4 Proteus ISIS 仿真实例 ………… 227
本章习题 ………………………………… 233

第 11 章 总线 …………………………… 234
11.1 概述 …………………………… 234
　11.1.1 总线的基本概念 ………… 234
　11.1.2 总线的分类 ……………… 234
　11.1.3 总线的参数指标 ………… 235
11.2 系统总线 ……………………… 236
11.3 外部总线 ……………………… 238
　11.3.1 RS-232C 总线 …………… 238
　11.3.2 RS-485 总线 ……………… 240
　11.3.3 USB 总线 ………………… 241
本章习题 ………………………………… 244

附录 ……………………………………… 245
附录 A ASCII 码表（完整版） ……… 245
附录 B Proteus VSM 元件库 ………… 246

参考文献 ………………………………… 249

第 1 章 计算机基础知识

【教学提示】 电子数字计算机是 20 世纪人类杰出的发明之一。微型计算机（简称微机）作为其典型代表被推广，普及了计算机在各个领域的应用。本章主要介绍微机的发展史、分类、系统组成、主要性能指标以及计算机中采用的数制与码制等基础知识。

【教学要求】 通过本章学习，应该掌握以下内容：数制的转换、无符号数、带符号数以及常用二进制编码的表示方法，并应了解微机的发展过程，冯·诺依曼计算机的特点，微机的分类、性能指标、系统组成。

1.1 计算机发展概况

1.1.1 计算机由来及发展史

最初，"Computer"一词指的是从事数值运算的人，他们往往借助于某种机械运算装置来完成数值运算工作。随着时代的演变和技术的进步，"Computer"一词现在专指计算机，即电子数字计算机。

1. 第一台通用电子数字计算机

一般认为，世界上第一台通用电子数字计算机是 1946 年在美国宾夕法尼亚大学问世的 ENIAC（Electronic Numerical Integrator And Computer，电子数字积分计算机），如图 1-1 所示。这台机器用了 18000 多个电子管，占地 $170m^2$，总质量达 30t，功率为 140kW，每秒能做 5000 次加减运算。从今天的眼光来看，这台计算机耗费巨大又不完善，但它却是科学史上一次划时代的创新，奠定了现代电子数字计算机的基础。

最初，ENIAC 的结构设计不够灵活，每一次重新编程都必须重新连线（Rewiring）。此后，ENIAC 的开发人员认识到这一缺陷，提出了一种灵活、合理的设计，这就是著名的存储程序体系结构（Stored-Program Architecture）。在存储程序体系结构中，给计算机一个指令序列（即程序），计算机会存储它们，并在未来的某个时间里，从计算机存储器中读出，依照程序给定的顺序执行它们。现代计算机区别于其他机器的主要特征，就在于这种可编程能力。

图 1-1 世界上第一台通用电子数字计算机 ENIAC

由于早在 ENIAC 完成之前，数学家约翰·冯·诺伊曼（John Von Neumann）就在其论文中提出了存储程序计算机的设计思想，因此，存储程序体系结构又称为冯·诺伊曼体系结构（Von Neumann Architecture）。自从 20 世纪 40 年代第一台通用电子数字计算机出现以来，尽管计算机技术已经发生了翻天覆地的变化，但是，大多数当代计算机仍然采用冯·诺伊曼体系结构。

2. 数字计算机的发展史

自从 ENIAC 计算机问世以来，从使用器件的角度来说，计算机的发展大致经历了 5 代的变化，见表 1-1。

表 1-1 数字计算机的发展史

	时间	使用器件	执行速度（次/秒）	典型应用
第一代	1946—1957	电子管	几千至几万	数据处理机
第二代	1958—1964	晶体管	几万至几十万	工业控制机
第三代	1965—1970	小规模/中规模集成电路	几十万至几百万	小型计算机
第四代	1971—1985	大规模/超大规模集成电路	几百万至几千万	微型计算机
第五代	1986 至今	甚大规模集成电路	几亿至上百亿	单片计算机

第一代计算机（1946—1957 年），使用电子管（Vacuum Tube）作为电子器件，使用机器语言与符号语言编制程序。计算机运算速度只有每秒几千次至几万次，体积庞大，存储容量小，成本很高，可靠性较低，主要用于科学计算。在此期间，形成了计算机的基本体系结构，确定了程序设计的基本方法，"数据处理机"开始得到应用。

第二代计算机（1958—1964 年），使用晶体管（Transistor）作为电子器件，开始使用计算机高级语言。计算机运算速度提高到每秒几万次至几十万次，体积缩小，存储容量扩大，成本降低，可靠性提高，不仅用于科学计算，还用于数据处理和事务处理，并逐渐用于工业控制。在此期间，"工业控制机"开始得到应用。

第三代计算机（1965—1970 年），使用小规模集成电路（Small－Scale Integration，SSI）与中规模集成电路（Medium－Scale Integration，MSI）作为电子器件，而操作系统的出现使计算机的功能越来越强，应用范围越来越广。计算机运算速度进一步提高到每秒几十万次至几百万次，体积进一步减小，成本进一步下降，可靠性进一步提高，为计算机的小型化、微型化提供了良好的条件。在此期间，计算机不仅用于科学计算，还用于文字处理、企业管理和自动控制等领域，出现了管理信息系统（Management Information System，MIS），形成了机种多样化、生产系列化、使用系统化的特点，"小型计算机"开始出现。

第四代计算机（1971—1985 年），使用大规模集成电路（Large－Scale Integration，LSI）与超大规模集成电路（Very－Large－Scale Integration，VLSI）作为电子器件。计算机运算速度大大提高，达到每秒几百万次至几千万次，体积大大缩小，成本大大降低，可靠性大大提高。在此期间，计算机在办公自动化、数据库管理、图像识别、语音识别和专家系统等众多领域大显身手，由几片大规模集成电路组成的"微型计算机"开始出现，并进入家庭。

第五代计算机（1986 年开始），采用甚大规模集成电路（Ultra－Large－Scale Integration，ULSI）作为电子器件，运算速度高达每秒几亿次至上百亿次。由一片甚大规模集成电路实现的"单片计算机"开始出现。

3. 计算机体系结构的发展过程

生产、科研、应用的飞速发展，促使计算机的体系结构不断完善，形成了当代计算机的体系结构形式。

计算机问世后的 70 多年，计算机体系结构的发展过程一直是在冯·诺伊曼体系结构的基础上，以提高速度、扩大存储容量、降低成本、提高系统可靠性、方便用户使用为目的，不断采用新的器件、研制新的软件的过程。就体系结构本身来说，主要是指令系统、微程序设计、流水线结构、多级存储器体系结构、输入/输出体系结构、并行体系结构、分布式体系结构、多媒体体系结构、操作系统和数据库管理系统的形成和发展。

1.1.2 微机的分类

微机的品种繁多，系列各异，最常见的有以下 4 种分类方法。

（1）按微处理器的位数分类

按微处理器的位数分为 4 位机、8 位机、16 位机、32 位机、64 位机，即分别以 4 位、8 位、16 位、32 位、64 位处理器为核心组成的微机。

（2）按微机的用途分类

按微机的用途，分为通用机和专用机两类。

（3）按微机的档次分类

按微机的档次，可分为低档机、中档机和高档机。计算机的核心部件是它的微处理器，也可以根据所使用的微处理器档次，将微机分为 8086 机、286 机、386 机、486 机、Pentium 机、Pentium Ⅱ 机、Pentium Ⅲ 机和 Pentium Ⅳ 机等。

（4）按微机的组装形式和系统规模分类

按微机的组装形式和系统规模，可分为单片机、单板机、个人计算机。

单片机是将微机的主要部件，如微处理器、存储器、输入/输出接口等集成在一片大规模集成电路芯片上形成的微机，它具有完整的微机功能。单片机具有体积小、可靠性高、成本低等特点，广泛应用于智能仪器、仪表、家用电器、工业控制等领域。单板机是将微处理器、存储器、输入/输出接口、简单外设等部件，安装在一块印制电路板上形成的微机。单板机具有结构紧凑、使用简单、成本低等特点，常常应用于工业控制和实验教学等领域。

个人计算机也就是人们常说的 PC，它是将一块主板（包括微处理器、内存储器、输入/输出接口等芯片）和若干接口卡、外部存储器、电源等部件组装在一个机箱内，并配置显示器、键盘、鼠标等外围设备和系统软件构成的微机系统。PC 具有功能强、配置灵活、软件丰富、使用方便等特点，是目前最普及、应用最广泛的微机。

1.2 微机系统

1946 年美籍匈牙利数学家冯·诺依曼（John Von Neumann）等人在一篇《关于电子计算仪器逻辑设计的初步探讨》的论文中，第一次提出了计算机组成和工作方式的基本思想。其主要思想是：

1）计算机应由运算器、控制器、存储器、输入设备和输出设备这五大部分组成。

2）存储器不但能存放数据，而且也能存放程序。数据和指令均以二进制数形式存放，计算机具有区分指令和数据的能力。

3）编好的程序事先存入存储器中，在指令计数器控制下，自动高速运行（执行程序）。以上几点可归纳为"程序存储，程序控制"的构思。

数十年来，虽然计算机已经取得惊人进展，相继出现了各种结构形式的计算机，但究其

本质，仍属冯·诺依曼结构体系。众所周知，微机由硬件和软件两大部分组成。硬件是指那些为组成计算机而有机联系的电子、电磁、机械、光学的元件、部件或装置的总和，它是有形的物理实体。软件是相对于硬件而言的。从狭义角度看，软件包括计算机运行所需的各种程序；而从广义角度讲，软件还包括手册、说明书和有关资料。

1.2.1 微机系统硬件

典型的微机硬件子系统是由系统总线将 CPU、存储器和输入/输出接口连接起来，使各部分之间可以进行信息传送、协调工作的一个子系统。

CPU 由运算器和控制器组成。运算器是完成算术和逻辑运算的部件。控制器负责全机的控制工作，它负责从存储器中逐条取出指令，经译码分析后，向其他各部件发出相应的命令，以保证正确完成程序所要求的功能。

内部存储器简称内存，是计算机的记忆部件。它是用来存储程序、原始数据、中间结果和最终结果的。有了它，计算机才能有记忆功能，才能把要计算和处理的数据以及程序存入计算机内，使计算机脱离人的直接干预，自动地工作。

输入和输出设备因处于主机之外，所以又称外围设备（简称外设或 I/O 设备）。它是微机和用户或者其他通信设备交流信息的桥梁。输入设备用于提供计算所需的数据和计算机执行的程序，如键盘、鼠标等。输出设备用于输出计算机的处理结果，如显示器、打印机等。大容量存储器又称外存，包括硬盘、软盘、磁带、光盘等，既可用于向主机发送各种信息，又可接收、保存主机传来的信息，是一种输入、输出兼容设备。上面指出的几种外设，已是当前微机系统中必不可少的组成部分。外围设备还有许多，如绘图仪、扫描仪、数码相机、调制解调器（Modem）等，可根据需要选配。

各种外设之间、主机与外设之间的性能差异很大，因而，外设一般要通过接口和各种适配器经系统总线，才能与主机相连接。

系统总线是微机总线的组成之一，它包括数据总线（Data Bus）、地址总线（Address Bus）和控制总线（Control Bus）3 类。数据总线传送数据信息，地址总线指出信息的来源和去向，控制总线则控制总线的动作。系统总线的工作由总线控制逻辑负责指挥。

1.2.2 微机系统软件

微机只有硬件还不能工作，还必须要有软件。软件是计算机处理的程序、数据、文件的集合。其中，程序的集合构成了计算机中的软件系统。

1. 程序和程序设计语言

程序是计算机实现某一预期目的而编排的一系列步骤，它是由指令或某种语言编写而成的。程序的开发需要借助工具——程序设计语言，它是系统软件的重要组成部分。早期人们只能使用计算机所固有的指令系统（机器语言）来编写程序。CPU 能直接识别和运行机器语言中的指令代码，因而用机器语言编写程序的突出优点是具有最快运行速度。但机器码不容易记忆，使用不便，目前已很少使用。

汇编语言是一种符号语言，它用助记符代替二进制的机器语言指令，助记符是用英文单词或其缩写构成的字符串，容易理解，编程效率高。汇编语言克服了机器语言的缺点，同时保留了机器语言的优点。用汇编语言编写程序，可以充分发挥机器硬件的功能，并提高程序的编写质量。当前在输入/输出接口程序设计、实时控制系统和需要特殊保密作用的软件开发中，仍处于不可替代的地位。

汇编语言是面向机器的语言，它与计算机 CPU 的类型和指令系统有关，因此汇编语言的使用受到一定的限制。目前，许多系统软件和应用软件都采用高级语言编写。高级语言是面向问题和过程的语句，它与具体机器无关，并接近人的自然语言，因而，高级语言更容易学习、理解和掌握。高级语言有许多种，常见的有 Basic、Pascal、Cobol、C++等。

2. 编译和解释程序

用汇编语言和高级语言编写的程序称作源程序，必须由计算机把它翻译成 CPU 能识别的机器语言之后，才能由 CPU 运行。机器语言如同 CPU 的母语，而汇编语言和高级语言则是它的各种外语，要理解外语发出的各种命令，就必须先进行翻译，翻译工作可由计算机自动完成。能把用户汇编语言源程序翻译成机器语言程序的程序，称为汇编程序。常用的汇编程序有 ASM、MASM 和 TASM 等。

将高级语言源程序翻译成机器语言，有两种翻译方式：一种是由机器边翻译边执行的方式，称为解释方式，实现解释功能的翻译程序，称为解释程序，如 Basic 大都采用这种方式；另一种称为编译方式，这是一种先将源程序全部翻译成机器语言，然后再执行的方式，如 Pascal、C 等采用这种方式。实现这种功能的程序称为编译程序，TASM 和 MASM 即是汇编语言的编译程序。每一种高级语言都有相应的解释或编译程序，机器的类型不同，其编译或解释程序也不同。编译和解释程序是系统软件的重要分支。

3. 操作系统

操作系统是系统软件中最重要的软件。计算机是由硬件和软件组成的一个复杂系统，可供使用的硬件和软件均称为计算机的资源。要让计算机系统有条不紊地工作，就需要对这些资源进行管理。用于管理计算机软、硬件资源，监控计算机及程序运行过程的软件系统，称为操作系统（Operation System）。操作系统对计算机是至关重要的，没有它，计算机甚至不能启动。目前广泛使用的微机操作系统有 DOS（Disk Operation System）、Windows、Linux、UNIX 等。DOS 是单用户的操作系统；Windows 是具有图形界面、操作方便的系统；UNIX 是具有多用户、多任务功能的操作系统；Linux 是目前日趋流行的操作系统。

系统软件还包括连接程序、装入程序、调试程序、诊断程序等。连接程序能把要执行的程序与库文件以及其他已编译的程序模块连在一起，成为机器可以执行的程序；装入程序能把程序从磁盘中取出并装入内存，以便执行；调试程序能够让用户监督和控制程序的执行过程；诊断程序能在机器启动过程中，对机器硬件配置和完好性进行监测和诊断。

4. 应用软件

应用软件（即应用程序）是为了完成某一特定任务而编制的程序，其中有一些是通用的软件，如数据库系统（DBS）、办公自动化软件 Office、图形图像处理软件 Photoshop 等。

1.2.3 硬件与软件的关系

微机系统是硬件和软件有机结合的整体。没有软件的计算机称为裸机，裸机如同一架没有思想的躯壳，不能做任何工作。操作系统给裸机以灵魂，使它成为真正可用的工具。一个应用程序在计算机中运行时，受操作系统的管理和监控，在必要的系统软件的协助之下，完成用户交给它的任务。可见，裸机是微机系统的物质基础，操作系统为它提供了一个运行环境。系统软件中，各种语言处理程序为应用软件的开发和运行提供方便。用户并不直接和裸机打交道，而是使用各种外围设备，如键盘和显示器等，通过应用软件与计算机交流信息。

1.3 计算机中的数制及其转换

计算机内部的信息分为两大类：控制信息和数据信息。控制信息是一系列的控制命令，用于指挥计算机如何操作；数据信息是计算机操作的对象，一般又可分为数值数据和非数值数据。数值数据用于表示数量的大小，它有确定的数值；非数值数据没有确定的数值，它主要包括字符、汉字、逻辑数据等。对计算机而言，不论是控制命令还是数据信息，都要用"0"和"1"两个基本符号来编码表示。

1.3.1 数制的表示

1. 计数制

数制也称为计数制，是指用一组固定的数字符号和统一的规则表示数的方法。对于任意 r 进制数 x，可以用下式表示为

$$\sum_{i=-m}^{n} a_i r^i = a_{-m} r^{-m} + \cdots + a_{-2} r^{-2} + a_{-1} r^{-1} + a_0 r^0 + a_1 r^1 + \cdots + a_n r^n$$

式中，a_i 为数码，每一种进制数都有固定的数字符号来表示，这个符号就称为数码；i 为数位，数位是指数码在一个数中所处的位置；r 为基数，基数是指在某计数制中，每个数位上能使用的数码的个数；r^i 为权，权是基数的幂，这个幂次由数位决定。

例如，十进制数

$56.28 = 5 \times 10^1 + 6 \times 10^0 + 2 \times 10^{-1} + 8 \times 10^{-2}$

十进制数 56.28 从左到右的数码为 5、6、2 和 8，数位为 1、0、-1 和 -2，十进制数的基数 10，从左到右的权为 10^1、10^0、10^{-1} 和 10^{-2}。

2. 计算机中常用的计数制

在日常生活中，人们最常用的是十进制计数制。计算机中，为了便于数的存储和表示，使用的是二进制计数制。由于二进制数据书写和记忆不方便，在计算机系统中还常使用八进制和十六进制等计数制。计算机中常用的计数制的属性见表 1-2。

表 1-2 计算机中常用计数制

数制	基数	数码	运算规则	书写扩展名
二进制	2	0,1	逢二进一，借一当二	B
八进制	8	0,1,2,3,4,5,6,7	逢八进一，借一当八	O 或 Q
十进制	10	0,1,2,3,4,5,6,7,8,9	逢十进一，借一当十	D
十六进制	16	0,1,2,3,4,5,6,7,8,9,A,B,C,D,E,F	逢十六进一，借一当十六	H

注：为了便于计算机识别，汇编程序规定，当十六进制数的首字符为字母时，前面加数字0。

例如：MOV AL, A3H   ; 在汇编时会报错
　　　MOV AL, 0A3H   ; 按规定在 A3H 前加个 0 就正确了

1.3.2 数制的转换

1. 其他进制数转换为十进制数

将二进制、八进制、十六进制数转换为十进制数的方法是"按权展开"，即每位数字乘以其权所得到的乘积之和即为其所表示的数的值。

【例 1-1】 将 1010.101B、23.4Q 和 56.78H 转换成十进制。

1010.101B = $1\times2^3+0\times2^2+1\times2^1+0\times2^0+1\times2^{-1}+0\times2^{-2}+1\times2^{-3}$ = 10.625D
23.4Q = $2\times8^1+3\times8^0+4\times8^{-1}$ = 19.5D
56.79H = $5\times16^1+6\times16^0+7\times16^{-1}+9\times16^{-2}$ = 86.475D

2. 十进制数转换为其他数制数

把十进制数转换为其他进制数的方法很多,通常采用的方法为乘除法。

将十进制整数转换为其他进制数,一般采用基数除法,也称为除基取余法。设将十进制整数转换为 N 进制整数,其方法是将十进制整数连续除以 N 进制的基数 N,求得各次的余数,然后将各余数换成 N 进制中的数码,最后按照并列表示法将先得到的余数列在低位、后得到的余数列在高位,即得 N 进制的整数。方法概括为:除以基数 N,取余,倒过来写。

将十进制小数转换为其他进制数一般采用基数乘法,也称为乘基取整法。设将十进制小数转换为 N 进制小数,其方法是将十进制小数连续乘以 N 进制的基数 N,求得各次乘积的整数部分,然后将各整数换成 N 进制中的数码,最后按照并列表示法将先得到的整数列在高位、后得到的整数列在低位,即得 N 进制的小数。方法概括为:乘以基数 N,取整,顺着写。

【例 1-2】 把十进制数 117.8125 转换成二进制数。

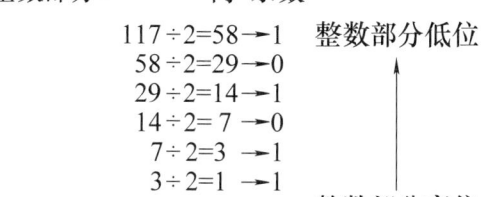

转换结果:117.8125D = 1110101.1101B

3. 其他数制之间的转换

(1) 二进制与八进制数之间的转换

由于八进制数以 2^3 为基数,所以 3 位二进制数对应 1 位八进制数,对应关系见表 1-3。

表 1-3 二进制与八进制数对应表

二进制数	000	001	010	011	100	101	110	111
八进制数	0	1	2	3	4	5	6	7

二进制数转换为八进制数时,以小数点为界,整数部分向左,小数部分向右,每 3 位二进制数为一组,用 1 位八进制数表示,不足 3 位的,整数部分高位补 0,小数部分低位补 0。

八进制数转换为二进制数采用与上述方法相反的方法,把每位八进制数用 3 位二进制数表示即可。

【例 1-3】 把数 11010.101B 转换为八进制数。

11010. 101B ＝011 010 . 101B ＝32.5Q

【例 1-4】 把数 34.56Q 转换为二进制数。

34.56Q ＝011 100.101 110B ＝11100.101B

（2）二进制与十六进制数之间的转换

由于十六进制数以 2^4 为基数，所以 4 位二进制数对应 1 位十六进制数，对应关系见表1-4。

表 1-4　二进制与十六进制数对应表

二进制数	0000	0001	0010	0011	0100	0101	0110	0111
十六进制数	0	1	2	3	4	5	6	7
二进制数	1000	1001	1010	1011	1100	1101	1110	1111
十六进制数	8	9	A	B	C	D	E	F

二进制数转换为十六进制数时，以小数点为界，整数部分向左，小数部分向右，每 4 位二进制数为一组，用 1 位十六进制数表示，不足四位的，整数部分高位补 0，小数部分低位补 0。

十六进制数转换为二进制数采用与上述方法相反的方法，把每位十六进制数用 4 位二进制数表示即可。

【例 1-5】 把二进制数 11010.101B 转换为十六进制数。

11010.101B ＝00011010.1010B ＝1A.AH

【例 1-6】 把十六进制数 56.78H 转换为二进制数。

56.78H ＝0101 0110.01111000B ＝1010110.01111B

1.4　计算机中数的表示方法

1.4.1　机器数与真值

在计算机内部，表示二进制数的方法通常称为数值编码，把一个数及其符号在机器中的表示加以数值化，这样的数称为机器数。机器数所代表的数称为该机器数的真值。要完整地表示一个机器数，应考虑 3 个因素：机器数的范围、机器数的符号、机器数中小数点的位置。

1. 机器数的范围

由计算机的 CPU 字长来决定。当使用 8 位寄存器时，字长为 8 位，所以一个无符号整数的最大值是：$(11111111)_2 = (255)_{10}$，此时机器数的范围是 0 ~ 255D。当使用 16 位寄存器时，字长为 16 位，所以一个无符号整数的最大值是：$(1111111111111111)_2 = (FFFF)_{16} = (65535)_{10}$，此时机器数的范围是 0 ~ 65535D。

2. 机器数的符号

在算术运算中，数据是有正有负的，称之为带符号数。为了在计算机中正确地表示带符号数，通常规定每个字长的最高位为符号位，并用"0"表示正数，用"1"表示负数。例如：字长为 8 位二进制时，D_7 为符号位，其余 D_6 ~ D_0 为数值位；字长为 16 位二进制数时，D_{15} 为符号位，其余 D_{14} ~ D_0 为数值位。

3. 机器数中小数点的位置

在机器中,小数点的位置通常有两种约定:一种规定小数点的位置固定不变,这时的机器数称为"定点数";另一种,规定小数点的位置可以浮动,这时的机器数称为"浮点数"。

1.4.2 无符号二进制数的表示

在某些情况下,要处理的数全是正数,此时就没有必要再保留符号位了。可以把最高有效位也作为数值位,这样的数称为无符号数。8 位无符号数的表数范围是:0~255D;16 位无符号数的表数范围是:0~65535D。在计算机中,无符号数常用来表示地址。带符号数与无符号数的处理是不一样的,要注意区分。

1.4.3 带符号二进制数的表示

机器数可以用不同编码方法表示。常用的编码方式有:原码、反码和补码。

1. 原码

规定正数的符号位为 0,负数的符号位为 1,其他位按照一般的方法来表示数的绝对值。用这样的表示方法得到的就是数的原码。

数 x 的原码记作 $[x]_{原}$,如机器字长为 n,则原码的定义如下:

$$[x]_{原} = \begin{cases} x & 0 \leq x \leq 2^{n-1} - 1 \\ 2^{n-1} + |x| & -(2^{n-1} - 1) \leq x \leq 0 \end{cases}$$

例如,当机器字长 $n=8$ 时,有

$[+0D]_{原} = 0000\ 0000$,　　　　$[-0D]_{原} = 1000\ 0000$

$[+1D]_{原} = 0000\ 0001$,　　　　$[-1D]_{原} = 1000\ 0001$

$[+45D]_{原} = 0010\ 1101$,　　　$[-45D]_{原} = 1010\ 1101$

$[+127D]_{原} = 0111\ 1111$,　　 $[-127D]_{原} = 1111\ 1111$

0 的表示不唯一。

按照定义,设 n 为字长,则原码能表示的整数范围是:$-(2^{n-1}-1) \sim +(2^{n-1}-1)$;

例如:8 位二进制原码表示的整数范围是 $-127D \sim +127D$;16 位二进制原码表示的整数范围是 $-32767D \sim +32767D$。

2. 反码

对于一个带符号的数来说,正数的反码与其原码相同,负数的反码为其原码除符号位以外的各位按位取反。

数 x 的反码记作 $[x]_{反}$,如机器字长为 n,则反码的定义如下:

$$[x]_{反} = \begin{cases} x & 0 \leq x \leq 2^{n-1} - 1 \\ (2^n - 1) - |x| & -(2^{n-1} - 1) \leq x \leq 0 \end{cases}$$

例如,当机器字长 $n=8$ 时,有

$[+0D]_{反} = 0000\ 0000$,　　　　$[-0D]_{反} = 1111\ 1111$

$[+1D]_{反} = 0000\ 0001$,　　　　$[-1D]_{反} = 1111\ 1110$

$[+45D]_{反} = 0010\ 1101$,　　　$[-45D]_{反} = 1101\ 0010$

$[+127D]_{反} = 0111\ 1111$,　　 $[-127D]_{反} = 1000\ 0000$

0 的表示不唯一。

按照定义,设 n 为字长,则反码能表示的整数范围是:$-(2^{n-1}-1) \sim +(2^{n-1}-1)$;

例如：8位二进制反码表示的整数范围是 −127D ~ +127D；16位二进制反码表示的整数范围是 −32767D ~ +32767D。

3. 补码

正数的补码与其原码相同，负数的补码为其反码在最低位加1。

数 x 的补码记作 $[x]_补$，如机器字长为 n，则补码的定义如下：

$$[x]_补 = \begin{cases} x & 0 \leq x < 2^{n-1} - 1 \\ 2^n - |x| & -(2^{n-1} - 1) \leq x < 0 \end{cases}$$

例如，当机器字长 $n = 8$ 时，有

$[+0D]_补 = 0000\ 0000$， $[−0D]_补 = 0000\ 0000$

$[+1D]_补 = 0000\ 0001$， $[−1D]_补 = 1111\ 1111$

$[+45D]_补 = 0010\ 1101$， $[−45D]_补 = 1101\ 0011$

$[+127D]_补 = 0111\ 1111$， $[−127D]_补 = 1000\ 0001$

0 的表示唯一。

按照定义，设 n 为字长，则补码能表示的整数范围是：$−2^{n-1} \sim +(2^{n-1} - 1)$；

例如：8位二进制补码表示的整数范围是 −128D ~ +127D；16位二进制补码表示的整数范围是 −32768D ~ +32767D。

补码比原码、反码所能表示的数的范围大，数 0 的补码只有一种表示形式，是计算机中采用的带符号数的编码方式。

1.4.4 带符号二进制数的运算

1. 补码运算规则

采用补码表示的带符号数进行运算时，其符号位和数值位同时参与运算，运算结果仍然是补码；任何两数相加，无论正负，只要把它们的补码相加即可；任何两数相减，无论正负，只要把减数相反数的补码与被减数的补码相加即可。运算公式如下：

$[x + y]_补 = [x]_补 + [y]_补$

$[x − y]_补 = [x]_补 + [−y]_补$

从上面的公式可以看出，补码的减法运算可以转换成加法来完成，因此，在计算机中利用加法器就可以实现补码的加法和减法运算。

2. 补码运算的溢出问题

由于计算机的字长有限，因此，所能表示的数是有范围的。例如 8 位二进制补码表示的整数范围是 −128D ~ +127D；当运算结果超过这个范围时，运算结果将出错，这种情况称为溢出。产生溢出的原因是数值的有效位占据了符号位。

补码加减运算溢出的判别方法有两种：

（1）利用符号位判别

若两个同号数相加，结果的符号位与之相反，则溢出；

若两个异号数相减，结果的符号位与减数相同，则溢出；

若两个异号数相加或两个同号数相减，则不溢出。

（2）利用运算过程中的进位产生情况判别

若次高位（最高数值位）和最高位（符号位）不同时产生进位或借位，则溢出；

若次高位（最高数值位）和最高位（符号位）都产生进位或借位，或都不产生进位或借位，则不溢出。

【例 1-7】 当字长为 8 位时，计算 −64D + 64D。

```
 (−64D)      1100 0000B
+  64D     +0100 0000B
─────────  ──────────
    0     1 0000 0000B
              ↑
          进位（丢失）
```

本例中运算结果为 0，根据定义，在 8 位补码的表示范围 −128D ~ +127D 之内，不会溢出。

利用符号位判别：两个异号数相加不溢出。

利用进位判别：次高位和最高位都产生了进位，不溢出。

【例 1-8】 当字长为 8 位时，计算 127D + 1D。

```
  127D      0111 1111B
+  1D     +0000 0001B
────────  ──────────
  128D     1000 0000B
           溢出
```

本例中运算结果为 128，根据定义，超出了 8 位补码的表示范围 −128D ~ +127D，溢出。

利用符号位判别：两个正数相加，结果是负数，溢出。

利用进位判别：次高位向前有进位，而最高位没有产生进位，溢出。

1.4.5 计算机中常用的编码

计算机除了用于数值计算外，还要进行大量的文字信息处理，也就是要对表达各种文字信息的符号进行加工。例如，计算机和外设的键盘、字符显示器、打印机之间的通信都采用字符方式输入/输出。目前，计算机中最常用的两种编码是美国信息交换标准代码（ASCII 码）和二–十进制编码（BCD 码）。

1. 美国信息交换标准代码（ASCII 码）

ASCII（American Standard Code for Information Interchange）码是美国信息交换标准代码的简称，主要给西文字符进行编码。它采用 7 位二进制代码来对字符进行编码，包括 32 个标点符号，10 个阿拉伯数字，26 个大写英文字母，26 个小写英文字母，34 个控制符号，共 128 个。例如：阿拉伯数字 0 ~ 9 的 ASCII 码分别为 30H ~ 39H，英文大写字母 A ~ Z 的 ASCII 码是从 41H 开始依次往下编码的。并非所有的 ASCII 码字符都是可显示或打印的，有些 ASCII 码作为控制字符用来完成一个规定的动作（如回车、换行、响铃等）。表 1-5 为常用字符 ASCII 表。

在计算机内部，每个 ASCII 码字符占用 1 个字节来存储，通常最高位为 "0"，低 7 位为字符的二进制编码。在许多实际应用中，最高位 D_7 又常常用来作为 ASCII 码的奇/偶校验位。奇校验时，该位的取值应使得 8 位 ASCII 码中 1 的个数为奇数；偶校验时，该位的取值应使得 8 位 ASCII 码中 1 的个数为偶数。例如："7" 的奇校验 ASCII 码为 00110111B，偶校验 ASCII 码为 10110111B；"A" 的奇校验 ASCII 码为 11000001B，偶校验 ASCII 码为 01000001B。奇偶校验的主要目的是用于在数据传输中，检测接收方的数据是否正确。收发双方先预约为何种校验，接收方收到数据后检验 1 的个数，判断是否与预约的校验相符，倘若不符，则说明传输出错，可请求重新发送。

表 1-5 ASCII 表

$D_3D_2D_1D_0$ \ $D_6D_5D_4$	000	001	010	011	100	101	110	111
0000	NUL	DLE	SP	0	@	P	`	p
0001	SOH	DC1	!	1	A	Q	a	q
0010	STX	DC2	"	2	B	R	b	q
0011	ETX	DC3	#	3	C	S	c	s
0100	EOT	DC4	$	4	D	T	d	t
0101	ENQ	NAK	%	5	E	U	e	u
0110	ACK	SYN	&	6	F	V	f	v
0111	BEL	E7B	'	7	G	W	g	w
1000	BS	CAN	(	8	H	X	h	x
1001	HT	EM	)	9	I	Y	i	y
1010	LF	SUB	*	:	J	Z	j	z
1011	VT	ESC	+	;	K	[	k	{
1100	FF	FS	,	<	L	\	l		
1101	CR	GS	-	=	M	]	m	}
1110	SO	RS	.	>	N	^	n	~
1111	SI	US	/	?	O	_	°	DEL

注：NUL—空，BS—退格，LF—换行，CR—回车，ESC—退出，SP—空格。

2. BCD 码

人们已经习惯了十进制数，而且计算机的原始数据多数也是十进制的，但十进制数不能直接在计算机中进行处理，必须用二进制为它编码，这样就产生了二进制编码的十进制数，简称 BCD（Binary Coded Decimal）码。

BCD 码是用 4 位二进制数表示 1 位十进制数，但这 4 位二进制数中可表示的 16 个数码中有 6 个数码是多余的，应该抛弃。可以使用不同的方法来处理这些数码，因而产生了各种不同的 BCD 码，但最通用的是 8421BCD 码，它是将十六进制数的 A～F 放弃不用，见表 1-6。

表 1-6 十进制数与 8421BCD 码的对应关系表

十进制数	8421BCD 码	十进制数	8421BCD 码
0	0000	5	0101
1	0001	6	0110
2	0010	7	0111
3	0011	8	1000
4	0100	9	1001

例如：89 的 BCD 码为 1000 1001；105 的 BCD 码为 0001 0000 0101；2004 的 BCD 码为 0010 0000 0000 0100。可见，BCD 码是很容易编制的，而且用它来表示十进制数也比较直观，但是一定要区别于二进制数，两者表征的数值完全不同，例如：

(0010 0000 0000 0101.1001) BCD = 2005.9

(0010 0000 0000 0101.1001) 2 = 8197.5625

以上用 4 位二进制数表示 1 位十进制数的编码称为压缩型 BCD 码（Packed BCD），此时用8位二进制数就能表示两位十进制数。将一个字节分成高半字节与低半字节，各表示1位十进制数，CPU通过对一个专门针对半字节的辅助进位的调整就可对BCD数直接进行运算。

如果用8位二进制数来表示1位十进制数，则称为非压缩型BCD码（Unpacked BCD），此时它的高4位全为0。

例如，86的压缩型BCD码是1000 0110B，它的非压缩型BCD码是0000 1000 0000 0110B。

BCD码的不足之处是抛弃了二进制中6/16的信息位不使用，非压缩的BCD码浪费更大。在相同的二进制位数条件下，BCD能表示的数值范围变窄。换言之，如果信息量相同的话，那么使用BCD数据占用的内存空间比使用纯二进制数据要大得多。BCD码的运算规则：BCD码是十进制数，而运算器对数据做加减运算时，都是按二进制运算规则进行处理的。当将BCD码传送给运算器进行运算时，其结果需要修正。修正的规则是：当两个BCD码相加，如果和等于或小于1001（即十六进制数9），不需要修正；如果相加之和在1010到1111（即十六进制数0AH～0FH）之间，则需加6进行修正；如果相加时，本位产生了进位，也需加6进行修正。这样做的原因是，机器按二进制相加，所以4位二进制数相加时，是按"逢十六进一"的原则进行运算的，而实质上是两个十进制数相加，应该按"逢十进一"的原则相加，16与10相差6，所以当和超过9或有进位时，都要加6进行修正。下面举例说明。

（1）压缩8421BCD码的加减运算

参与运算的操作数为压缩8421BCD码，结果也是压缩8421BCD码。下面举例说明压缩8421BCD码的加法、减法运算及十进制调整方法。

【例1-9】 计算用压缩8421BCD码表示的两个十进制数16和18的和。

第一步：做加法。

16D = 0001 0110BCD，18D = 0001 1000BCD。运算过程如下：

$$
\begin{array}{r}
0001\ 0110 \longrightarrow 16 \\
+0001\ 1000 \longrightarrow 18 \\
\hline
0010\ 1110 \longrightarrow 2E
\end{array}
$$

第二步：分析上式运算结果，进行十进制调整。

结果分析：16D + 18D = 34D，用压缩8421BCD码进行加法运算，结果应为00110100BCD。但上式运算的结果是0010 1110，其中的低位1110不是有效的压缩8421BCD码。

原因分析：采用压缩8421BCD码运算时，运算器仍然进行的是二进制数的运算，采用的进位规则不是十进制运算规定的逢十进一。对应到本例中，就是个位上6和8相加，结果是14，大于9了，应该向十位有个进位（逢十进一），但是实际这一进位并没有产生。

解决的办法：将出错的那一位压缩8421BCD码与6相加。相加后如果产生进位，则该进位应该加到压缩8421BCD码的高位

$$
\begin{array}{r}
0010\ 1110 \\
+0000\ 0110 \longrightarrow 个位加6调整 \\
\hline
0011\ 0100 \longrightarrow 和=34，正确结果
\end{array}
$$

【例1-10】 计算用压缩8421BCD码表示的两个十进制数39和98的和。

39D = 00111001BCD，98D = 10011000BCD。

```
   0011 1001  → 39
 + 1001 1000  → 98
   1101 0001  → 因为个位向十位有进位，所以需加6调整
 + 0000 0110
   1101 0111  → 因为十位为1101，它是无效编码，所以需加60调整
 + 0110 0000
 1 0011 0111  → 和=37，进位=1，结果正确
```

【例1-11】 计算用压缩8421BCD码表示的两个十进制数35和16的差。
35D = 00110101BCD，16D = 00010110BCD。

```
   0011 0101  → 35
 - 0001 0110  → 16
   0001 1111  → 因为低位向高位有错位，所以需减6调整
 - 0000 0110
   0001 1001  → 差=19，结果正确
```

压缩8421BCD数运算的十进制调整规则为：

1）加法运算后的十进制调整规则。若加法和的个位大于9或向十位有进位，则需要"加6调整"，即所得和要加上00000110BCD；若加法和的十位大于9或向百位有进位，则需要"加60调整"，即所得和要加上01100000BCD。

2）减法运算后的十进制调整规则。若减法差的个位大于9或向十位有借位，则需要"减6调整"，即所得和要减去00000110BCD；若减法差的十位大于9或向百位有进位，则需要"减60调整"，即所得和要减去01100000BCD。

（2）非压缩8421BCD码的加减运算

参与运算的操作数为非压缩8421BCD码；结果也是非压缩8421BCD码。

【例1-12】 计算用非压缩8421BCD码表示的两个十进制数8和7的和。

```
   0000 1000  → 8
 + 0000 0111  → 7
   0000 1111  → 0F，结果错，因为1111>9，加6调整
 + 0000 0110
   0001 0101  → 15，因为两位十进制的非压缩BCD码为16位，进行扩展调整

   0000 0001 0001 0101 → 因为个位向十位有进位，设置高8位为0000 0001
 ∧ 1111 1111 0000 1111 → 最后将$D_4$～$D_7$位清零
   0000 0001 0000 0101 → 和=0105，结果正确
```

3. 汉字编码

西文是拼音文字。用有限的几个字母，如英文用26个字母，俄文用32个字母，可以拼写出全部西文信息。因此，西文仅需对有限个数的字母进行编码，就可以将全部西文信息输入计算机。而汉字信息则不一样，汉字是象形文字，一个汉字就是一个方块图形。计算机要对汉字信息进行处理，就必须对数目繁多的汉字进行编码，建立一个有几千个汉字的编码表。西文编码是几十个字符的小字符集，汉字编码是成千上万个汉字的大字符集。因此，汉字的编码远比西文字母的编码要复杂得多。

汉字编码有内码和外码之分。外码又称汉字的输入编码，是指汉字的输入方式。目前我国公布的汉字编码有上百种。其编码的方法可以按照汉字的字形、字音和音形结合分为3类。常用的输入方式有区位码、国标码、首尾码、拼音码、双拼双音码、五笔字型码、自然码、ABC码、郑码等。内码是计算机系统内部进行汉字信息存储、交换、检索等操作的编码。汉字内码采用2字节表示，没有重码，并要求与国标码有简单的对应关系。

国标码又称交换码，是《信息交换用汉字编码基本字符集　基本集》的简称，是由中国国家标准总局于 1981 年为适应计算机对汉字信息交换和处理而颁布的国家标准，编号为 GB/T 2312—1980。该标准按 94×94 的二维代码表形式，收集了 6763 个汉字和 682 个一般字符、序号、数字、拉丁字母、希腊字母、汉语拼音符号等，共 7445 个图形字符。该标准最多可包含 8836 个图形字符，适应于一般汉字处理、汉字通信等系统之间的信息交换。应该指出，汉字的输入编码和内码是两个不同的概念，不可混为一谈。现将区位码、国标码和机内码做简要说明。

区位码：用每个汉字在二维代码表中行、列位置（行号称为区号，列号称为位号）来表示的代码，称为该汉字的区位码。区位码是汉字的输入编码。

国标码：国标码 = 区位码 + 32，区号和位号各增加 32 以后所得到的双 7 位二进制编码。国标码用于不同汉字系统之间汉字的传输和交换，可用作汉字的输入编码。

机内码：英文 DOS 的机内码是 ASCII 码，国标码是双 7 位二进制编码，用作内码将会与 ASCII 码相混淆，为此利用 ASCII 码最高位为"0"这一特点，把 2 字节国标码的每个字节的最高位置"1"，以示区别。这样，形成了汉字的另外一种编码方法，即汉字的机内码。简单地说，机内码 = 国标码 + 128 或　机内码 = 区位码 + 160。

1.5　微机的主要性能指标

一台微机性能的优劣，主要是由它的系统结构、硬件组成、系统总线、外围设备以及软件配置等因素来决定的，具体表现在以下几个主要技术指标上。

1. 字长

微机的字长是指微处理器内部一次可以并行处理二进制代码的位数。它与微处理器内部寄存器以及 CPU 内部数据总线宽度是一致的，字长越长，所表示的数据精度就越高。在完成同样精度的运算时，字长较长的微处理器比字长较短的微处理器运算速度快。大多数微处理器内部的数据总线与微处理器的外部数据引脚宽度是相同的，但也有少数例外，如 Intel 8088 微处理器内部数据总线为 16 位，而芯片外部数据引脚只有 8 位，Intel 80386SX 微处理器内部为 32 位数据总线，而外部数据引脚为 16 位。对这类芯片仍然以它们的内部数据总线宽度为字长，但把它们称作"准 XX 位"芯片。例如，8088 被称为"准 16 位"微处理器芯片，80386SX 被称作"准 32 位"微处理器芯片。

2. 主存容量

主存容量是主存储器所能存储的二进制信息的总量，它反映了微机处理信息时，容纳数据量的能力。主存容量越大，微机工作时主、外存储器间的数据交换次数就越少，处理速度也就越快。

主存容量常以字节（Byte）为单位，并定义 KB、MB、GB、TB 等派生单位，1KB = 1024B；1MB = 1024KB；1GB = 1024MB；1TB = 1024GB。80X86 微型机能配置的最大内存容量受 CPU 所支持的物理地址空间范围的限制，例如：8086 地址线为 20 根，所以内存配置的最大容量为 1MB。

3. 指令执行时间

指令执行时间是指计算机执行一条指令所需的平均时间，其长短反映了计算机执行一条指令运行速度的快慢。它一方面取决于微处理器工作的时钟频率；另一方面又取决于计算机指令系统的设计和 CPU 的体系结构等。微处理器工作时钟频率指标可表示为多少兆（或吉）赫兹，即 M（G）Hz；微处理器指令执行速度指标则表示为每秒运行多少百万条指令（Millions of Instructions Per Second，MIPS）。

4. 系统总线

系统总线是连接微机系统各功能部件的公共数据通道。系统总线所支持的数据传送位数和时钟频率直接关系到整机的性能。数据传送位数越宽，总线工作时钟频率越高，则系统总线的信息吞吐率就越高，整机的性能就越强。目前，微机系统采用了多种系统总线标准，如 ISA、EISA、VESA、PCI、PCI-Express 等。

5. 外围设备配置

在微机系统中，外围设备占据了重要地位。计算机信息的输入、输出、存储都必须由外设来完成，微机系统一般都配置了显示器、打印机、键盘等外设。微机系统所配置的外设，其速度快慢、容量大小、分辨率高低等技术指标都影响着微机系统的整体性能。

6. 系统软件配置

系统软件也是计算机系统不可或缺的组成部分。微机硬件系统仅是一个裸机，它本身并不能运行。若要运行，必须有基本的系统软件支持，如 DOS、Windows 等操作系统。系统软件配置是否齐全，软件功能的强弱，是否支持多任务、多用户操作等都是微机硬件系统性能能否得到充分发挥的重要因素。

本 章 习 题

1. 简述微型计算机系统的组成。
2. 简述冯·诺依曼的"程序存储和程序控制"原理。
3. 124D、0ADH、76Q、10011110B 分别采用的是什么计数制？并进行由小到大排序。
4. 字长为 8 位和 16 位二进制数的原码、补码能表示的整数的范围是多少？
5. 把下列十进制数分别转换为二进制数和十六进制数。
   (1) 123   (2) 255   (3) 78   (4) 5124
6. 把下列二进制数分别转换为十进制数和十六进制数。
   (1) 11110001   (2) 10001000   (3) 11111111   (4) 01011010
7. 把下列十六进制数分别转换为十进制数和二进制数。
   (1) FE   (2) FFEC   (3) 321   (4) FFFF
8. 写出字长为 8 位和 16 位两种情况下下列十进制数的原码、反码和补码。
   (1) -16   (2) 16   (3) +0   (4) -0   (5) 127   (6) -127
9. 实现下列转换。
   (1) $[x]_原=11001010$，求 $[x]_补$ (2) $[x]_补=11110001$，求 $[-x]_补$
   (3) $[x]_补=10101010$，求 $[x]_原$ (4) $[x]_反=10101100$，求 $[-x]_原$
10. 两个二进制数 A=01011111，B=10001000，试比较它们的大小。
    (1) A、B 两个数均为带符号的补码   (2) A、B 两数均为无符号数
11. 下列各数均为十进制，用 8 位补码计算下列各式，判断是否有溢出。
    (1) 80+70   (2) 95-87   (3) 121+98   (4) -90-71
12. 把下列十进制数分别以压缩 8421BCD 码、非压缩 8421BCD 码表示。
    (1) 59   (2) 124   (3) 7   (4) 65

第 2 章 8086 微型计算机系统

【教学提示】 微处理器是微机的核心部件。本章主要讲解 8086 微处理器的内部结构组成及工作原理、寄存器组成及作用、8086 外部引脚与 8086 工作模式。

【教学要求】 通过本章学习,应该掌握以下内容:8086 微处理器的内部结构组成及工作原理、8086 各内部寄存器的主要作用、8086 的引脚功能及 8086 的两种工作模式。

2.1 8086 微处理器的结构

8086 是 Intel 系列的 16 位微处理器,采用 HMOS 工艺制造,有 16 根数据线和 20 根地址线,封装在 40 脚双列直插组件(DIP)中,如图 2-1 所示。8086 工作时,使用单一的 +5V 电源,时钟频率为 5MHz,引脚信号与 TTL 电平兼容。8086 可寻址的内存地址空间达 2^{20}B,即 1MB;8086 可寻址的 I/O 地址空间达 2^{16}B,即 64KB;Intel 公司在推出 8086 的同一年,还推出了一款准 16 位的 CPU——8088。8088 与 8086 相比:内部结构基本相同,两者的软件也完全兼容;8086 的数据总线是 16 位的,8088 的数据总线是 8 位的。

图 2-1 8086 微处理器

2.1.1 8086 的内部结构

8086 内部结构如图 2-2 所示,它由执行部件(Execution Unit,EU)和总线接口部件(Bus Interface Unit,BIU)两部分组成,这两个部件的操作可以并行进行。

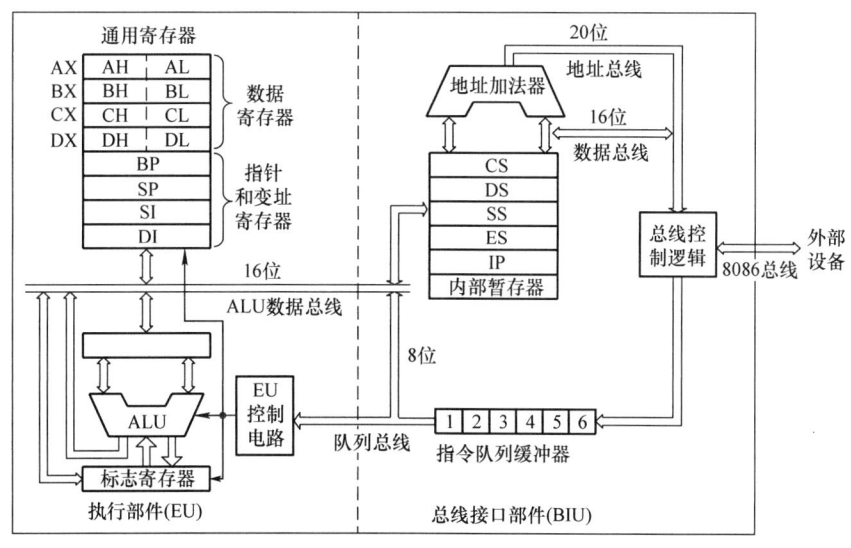

图 2-2 8086 内部结构图

1. 执行部件（EU）

EU 组成：算术逻辑单元（ALU），可完成 8 位或 16 位操作数的算术或逻辑运算；8 个 16 位通用寄存器（AX、BX、CX、DX、SI、DI、SP 和 BP）；标志寄存器；控制电路。

EU 功能：负责指令的执行，即从总线接口部件 BIU 的指令队列取得指令，执行之后向 BIU 送回运算结果，并把运算结果的状态特征保存到标志寄存器中。

2. 总线接口部件（BIU）

BIU 组成：4 个 16 位段寄存器（CS、DS、ES、SS）；指令指针寄存器（Instruction Pointer，IP）；20 位的地址加法器；6 字节指令队列缓冲器；内部暂存器和总线控制逻辑。

BIU 功能：负责 CPU 与存储器、I/O 设备之间的数据传送。具体包括：取指令送指令队列，配合 EU 从指定的内存单元或者外设端口中取数据，将数据传送给 EU，或者把 EU 的操作结果传送到指定的内存单元或外设端口中。

（1）段寄存器

8086 采用存储器地址分段的方法来解决在 16 位字长的计算机里提供 20 位地址的问题。段寄存器就是专门存放段地址的寄存器，每个段寄存器的值可以确定一个段的起始地址，而各段有不同的用途。8086 中有 4 个 16 位段寄存器，它们是：CS（代码段寄存器）、DS（数据段寄存器）、SS（堆栈段寄存器）和 ES（附加段寄存器）。

（2）指令指针寄存器（IP）

指令指针寄存器（IP）提供下一条要取出的指令所在存储单元的 16 位偏移地址。

（3）地址加法器

8086CPU 采用段地址、段内偏移地址两级存储器寻址方式，由一个 20 位地址加法器根据 16 位段地址和 16 位段内偏移地址计算出 20 位的物理地址（Physical Address，PA）。其计算方法是：将 CPU 中的 16 位段寄存器内容左移 4 位（×16）与 16 位的逻辑地址（又称偏移地址）在地址加法器内相加，得到所寻址单元的 20 位物理地址。根据寻址方式的不同，偏移地址可以来自指令指针寄存器（IP）或其他寄存器。

假设（CS）= FE00H，（IP）= 0400H，那么下一条要取出的指令所在内存单元的 20 位物理地址 PA = FE00H × 10H + 0400H = FE400H。

（4）内部暂存器

用于内部数据的暂存，该部分对用户透明，在编程时可不予理会，用户无权访问。

（5）指令队列缓冲器

8086 有 6 字节指令队列缓冲器；8088 有 4 字节指令队列缓冲器；缓冲器采用"先进先出"策略，暂时存放 BIU 从存储器中预取的指令。在执行指令的同时，可以从内存中取出下一条或下几条指令放到缓冲器中，一条指令执行完后，可立即执行下一条指令，从而解决了以往 CPU 取指令期间运算器的等待问题。

（6）总线控制逻辑

总线控制逻辑发出总线控制信号，实现存储器的读/写控制和 I/O 的读写控制。它将 CPU 内部总线与外部总线相连，是 CPU 与外部电路进行数据交换的路径。总线控制逻辑控制 8086 通过 20 条引脚线分时传送 20 位地址线、16 位数据和 4 位状态信息。

3. BIU 和 EU 的工作过程

8086 的总线 BIU 和 EU 在很多时候可以并行工作，使得取指令、指令译码和执行指令这些操作构成操作流水线。

当指令队列中有两个空字节,且 EU 没有访问存储器和 I/O 接口的要求时,BIU 会自动把指令取到指令队列中。

当 EU 准备执行一条指令时,它会从指令队列前部取出指令执行。在执行指令的过程中,如果需要访问存储器或者 I/O 设备,那么 EU 会向 BIU 发出访问总线的请求,以完成访问存储器或者 I/O 接口的操作。如果此时 BIU 正好处于空闲状态,那么,会立即响应 EU 的总线请求;但如果 BIU 正在将某个指令字节取到指令队列中,那么,BIU 将首先完成这个取指令操作,然后再去响应 EU 发出的访问总线的请求。

当指令队列已满,而且 EU 又没有总线访问时,BIU 便进入空闲状态。

在执行转移指令、调用指令和返回指令时,下面要执行的指令就不是在程序中紧接着的那条指令了,而 BIU 往指令队列装入指令时,总是按顺序进行的。在这种情况下,指令队列中已经装入的指令就没有用了,会被自动消除。随后,BIU 会往指令队列中装入另一个程序段中的指令。

2.1.2 8086 的寄存器结构

寄存器是 CPU 内部用来存放地址、数据和状态标志的部件。8086 有 14 个 16 位寄存器和 8 个 8 位寄存器。按用途可以分为以下几类:数据寄存器,指针和变址寄存器,段寄存器,指令指针寄存器,标志寄存器。

1. 数据寄存器 AX、BX、CX、DX

数据寄存器主要用来存放操作数或中间结果,以减少访问存储器的次数。有 4 个 16 位的寄存器:AX、BX、CX、DX;8 个 8 位的寄存器:AH、AL、BH、BL、CH、CL、DH、DL。这些寄存器均可独立使用。多数情况下,这些数据寄存器是用在算术运算或逻辑运算指令中,以进行算术逻辑运算。在有些指令中,它们则有特定的用途。这些寄存器的用法见表 2-1。

表 2-1 数据寄存器的一般与隐含用法表

寄存器	一般用法	隐含用法
AX	16 位累加器	① 字乘法中保存积;字乘法中隐含提供一个乘数,并保存积的低 16 位; ② 字节除法中隐含提供被除数;字除法中隐含提供被除数的低 16 位,并保存商; ③ CBW 指令中隐含作为目标操作数; ④ CWD 指令中隐含作为源操作数和目标操作数的低 16 位; ⑤ I/O 指令中,保存 16 位输入/输出数据
AL	AX 的低 8 位	① 字节乘法中隐含提供一个乘数,并保存积的低 8 位;字节除法中隐含提供被除数的低 8 位并保存商; ② CBW 指令中隐含作为源操作数; ③ XLAT 指令中隐含提供表格首地址偏移量; ④ I/O 指令中,保存 8 位输入/输出数据
AH	AX 的高 8 位	① 字节乘法中隐含提供一个乘数; ② 字节除法中隐含保存余数; ③ DOS 和 BIOS 功能调用中存放功能号

(续)

寄存器	一般用法	隐含用法
BX	基址寄存器，常用作地址寄存器	XLAT 指令中提供被查表格中源操作数的间接地址
CX	16 位计数器	① 循环指令中的循环次数计数器； ② 串操作指令中串长计数器
CL	CX 的低 8 位	移位或循环移位指令中提供移位的次数
DX	16 位数据寄存器	① 字乘法中隐含保存积的高 16 位； ② 字除法中隐含提供被除数的高 16 位，并保存余数； ③ CWD 指令中隐含作为目标操作数的高 16 位； ④ 在间接寻址的 I/O 指令中，提供端口地址

2. 指针和变址寄存器 SP、BP、SI、DI

EU 中有 2 个地址指针寄存器 SP、BP 和 2 个变址寄存器 SI、DI。用法见表 2-2。

表 2-2 指针和变址寄存器的一般与隐含用法表

寄存器	一般用法	隐含用法
SP（堆栈指针寄存器）	保存堆栈栈顶偏移地址，与 SS 配合来确定堆栈在内存中的位置	压栈、出栈操作中隐含指示栈顶
BP（基址指针寄存器）	① 保存 16 位数据； ② 保存堆栈段内存储单元的偏移地址	
SI（源变址寄存器）	① 保存 16 位数据； ② 保存数据段内存储单元的偏移地址	串操作指令中，隐含与 DS 配合，确定源串在内存中的位置
DI（目的变址寄存器）	① 保存 16 位数据； ② 保存数据段内存储单元的偏移地址	串操作指令中，隐含与 ES 配合，确定目标串在内存中的位置

3. 段寄存器

8086 内部设置了 4 个 16 位的段寄存器，用于存放当前程序所用的各段的起始地址的高 16 位。

CS（Code Segment），称为代码段寄存器，存放当前执行的程序所在段的起始地址。其值乘以 16 再加上 IP 的值，就形成了下一条要取出指令所在的内存单元的物理地址。

DS（Data Segment），称为数据段寄存器，存放当前数据段的起始地址。其值乘以 16 再加上指令中存储器寻址方式指定的偏移地址，就形成了要进行读/写的数据段中指定内存单元的物理地址。

SS（Stack Segment），称为堆栈段寄存器，存放当前堆栈段的起始地址。堆栈是按照"后进先出"原则组织的一个特殊内存区域。堆栈操作数的地址由 SS 的值乘以 16 再加上 SP 的值形成。

ES（Extra Segment），称为附加段寄存器，存放当前附加段的起始地址。附加段是附加的数据段，也用于数据的保存，另外，串操作指令将附加段作为其目标操作数的存放区域。

4. 16 位指令指针寄存器（IP）

指令指针寄存器（IP）存放当前代码段中的偏移地址，它与 CS 联用，可以形成下一条要取出指令的物理地址。程序不能直接对 IP 进行存取，但能在程序运行中被自动修改。例如，控制器取到要执行的指令后，会立刻修改 IP 值，使之指向下一条指令的首地址；转移、调用、返回等指令执行，就是通过修改 IP 的值来控制指令序列的执行流程的。

5. 标志寄存器（FR）

FR 是一个 16 位的寄存器，如图 2-3 所示。9 个位用作标志位，状态标志位有 6 个，记录程序中运行结果的状态信息，是根据指令的运行结果由 CPU 自动设置的。这些状态信息通常作为后续转移指令的转移控制条件，所以也称为条件码。控制标志位有 3 个，可以编程设置，用于控制处理器执行指令的方式。控制标志设置之后，可对后面的操作产生控制作用。未标明的位在 8086 中不用。

	OF	DF	IF	TF	SF	ZF		AF		PF		CF
15...12	11	10	9	8	7	6	5	4	3	2	1	0

图 2-3　标志寄存器（FR）

（1）状态标志位

CF—进位标志：指令执行后，如果运算结果在最高位上产生了一个进位或借位，则 CF = 1；否则，CF = 0。

PF—奇偶标志：如果运算结果低 8 位 1 的个数为偶数，则 PF = 1；否则，PF = 0。

AF—辅助进位标志：如果运算结果低 4 位产生了进位，则 AF = 1；否则，AF = 0。

ZF—零标志：如果运算结果为 0，则 ZF = 1；否则，ZF = 0。

SF—符号标志：如果运算结果为正数，则 SF = 0；否则，SF = 1。

OF—溢出标志：如果运算过程产生了溢出，则 OF = 1；否则，OF = 0。

（2）控制标志位

TF—单步标志：TF = 1，处理器按单步执行指令；TF = 0，处理器正常工作。

IF—中断允许标志：IF = 1，允许可屏蔽中断；IF = 0，不允许可屏蔽中断。

DF—方向标志（用于串操作指令）：DF = 1，存储器地址会自动减值；DF = 0，存储器地址会自动增值。

状态标志的状态表示在 PC 中，可由调试程序（DEBUG）显示出来。对应符号见表 2-3。

表 2-3　DEBUG 中标志位为 1 为 0 的符号表示

标志位名称	为 1 对应符号	为 0 对应符号
OF	OV	NV
DF	DN	UP
IF	EI	DI
SF	NG	PL

(续)

标志位名称	为 1 对应符号	为 0 对应符号
ZF	ZR	NZ
AF	AC	NA
PF	PE	PO
CF	CY	NC

【例 2-1】 在 DEBUG 下调试以下三条指令的执行。

　　MOV　AL, 0E9H
　　MOV　BL, 98H
　　ADD　AL, BL

观察 ADD AL, BL 指令执行后，标志寄存器中 6 位状态标志位的状态。

（1）理论计算

$$\begin{array}{r} 1110\ 1001B \\ +1001\ 1000B \\ \hline 1000\ 0001B \end{array}$$

CF = 1（CY）、PF = 1（PE）、AF = 1（AC）、ZF = 0（NZ）、SF = 1（NG）、OF = 0（NV）

（2）DEBUG 调试，如图 2-4 所示。

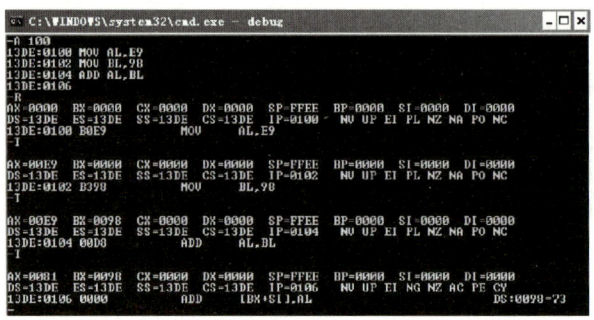

图 2-4　DEBUG 调试结果

可见，理论运算结果与 DEBUG 调试结果一致。

2.2　8086 微处理器的引脚特征

2.2.1　8086 的引脚特征

8086 CPU 采用的封装方式是双列直插式封装，拥有 40 条引脚，每一条引脚具有各自的功能，如图 2-5 所示。

在学习 8086CPU 引脚前，需要了解以下几个概念：

（1）引脚的功能

引脚的功能就是说明引脚信号的定义。一般而言，引脚的名称就是该引脚功能的缩写，以便直观地说明引脚信号的作用。如 AD_0，表示该引脚既可作为数据信号，又可作为地址信号；而 A_{16} 说明该引脚只能作为地址信号。

(2) 信号的有效电平

信号的有效电平指的是引脚有效时，施加在引脚上的逻辑电平。约定：在引脚名上加一横线表示低电平有效，无横线表示高电平有效。

(3) 信号的流向

芯片与其他部件联系的信息通过引脚进行传送，这些信息可以从芯片往外输出（信号输出）；也可以将外部信号输送到芯片内部（输入信号）；也可以是双向输送。

(4) 引脚的复用

在芯片设计中，为了减少引脚数量且不缩减芯片功能，通常采用引脚复用的方法。即让同一引脚在不同的情况下，发挥不同的作用。常见的做法是：在不同时刻，引脚发挥不同作用，传递不同性质的信号，即分时复用。

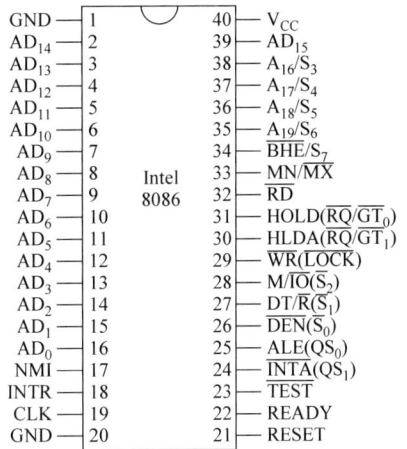

图 2-5 8086CPU 引脚图

(5) 三态能力

三态能力是指 8086 CPU 的引脚一般具有三种状态：高电平、低电平、高阻态。当引脚为高阻态时，表明芯片放弃了对该引脚的控制，可以理解为与其他部件"断开"。

8086 CPU 拥有 40 条引脚，其中 $AD_0 \sim AD_{15}$ 为数据总线，共 16 位；$AD_0 \sim AD_{15}$，加上 $A_{16} \sim A_{19}$ 为地址总线，共 20 位，在不同时钟周期下，引脚发挥不同的作用。同时 8086 CPU 可以在最小工作模式及最大工作模式下工作，其引脚也被赋予了不同的功能。

2.2.2 8086 的工作模式

当把 8086 CPU 与存储器、外设构成一个计算机系统时，根据所连的存储器和外设的规模，8086 CPU 具有两种不同的工作模式来适应不同的应用场合，最小工作模式和最大工作模式。

8086 的工作模式由硬件设计决定，引脚 $MN/\overline{MX}$ 连电源（+5V），则 8086 处在最小工作模式；引脚 $MN/\overline{MX}$ 接地，则 8086 处在最大工作模式。

(1) 最小工作模式

最小工作模式也称为单处理器模式，是指系统中只有一片 8086 微处理器。

所连的存储器容量不大、片子不多，所要连的 I/O 端口也不多，系统的控制总线就直接由 CPU 的控制线供给，从而使得系统中的总线控制电路被减到最少。最小工作模式适用于较小规模的系统。

(2) 最大工作模式

最大工作模式是指在系统中有两个或两个以上的微处理器。

最大工作模式是相对于最小工作模式而言的，适用于中、大型规模的系统。在最大工作模式的系统中有多个微处理器，其中一个是主处理器 8086，其他的处理器称为协处理器，承担某方面专门的工作。和 8086 配合的协处理器有数值运算协处理器 8087，和输入/输出协处理器 8089。8086 通过一个总线控制器 8288 来形成各种总线周期，控制信号由 8288 供给。

2.2.3 两种工作模式下 8086 的公共引脚特征

8086 CPU 编号 1 到 40 的 40 条引脚，在最小工作模式下的功能如下：

（1）地址/数据的复用引脚线

$AD_{15} \sim AD_0$ 为地址/数据复用线，具有三态、双向功能。8086 CPU 的第 2～16 引脚分别为 $AD_{14} \sim AD_0$，第 39 引脚为 AD_{15}，作为功能复用引脚。

8086 CPU 中采用分时复用法来实现对地址线和数据线的复用：在 T_1 周期，$AD_{15} \sim AD_0$ 为低 16 位地址线；在 T_2、T_3、T_W 周期，$AD_{15} \sim AD_0$ 为数据总线。

（2）地址/状态的复用引脚线

$A_{19}/S_6 \sim A_{16}/S_3$ 为地址/数据复用线，具有三态、双向功能。8086 CPU 的第 35～38 引脚分别为 $A_{19}/S_6 \sim A_{16}/S_3$。

8086 CPU 中采用分时复用方法来实现对地址线和状态线的复用：在 T_1 周期，高 4 位地址线。在 T_2、T_3、T_W 周期，这些引线为状态信号线；其中 S_6 一直是低电平，表示 8086 CPU 与总线相连；S_5 表示当前允许中断；S_4 与 S_3 则联用表示当前 8086 CPU 在使用哪一个段寄存器，见表 2-4。

表 2-4 S_4 与 S_3 代码指示正在使用的段寄存器

S_4	S_3	当前正在使用的段寄存器
0	0	ES
0	1	SS
1	0	CS 或未用
1	1	DS

（3）数据线高 8 位有效/状态复用线

$\overline{BHE}/S_7$ 为数据线高 8 位有效/状态复用线，具有三态、输出功能。8086 CPU 的第 34 引脚为 $\overline{BHE}/S_7$。在 T_1 周期，数据线高 8 位有效；T_2、T_3、T_W、T_4 周期，S_7 有效。需要注意的是，8086 中 S_7 未定义具体意义。

$\overline{BHE}/S_7$ 引脚常与 AD_0 结合使用，其具体意义见表 2-5。

表 2-5 $\overline{BHE}/S_7$ 引脚具体意义

$\overline{BHE}/S_7$	AD_0	有效数据引脚	操作
0	0	$AD_{15} \sim AD_0$	从偶地址读/写一个字
1	0	$AD_7 \sim AD_0$	从偶地址读/写一个字节
0	1	$AD_{15} \sim AD_8$	从奇地址读/写一个字节
0	1	$AD_{15} \sim AD_8$（第一个总线周期读到该字数据的低 8 位）	从奇地址读/写一个字
1	0	$AD_7 \sim AD_0$（第二个总线周期读到该字数据的高 8 位）	

（4）读信号

$\overline{RD}$ 为读信号，低电平有效，具有三态、输出功能；8086 CPU 的第 32 引脚为 $\overline{RD}$。当 $\overline{RD}$ 有效时，表示对存储器或 I/O 进行读操作；因此常配合 $M/\overline{IO}$ 引脚使用。当 $M/\overline{IO}$ 为高电平，表示存储器读取数据；当 $M/\overline{IO}$ 为低电平，表示 I/O 端口读取数据。

(5) 可屏蔽中断请求信号

INTR 为可屏蔽中断请求信号，高电平有效，具有输入功能。8086 CPU 的第 18 引脚为 INTR。若该信号有效时，当标志寄存器中 IF＝1，则允许中断；当 IF＝0，禁止中断。

(6) 非屏蔽中断请求信号

NMI 为非屏蔽中断请求信号，上升沿有效，具有输入功能。8086 CPU 的第 17 引脚为 NMI。不受 IF 位影响。只要在 NMI 线上出现上升沿信号，CPU 就会结束当前指令，转而去执行非屏蔽中断处理程序。

注意：8086 只有 NMI 和 INTR 可以引入外部中断。

(7) 复位信号

RESET 为复位信号，高电平有效，具有输入功能。8086 CPU 的第 21 引脚为 RESET。RESET 信号宽度不小于 4 个时钟周期。CPU 接收复位信号，则结束当前操作，将微处理器内部寄存器阵列和指令队列清零，将 CS 置为 FFFFH，当复位信号无效后，CPU 从 FFFF0H 执行指令。

(8) 准备就绪信号

READY 为准备就绪信号，高电平有效，具有输入功能；8086 CPU 的第 22 引脚为 READY。其有效时表示存储器或 I/O 设备准备就绪，可完成一次数据传送。CPU 的读/写操作总线在 T_3 状态开始处对 READY 信号进行采样。

(9) 测试信号

$\overline{\text{TEST}}$ 为测试准备就绪信号，低电平有效，具有输入功能；8086 CPU 的第 23 引脚为 $\overline{\text{TEST}}$。常与 WAIT 指令配合使用，当 CPU 执行 WAIT 指令时，CPU 处于等待状态，且每 5 个 T 周期对 $\overline{\text{TEST}}$ 信号测试一次。当 $\overline{\text{TEST}}$ 信号为低电平，则结束等待状态，继续执行 WAIT 指令下面的指令。

(10) 其他

CLK 为输入时钟信号，是 CPU 与总线控制电路的基准时钟，是 8086 CPU 的第 19 引脚。

V_{CC} 为输入电源，电压为 +5V，是 8086 CPU 的第 40 引脚。

GND 为接地引脚，需要接地；GND 有两条，分别为 8086 CPU 的第 1 和第 20 引脚。

MN/MX 为最小/最大工作模式信号，是 8086 CPU 的第 33 引脚。当该引脚接 5V 电压，则为最小工作模式；若接地，则为最大工作模式。

以上引脚为 8086 CPU 的最大工作模式和最小工作模式通用引脚，而 24～31 引脚在不同的模式下具有不同的功能，下面将简单介绍。

2.2.4 最小工作模式下 8086 的特殊引脚特征

最小工作模式下 8086 CPU 引脚 24～31 的功能如下：

(1) CPU 向外输出的中断响应信号

$\overline{\text{INTA}}$ 为 CPU 向外输出的中断响应信号，低电平有效，具有输出功能，是 CPU 对外部中断源发出的中断请求的响应。

(2) 地址锁存允许信号

ALE 为地址锁存允许信号，高电平有效，具有输出功能。在 T_1 状态，CPU 提供 ALE 有效电平，表示允许地址锁存，则在 ALE 下降沿，将 $AD_{15} \sim AD_0$ 与 $A_{19}/S_6 \sim A_{16}/S_3$ 上的地址信息锁存到地址锁存器中。

（3）数据允许信号

$\overline{DEN}$ 为数据允许信号，低电平有效，具有三态、输出功能。该引脚有效时，允许收发器和系统数据总线进行数据传输。

（4）数据发送/接收控制信号

$DT/\overline{R}$ 为数据发送/接收控制信号，具有三态、输出功能。当该引脚为高电平，则进行数据发送（CPU 写）；当该引脚为低电平，则进行数据接收（CPU 读）。

（5）存储器或 I/O 端口访问控制信号

$M/\overline{IO}$ 为存储器或 I/O 端口访问控制信号，具有三态、输出功能。当该引脚为高电平，则 CPU 访问的是存储器；当该引脚为低电平，则 CPU 访问的是 I/O 端口。

（6）写信号

$\overline{WR}$ 为写信号，低电平有效，具有三态、输出功能。当该引脚有效，表示 CPU 正在对存储器或 I/O 端口进行写操作。

（7）总线保持请求信号

HOLD 为总线保持请求信号，高电平有效，具有输入功能。当系统中 CPU 之外的外围设备要求占用总线，则通过 HOLD 引线向 CPU 发出高电平的请求信号。

（8）总线保持响应信号

HLDA 为总线保持响应信号，高电平有效，具有输出功能。当该引脚有效，表示 CPU 对外围设备的总线请求做出响应，同意让出总线。此时，与 CPU 连接的三态引线都变为高阻态。

例如：当 HOLD 引脚为高电平，说明外围设备向 CPU 发出了请求信号，要求占用总线。若 CPU 同意让出总线，则通过 HLDA 引脚对外输出一个高电平作为响应，同时将地址线、数据线等三态引线设置为浮空状态（高阻态）。于是，外围设备取得总线的控制权。

当外围设备使用完总线后，将 HOLD 变成低电平，CPU 测试到这一信号，则将 HLDA 设置为低电平，收回总线的控制权。

2.2.5 最大工作模式下 8086 的特殊引脚特征

最大工作模式下 8086 CPU 引脚 24～31 的功能如下：

（1）指令队列状态信号

QS_1 及 QS_0 为指令队列状态信号，具有输出功能。主要反映总线周期的前一个 T 周期指令队列的状态，一边其他设备跟踪指令队列的状态。QS_1 及 QS_0 的组合及操作见表 2-6。

表 2-6　QS_1 及 QS_0 组合与对应操作

QS_1	QS_0	操作
0	0	无操作
0	1	从指令队列的第一个字节中取走代码
1	0	队列为空
1	1	除第一个字节外，还取走了后续字节中的代码

（2）总线周期状态信号输出信号

$\overline{S}_2 \sim \overline{S}_0$ 为总线周期状态信号输出信号，低电平有效，具有输出功能。$\overline{S}_2$、$\overline{S}_1$、$\overline{S}_0$ 的组合及操作见表 2-7。

表 2-7 $\overline{S}_2 \sim \overline{S}_0$ 组合与对应操作

$\overline{S}_2$	$\overline{S}_1$	$\overline{S}_0$	操作
0	0	0	中断响应
0	0	1	读 I/O 端口
0	1	0	写 I/O 端口
0	1	1	暂停
1	0	0	取指
1	0	1	读存储器
1	1	0	写存储器
1	1	1	无作用

（3）总线封锁信号

$\overline{LOCK}$ 为总线封锁信号，低电平有效，具有三态、输出功能。当该信号有效时，系统中的其他设备不能暂用系统总线。

（4）总线请求/允许信号

$\overline{RQ}/\overline{GT}_0$ 与 $\overline{RQ}/\overline{GT}_1$ 为总线请求/允许信号，低电平有效，具有三态，双向功能。接收 CPU 外的中线设备发出的总线请求信号和发送 CPU 的总线请求允许相应信号，这类似于最小工作下图中的 HOLD 与 HLDA 信号。不同之处在于 $\overline{RQ}/\overline{GT}_0$ 与 $\overline{RQ}/\overline{GT}_1$ 都为双向的，即在同一引脚上可以先接收总线请求信号，再发送允许信号。两个引脚可以同时与两个总线设备相连接，且 $\overline{RQ}/\overline{GT}_0$ 的优先权高于 $\overline{RQ}/\overline{GT}_1$。

2.3 8086 微型计算机系统的硬件组成

2.3.1 系统硬件组成特点

8086 微型计算机系统的硬件组成除了包括 8086 微处理器外，还需要其他的部件。8086 不同的工作模式对系统的硬件组成有不同的要求，其中共同之处有：

（1）时钟发生器 8284（1 片，提供时钟）

8086 内部没有时钟发生器，需要外接一个专用时钟发生器。8024 是 Intel 公司专门为 8086/8088 系统设计的单片时钟发生器。8084 产生系统时钟，对 READY 信号和 RESET 信号进行同步。

（2）地址锁存器 8282（3 片，锁存地址信息）

8086 的 $AD_{15} \sim AD_0$ 与 $A_{19}/S_6 \sim A_{16}/S_3$ 是复用信号，需要采用地址锁存器将地址信息保存起来，为外接存储器或外设提供地址信息。一般采用 3 片 8 位的 8282 作为地址锁存器。

（3）数据收发器 8286（2 片，增加数据总线驱动能力）

当系统所连接的存储器和外设较多时，需要增加数据总线的驱动能力。一般采用 2 片 8 位的 8286 作为数据收发器。

2.3.2 最小工作模式下 8086 系统的硬件组成

由前面所学的知识可知，当 8086 的 $MN/\overline{MX}$ 引脚接电源时，8086 处于最小工作模式。

最小工作模式即只有一个 8086 微处理器，图 2-6 为 8086 最小工作模式的典型电路原理图。

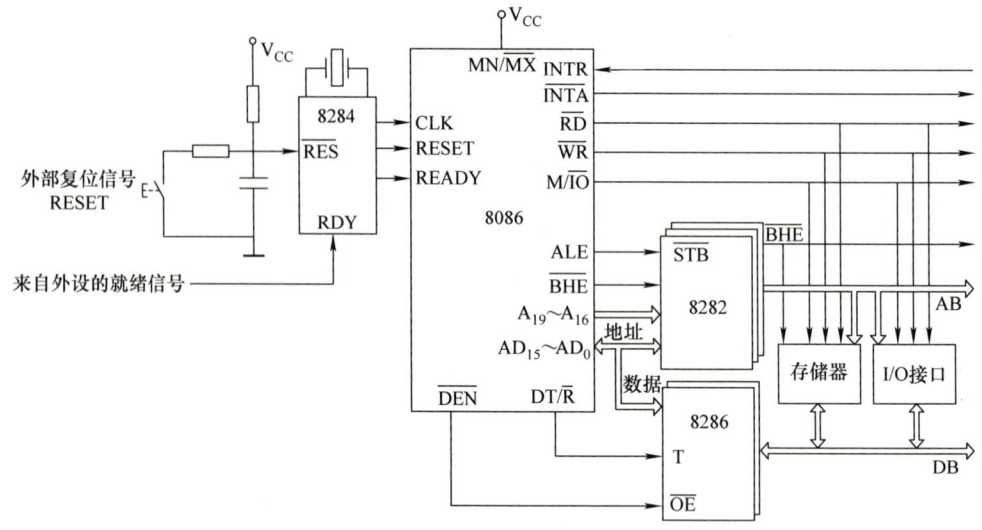

图 2-6　8086 最小工作模式的典型电路原理图

2.3.3　最大工作模式下 8086 系统的硬件组成

由前面所学的知识可知，当 8086 的 MN/$\overline{\text{MX}}$ 引脚接地时，8086 处于最大工作模式。最大工作模式为多处理器模式，图 2-7 为 8086 最大工作模式的典型电路原理图。

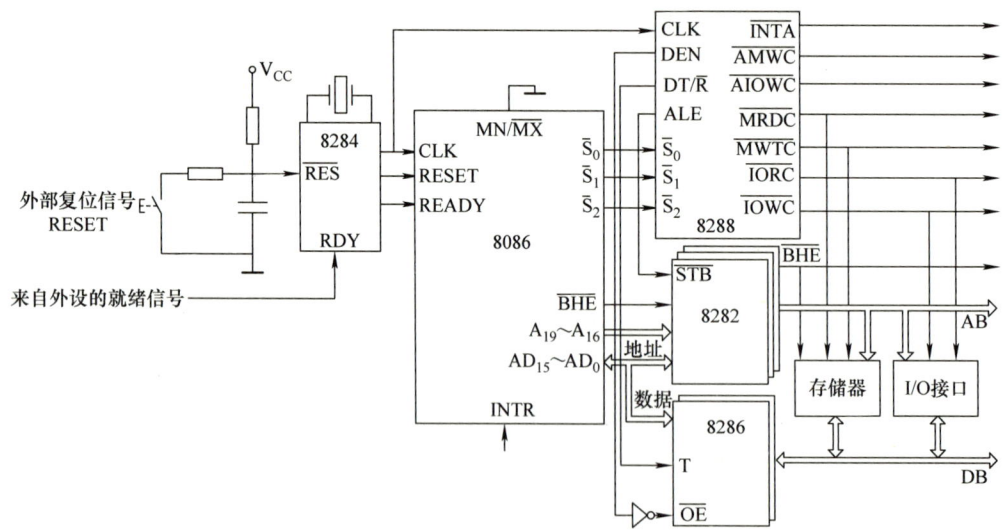

图 2-7　8086 最大工作模式的典型电路原理图

最大工作模式与最小工作模式的主要区别在于：最大工作模式下，需要增加一片 8288 来作为总线控制器，提高控制总线的驱动能力。因此 8288 是用来对 8086 CPU 发出的控制信号进行变化和组合，以得到对存储器或 I/O 端口的读/写信号和对锁存器、总线收发器的控制信号。由图 2-7 可知，在最大工作模式下，8288 接收 8086 执行指令期间提供的状态信号 $\overline{S_2}$、$\overline{S_1}$ 和 $\overline{S_0}$，在时钟 CLK 信号控制下，对 $\overline{S_2}$、$\overline{S_1}$ 和 $\overline{S_0}$ 译码后产生各总线控制和命令控制需要的时序信号。

2.3.4 8086微处理器对存储器管理概述

1. 存储器的结构

存储器是计算机的记忆部件，用来存放程序和数据。按照其所在的位置，存储器可以分成主存储器和辅助存储器。主存储器存放当前正在执行的程序和使用的数据，CPU可以直接存取，它由半导体存储器芯片构成，其成本高，容量小，但速度快。而辅助存储器可用来长期保存大量程序和数据，CPU需要通过I/O接口访问，它由磁盘或光盘构成，具有成本低，容量大等优点，但速度较慢。

存储器以字节为单位，每一个字节为一个内存单元，具有唯一的地址码，这唯一的地址码可以称为物理地址。

8086有20条地址线，可以形成20位二进制的地址码，总共可以形成$2^{20}=1M$个地址码，对应1MB的存储空间，这1MB的内存单元按照00000H~FFFFFH来编址，如图2-8所示，每一个内存单元对应一个唯一的物理地址。

每一个物理地址对应存储器的一个单元，因此我们将20条地址线所能形成的所有地址对应的存储器单元的总和称之为8086的存储空间。

存储单元中存储的内容指的是存放在存储单元中的数据；数据可以是字节、字或双字，其在存储器中分别对应1个、2个或4个字节的存储空间。

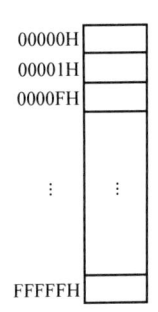

图2-8 内存单元示意图

数据在存储单元的存放，必须符合以下规则：

1）高高低低（高字节存放在高地址，低字节存放在低地址）。

2）多字节数据以最低字节的地址为准。

3）8086 CPU对字/字节的读写以从偶地址开始，16位为单位进行操作。

如图2-9所示，20110H~20113H单元存放的内容依次为12H、34H、56H、78H。

若存储的是字节，那么：

（20110H）=12H

表示字节单元20110H的内容是12H；

（20111H）=34H

表示字节单元20111H的内容是34H；

若存储的是字，那么：

（20110H）=3412H

表示字单元20110H的内容是3412H；

（20111H）=5634H

表示字单元20111H的内容是5634H；

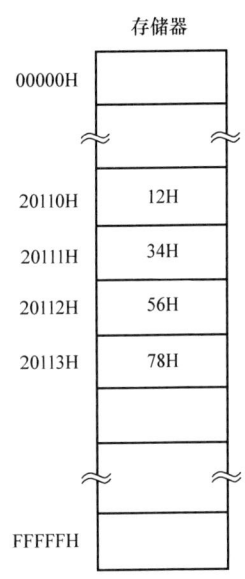

图2-9 存储单元示意图

若存储的是双字，那么：

(20110H) = 78563412H

表示双字单元 20110H 的内容是 78563412H。

2. 存储器的管理

尽管 8086 CPU 提供 20 位地址，可以寻址 1M 空间，但 8086 中可用来存放地址的寄存器如 IP、SP、BX、SI 等都是 16 位的，只能直接寻址 64KB。因此为了对 1M 个存储单元进行管理，8086 CPU 采用了典型的存储器分段技术。

8086 CPU 管理存储器的方法是存储器分段管理法，即将由 20 位地址寻址的 1MB 的物理空间划分成了许多逻辑空间，每个逻辑空间的容量≤64KB，这个逻辑空间就是逻辑段，简称段。

各个逻辑段之间可以紧密相连，相互独立，也可以互相重叠。如图 2-10 所示，段 0 和段 1 紧密相连，段 1 和段 2 相互重叠，段 2 和段 3 相互独立。

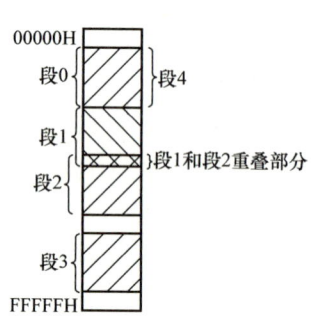

分段后，对存储器的寻址操作不再直接用 20 位的物理地址，而是采用段地址 + 段内偏移地址的二级寻址方式。段地址的值可以确定一个段的起始地址，偏移地址的值可以确定某存储单元在段内的位置，由段地址和偏移地址就可确定 20 位的物理地址。

对于任何一个物理地址，可以唯一地被包含在一个逻辑段中，也可包含在多个相互重叠的逻辑段中，只要

图 2-10 存储器的分段结构

有段地址和段内偏移地址就可以访问到这个物理地址所对应的存储空间。

（1）段地址

在 8086 存储空间中，把 16 个字节的存储空间称作一节（Paragraph），通常分段时要求各个逻辑段从节的整数边界开始，各逻辑段的第一个单元的地址成为段首址，段首地址低 4 位应该是"0000"，而段首地址的高 16 位称为"段基址（段地址）"。

段地址是无符号的 16 位二进制数，存放在段寄存器 DS、CS、SS 或 ES 中，这些段分别称为数据段、代码段、堆栈段和附加段 4 种类型，各类型段有不同的用途。

（2）偏移地址

我们把某一存储单元相对于段首地址的偏移量称为偏移地址（也称有效地址 EA）。偏移地址也是无符号的 16 位二进制数，存放在 IP、SP、BX、SI、DI、BP 中或直接出现在指令中。

（3）逻辑地址

采用分段结构的存储器中，段地址和偏移地址都是无符号的 16 位二进制数，这两部分构成了存储单元的逻辑地址，记为"段地址：偏移地址"。

如：2000H：1300H

（4）物理地址

物理地址（PA）是存储单元的绝对地址，20 位，是 CPU 访问存储器的唯一的实际地址，每个存储单元对应一个物理地址；8086 的存储空间物理地址范围是 00000H ~ FFFFFH。

在 8086 CPU 中采用逻辑地址来表示存储单元的地址，任何一个存储单元的物理地址可

以通过以下公式计算得到。

物理地址 = 段地址×10H + 偏移地址

例如，逻辑地址 2000H：1300H，所代表的物理地址为

PA = 2000H×10H + 1300H
   = 20000H + 1300H
   = 21300H

8086 CPU 中，这个过程由地址加法器完成，如图 2-11 所示。

逻辑地址是物理地址的一种表示方式，不是唯一的。例如，逻辑地址 2000H：1300H、2120H：0100H 和 2100H：0300H 表示的是同一个物理地址 21300H。这说明，一个存储单元仅有一个物理地址，但可以对应多个逻辑地址。

一般而言，段地址存储在段寄存器中，偏移地址存储在基址及指针寄存器中，不同的段寄存器需要和不同的基址或指针寄存器组合，具体组合情况如图 2-12 所示。

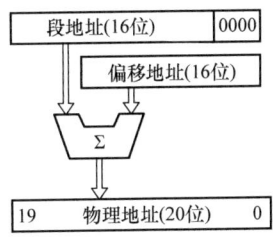

图 2-11 物理地址的形成

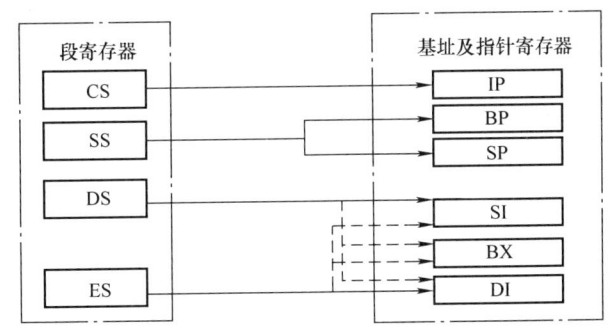

图 2-12 段寄存器与其他寄存器的组合

2.3.5 8086 微处理器对 I/O 管理概述

微型计算机系统的外围设备各式各样，8086 CPU 和外围设备之间是通过 I/O 接口芯片进行联系。每个 I/O 芯片上都有一个端口或几个端口，一个端口往往对应于芯片上的一个寄存器或一组寄存器。因此微机系统要为每个端口分配一个地址，我们把这个地址叫作端口地址或端口号；每个端口号具有唯一性。

为此，对 I/O 端口的编址一般采用以下两种编址方式。

（1）统一编址

将 I/O 端口和存储单元统一编址，即把 I/O 端口也看作是存储单元，和存储单元一起进行编址。其优点是可利用存储器的寻址方式来寻址 I/O 端口，简化指令系统。但由于 I/O 端口占用了存储空间，而且进行 I/O 操作时，因地址编码较长，导致速度较慢。

（2）独立编址

将 I/O 端口和存储单元分开编址，使 I/O 端口空间与存储空间相互独立，即为独立编址。其优点是不占用内存空间；且单独采用的 I/O 指令，程序清晰，很容易看出是 I/O 操作

还是存储器操作；同时译码电路比较简单。但独立编址只能用专门的 I/O 指令，访问端口的方法不如访问存储器的方法多。

在 8086 CPU 中采用的是独立编址方式，使用 $AD_{15} \sim AD_0$ 这 16 条地址线作端口地址，可访问的 I/O 端口最多可有 64K 个 8 位端口或 32K 个 16 位的端口，$AD_{19} \sim AD_{16}$ 总是为 0；一个 8 位端口相当于一个存储器字节，分配 0000H ~ FFFFH 中的一个地址。任何两个相邻的 8 位端口可以组合成一个 16 位端口，类似于存储器中的字。

8086 中，有专门的指令来访问 I/O 接口，如输入指令 IN 和输出指令 OUT。

2.4　8086 微处理器的总线时序

2.4.1　计算机系统的三大周期

微型计算机系统的所有操作都按统一的时钟节拍进行。CPU 执行指令时涉及三种周期。

1. 时钟周期

计算机是一个复杂的时序逻辑电路，时序逻辑电路都有"时钟"信号。计算机的"时钟"是由振荡源产生的幅度和周期不变的节拍脉冲，每个脉冲周期称为时钟周期（Clock Cycle），又称为 T 状态，即一个时钟脉冲的时间长度，如图 2-13 所示。

计算机是在时钟脉冲的统一控制下，一个节拍一个节拍地工作的。而时钟周期是微机系统工作的最小时间单元，取决于系统的主频率，系统完成任何操作所需要的时间，均是时钟周期的整数倍。例如，IBM - PC 机时钟频率为 4.77MHz，一个 T 状态为 210ns。

图 2-13　时钟周期示意图

2. 总线周期

当 CPU 访问 M 或 I/O 端口，需要通过总线进行读或写操作。与 CPU 内部操作相比，通过总线进行的操作需要较长的时间。把 CPU 通过系统总线进行某种操作的过程称为总线周期（Bus Cycle），表示从存储器或 I/O 端口存取一个数据所需的时间。

根据总线操作功能的不同，总线周期可以分为：存储器读周期、存储器写周期、I/O 读周期、I/O 写周期等。

8086 CPU 的一个基本的总线周期由 4 个时钟周期组成，这 4 个时钟周期分别称为 4 个状态，即 T_1 状态、T_2 状态、T_3 状态和 T_4 状态，如图 2-14 所示。除了上述 4 个状态外，还有等待状态 T_W 和空闲状态 T_i。

在 T_1 状态，$M/\overline{IO}$ 信号有效，CPU 向系统总线上发出地址信息以指出要寻址的存储单元或外设端口的地址。此时，CPU 还必须在 ALE 引脚上输出一个正脉冲作为地址锁存信号。在 ALE 的下降沿，锁存器对地址进行锁存。$\overline{BHE}$ 信号也在 T_1 状态发送，用于表示数据传送的字宽。

在 T_2 状态，CPU 从系统总线上撤销地址信息，使总线的低 16 位浮空，成为高阻态，为 16 位传输数据做准备。总线的高 4 位用来输出本总线周期的状态信息。$\overline{RD}$ 或 $\overline{WR}$ 信号在 T_2 状态变为有效，指示 CPU 将对被选中的存储单元或 I/O 端口进行读或写操作。

在 T_3 状态，系统总线的高 4 位继续输出状态信号，低 16 位上输出由 CPU 提供的数据或

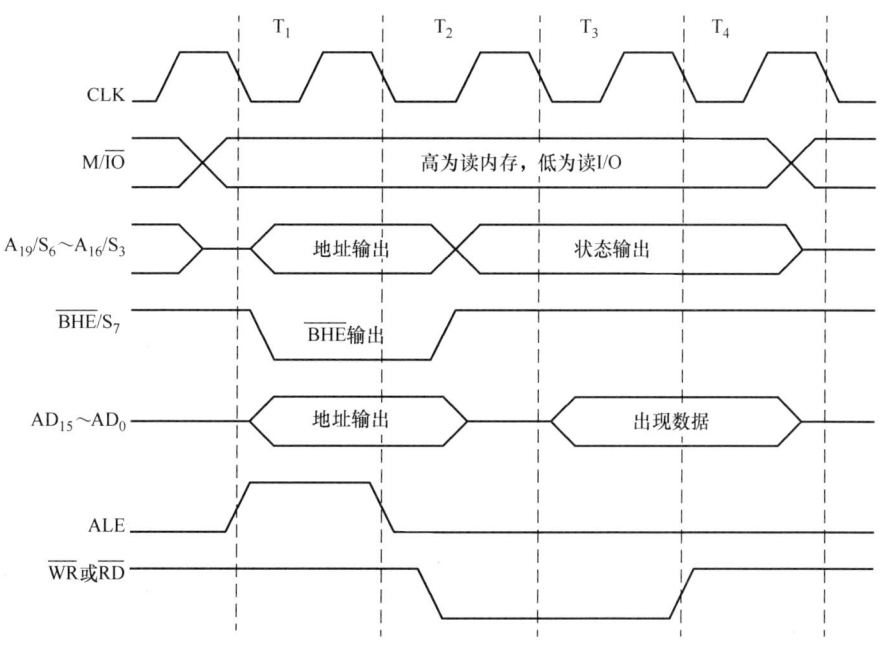

图 2-14 一个基本总线周期时序图

者 CPU 从存储器（或端口）读入的数据。

在 T_4 状态，总线周期结束。

在有些情况下，外设或存储器速度较慢，不能及时地配合 CPU 传送数据。这时，外设或存储器会通过"READY"信号线在 T_3 状态启动之前向 CPU 发一个"数据未准备好"信号，于是 CPU 会在 T_3 之后插入 1 个或多个附加的时钟周期等待状态 T_W，如图 2-15 所示。

在 T_W 状态，系统总线上的信号与 T_3 状态信号一样。当指定的存储器或外设完成数据传送时，会在"READY"信号线向 CPU 发一个"数据准备好"信号，CPU 接收这一信号，就会脱离 T_W 状态进入 T_4 状态。

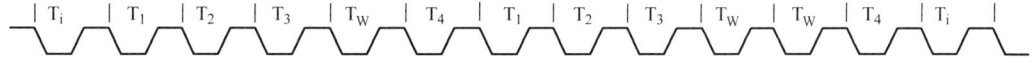

图 2-15 8086 CPU 的总线周期

需要注意的是：只有在 CPU 和内存或 I/O 接口之间传输数据，以及填充指令队列时，CPU 才执行总线周期。可见，如果在一个总线周期之后，不立即执行下一个总线周期，那么，系统总线就处在空闲状态，此时，执行空闲周期 T_i。

T_i 状态，即空闲状态。当 CPU 与存储器或 I/O 端口间不需要传送数据，且指令队列已填满，系统总线处于空闲状态 T_i。此时，在总线的高 4 位仍然保持前一个总线周期的状态信息。注意，T_i 可以包含一个或多个时钟周期。

3. 指令周期

每条指令的执行包括取指令（Fetch）、译码（Decode）和执行（Execute）3 个阶段。而指令周期（Instruction Cycle）就是指执行一条指令所用的时间。指令周期是由 1 个或多个总线周期组合而成。或者说，指令周期可以被划分为若干个总线周期。

由于 8086 CPU 的指令码的长度不一致，从一个字节到多个字节的指令码均存在，导致指令执行需要的总线周期数量不同。因此，8086 中不同指令的指令周期是不等长的。

对于 8086 CPU 来说，在 EU 执行指令的时候，BIU 可以取下一条指令。由于 EU 和 BIU 可以并行工作，8086 指令的最短执行时间可以是两个时钟周期，一般的加、减、比较、逻辑操作是几十个时钟周期，最长的为 16 位乘除法约要 200 个时钟周期。

图 2-16 三种周期的关系示意图

由此可见，指令周期包含若干总线周期，而总线周期最少包含 4 个时钟周期。指令周期、总线周期、时钟周期的关系如图 2-16 所示。

2.4.2 最小工作模式下 8086 的总线周期时序

1. 最小工作模式下的读周期时序

读周期是指 CPU 从存储器或 I/O 端口读取数据的总线周期，时序图如图 2-17 所示。

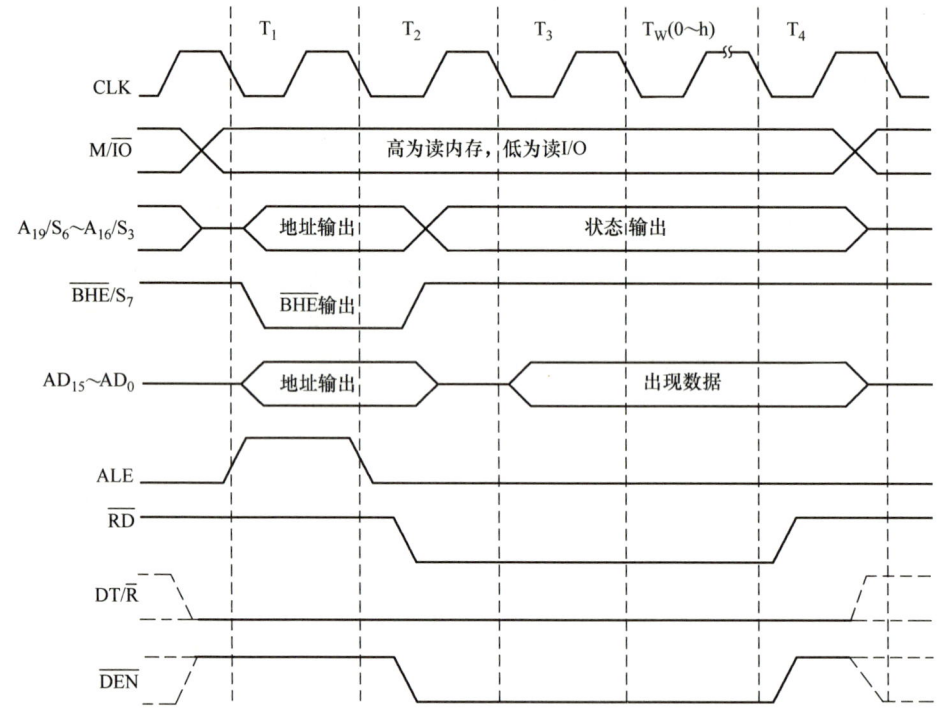

图 2-17 最小工作模式下的读周期时序

在 T_1 状态 CPU 完成 5 个操作：

1）CPU 首先在 M/$\overline{IO}$ 线上发出有效电平。

2）从地址/数据复用线 $AD_{15} \sim AD_0$ 和地址/状态复用线 $A_{19}/S_6 \sim A_{16}/S_3$ 发出 20 位存储器单元地址或 16 位 I/O 端口地址。

3）从 ALE 引脚上输出一个正脉冲作地址锁存器的地址锁存信号。

4）通过 $\overline{BHE}/S_7$ 引脚发有效信号（低电平）。

5)使 DT/$\overline{R}$ 输出低电平,控制数据收发器为接收数据状态,即读周期。

在 T_2 状态 CPU 完成 5 个操作:

1)地址/数据复用线 $AD_{15} \sim AD_0$ 上地址信号消失,$AD_{15} \sim AD_0$ 进入高阻缓冲期,以便为数据读入作准备。

2)地址/状态复用线 $A_{19}/S_6 \sim A_{16}/S_3$ 及 $\overline{BHE}/S_7$ 线,开始输出状态信息 $S_7 \sim S_3$,持续到 T_4。

3)$\overline{DEN}$ 信号开始变为低电平(有效),此信号是用来使数据收发器(如 8286)开放。

4)$\overline{RD}$ 信号开始变为低电平有效。此信号被接到系统中所有存储器和 I/O 端口。

5)使 DT/$\overline{R}$ 持续保持低电平,控制数据收发器为接收数据状态,仍为读周期。

在 T_3 状态:存储器或外设把数据放在数据总线 $AD_{15} \sim AD_0$ 上,为 CPU 读数做好准备。

在 T_W 状态:在 T_3 和 T_W 的前沿对 READY 采样,若未准备好则在其后插入一个 T_W,T_W 可以为 1 个或多个。

在 T_4 状态:在 T_4 状态和前一状态交界的下降沿处,CPU 对数据总线上的数据进行采样,完成读取数据的操作。

2. 最小工作模式下的写周期时序

写周期是指 CPU 中的数据送到存储器或 I/O 端口的总线周期,时序图如图 2-18 所示。

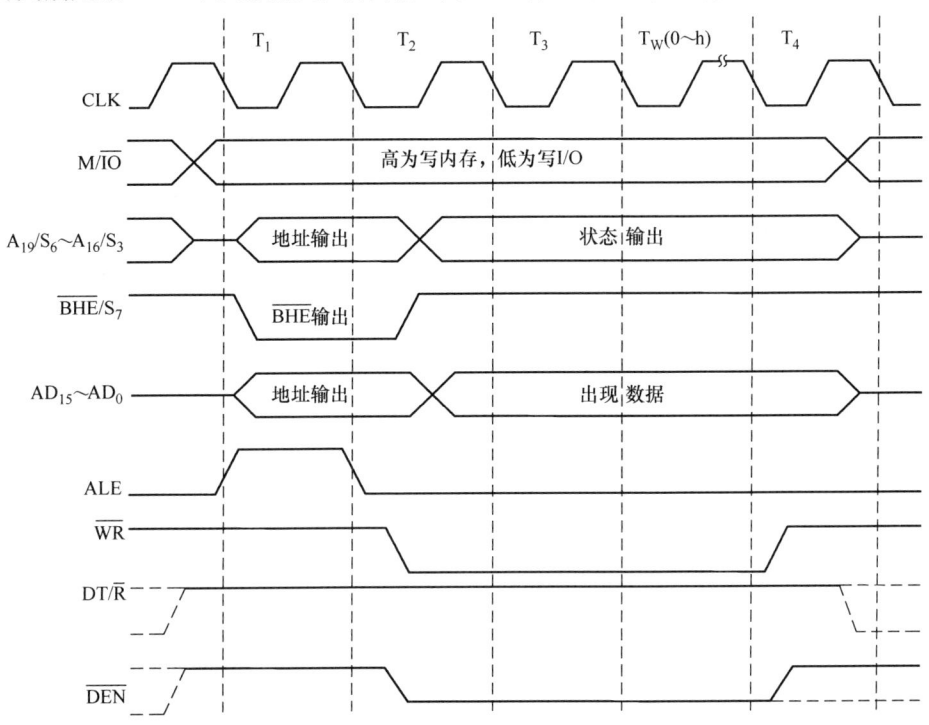

图 2-18 最小工作模式下的写周期时序

和读周期时序一样,最小工作模式的写周期也由 4 个 T 状态组成。当存储器和 I/O 端口的工作速度较慢时,也会在 T_3 和 T_4 状态之间插入 1 个或多个 T_W 状态。而与读周期的不同之处在于写周期在 T_1 和 T_2 状态完成不同的操作。

在 T_1 状态：使 $\overline{DT/R}$ 输出高电平，控制数据收发器为发送数据状态，即写周期。

在 T_2 状态：

1）$\overline{RD}$ 信号开始变为无效。

2）$\overline{WR}$ 信号低电平有效，表示进入写状态。

3）$AD_{15} \sim AD_0$ 不变为高阻态，而是在地址撤销后，立即送出要写入存储器或 I/O 端口的数据。

3. 中断响应周期时序

中断是指 CPU 中止当前程序的执行，而去执行一个中断服务程序的过程。8086 可以处理 256 种不同的中断，分为硬件中断和软件中断。硬件中断是由外围设备引发的，分为非屏蔽中断和可屏蔽中断两类。

非屏蔽中断是通过 CPU 的 NMI 引脚引入的，其请求信号为一上升沿触发信号，并要求维持两个时钟周期的高电平。当有非屏蔽中断请求时，不管 CPU 正在做什么事情，都会响应，级别很高。

一般外围设备的中断是通过 INTR 引脚向 CPU 发出中断请求的，这个可屏蔽中断请求信号的有效电平（高电平），必须维持到 CPU 响应中断为止。若标志 IF = 1，表示 CPU 允许中断，此时 CPU 在执行完当前指令后响应中断，其中断响应周期时序如图 2-19 所示。

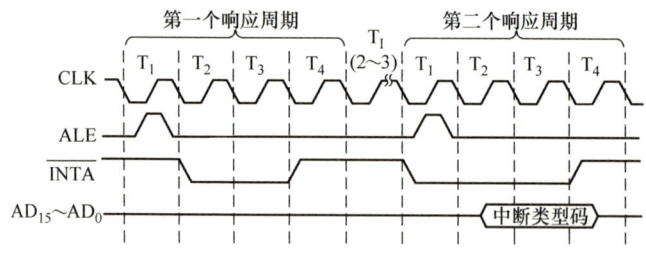

图 2-19　最小工作模式下的可屏蔽中断响应周期时序

4. 8086 的复位时序（对两种模式都一样）

RESET 引脚是用来启动或重新启动系统的。外部来的复位信号 RST 经 8284 同步为内部 RESET 信号，时序图如图 2-20 所示。

5. 总线保持请求与响应周期时序

当系统中 CPU 之外的总线主设备需要占用总线时，就向 CPU 发出一个有效的总线保持请求信号 HOLD，这个 HOLD 信号可能与时钟信号不同步。CPU 在每个时钟周期的上升沿进行检测，当检测到该信号时，在当前总线周期的 T_4 后或下一个总线周期的 T_1 后，CPU 发出一个有效的保持响应信号 HLDA，并让出总线，此时，进入了 DMA 传送过程。

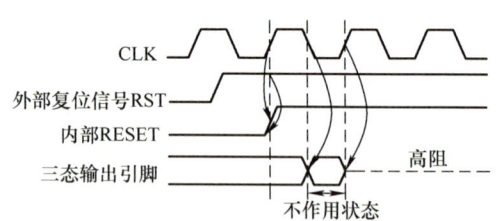

图 2-20　8086 CPU 复位时序

当 DMA 传送结束后，发出总线保持请求的设备将 HOLD 恢复为低电平，CPU 才收回总线控制权。这个过程称为总线保持请求与响应周期，时序图如图 2-21 所示。

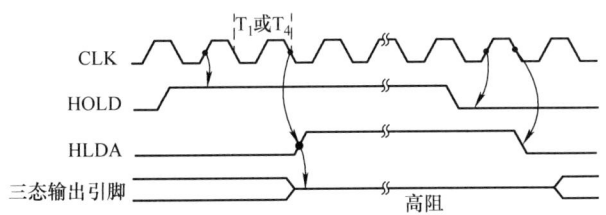

图 2-21　最小工作模式下总线保持请求与响应周期时序

2.4.3　最大工作模式下 8086 的总线周期时序

与最小工作模式一样,最大工作模式下的基本总线周期也是由 4 个 T 状态组成。当存储器和 I/O 端口的工作速度较慢时,也会在 T_3 和 T_4 状态之间插入 1 个或多个 T_W 状态。不同之处在于:最大工作模式总线周期时序需要考虑总线控制器 8288 所产生的有关控制信号和命令信号,而最小工作模式则不需考虑。

1. 最大工作模式下的读周期时序

最大工作模式下的读周期时序如图 2-22 所示。最大工作模式下,总线控制器 8288 根据 $\overline{S_2}$、$\overline{S_1}$、$\overline{S_0}$ 状态信号,发出 $\overline{MRDC}$ 和 $\overline{IORC}$ 命令信号,同时发出 ALE、DT/$\overline{R}$ 及 DEN 信号。需要注意的是 8288 发出的 DEN 信号的极性与最小工作模式下发出的 $\overline{DEN}$ 信号正好相反。

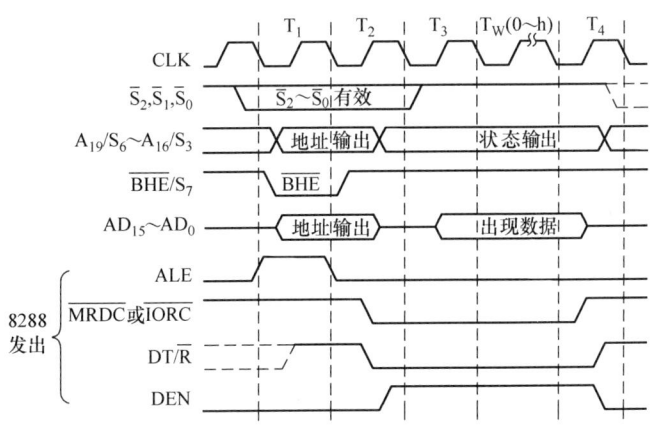

图 2-22　最大工作模式下的读周期时序

2. 最大工作模式下的写周期时序

最大工作模式下的写周期时序如图 2-23 所示。在最大工作模式下,总线控制器 8288 根据 $\overline{S_2}$、$\overline{S_1}$、$\overline{S_0}$ 状态信号,发出 $\overline{MRDC}$ 和 $\overline{IORC}$ 命令信号,同时发出 $\overline{AMWC}$ 和 $\overline{AIOWC}$(比 $\overline{MRDC}$ 和 $\overline{IORC}$ 早一个 T 状态有效)及 ALE、DT/$\overline{R}$、DEN 信号。

3. 最大工作模式下的总线请求/允许/释放操作

8086 在最大工作模式下提供的总线控制联络信号是具有双向传输信号的引脚 $\overline{RQ}/\overline{GT_0}$ 与 $\overline{RQ}/\overline{GT_1}$,称之为总线请求/总线允许/总线释放信号。它们可以分别连接到两个其他的总线主模块。在最大工作模式下,可发出总线请求的总线主模块包括协处理器和 DMA 控制器等,时序图如图 2-24 所示。

由图 2-24 可知,CPU 在每个时钟周期的上升沿处对 $\overline{RQ}/\overline{GT}$ 引脚进行检测,当检测到外部向 CPU 送来一个"请求"负脉冲信号时,则在下一个 T_4 状态或 T_1 状态从同一引脚上,由

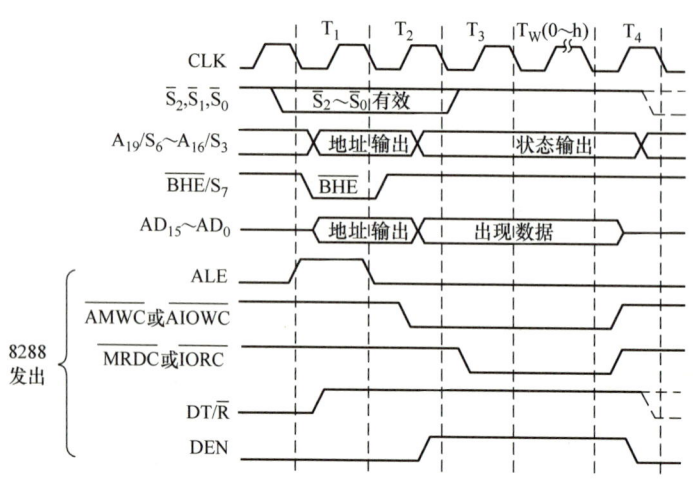

图 2-23 最大工作模式下的写周期时序

CPU 向请求总线使用权的主设备发出一个"允许"负脉冲信号。此时，所有三态输出线都设置为浮空状态（高阻态）。于是，CPU 让出了总线控制权，外围设备取得总线的控制权。

外围设备取得总线控制权以后，可以占用总线一个或多个总线周期。当外围设备使用完总线，需要释放总线时，通过 $\overline{RQ/GT}$ 引脚向 CPU 发送一个"释放"负脉冲信号，CPU 检测到释放信号后，在下一个时钟周期回收总线的控制权。

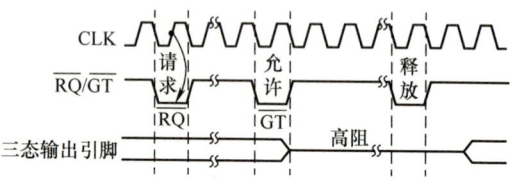

图 2-24 最大工作模式下总线请求/允许/释放时序

本 章 习 题

1. 解释物理地址、逻辑地址、段地址、偏移地址的含义，并阐述四者之间的关系。
2. 简述 CPU 的三大周期及其关系。
3. 简单介绍 8086 CPU 的内部结构。
4. 8086 CPU 有哪些寄存器，分别有什么功能？
5. 阐述标志寄存器的 9 个标志位的意义。
6. 将十六进制数 5678H 和以下各数相加，试求加法运算的结果（用十六进制表示运算结果）；并求出运算结束后，标志寄存器中 6 个状态标志的值。
  （1）7834H （2）1234H （3）8765H
7. 8086 CPU 可寻址的存储器地址范围是多少？可寻址的 I/O 端口地址范围是多少？
8. 求出以下逻辑地址对应的物理地址：
  （1）2000H：1100H （2）2100H：0100H
9. 8086 CPU 为什么需要地址锁存器？
10. 8086 微型计算机系统中，8086 CPU 需要外接哪三种芯片部件，并计算分别是多少片？

第 3 章　指令系统与寻址方式

【教学提示】　指令系统是微处理器所能识别和执行的指令集合，它与微处理器密切联系，不同的微处理器往往有不同的指令系统。本章主要讲解 Intel 公司生产的 8086/8088 CPU 的寻址方式以及各种指令系统，并通过实例讲述各条指令的使用方法和功能，为后续章节的学习打下基础。

【教学要求】　通过本章学习，应该掌握以下内容：操作数的寻址方式，常用指令的格式、功能、使用方法及对标志寄存器中状态标志位的影响。

3.1　概述

指令是指挥计算机进行操作的命令。指令系统是指微处理器能执行的各种指令的集合。程序是一系列按一定顺序排列的指令。执行程序的过程就是计算机的工作过程。微处理器的主要功能由它的指令系统来体现。不同的微处理器有不同的指令系统，其中每一条指令对应着处理器的一种基本操作，这在设计微处理器时确定。

通常一条指令包括两部分：操作码，决定要完成的操作；操作数，指参加运算的数据或是该数据所在的内存单元的地址。

指令的一般格式如下：

操作码　　[操作数1，操作数2，…，操作数 n]

没有操作数的指令称为无操作数指令。有两个操作数的指令称为双操作数或二地址指令。操作码和操作数地址都由二进制数码表示，整条指令以二进制编码的形式存放在存储器中。

采用不同 CPU 的计算机的指令系统不同，采用不同 CPU 的计算机的指令的格式不同，采用不同 CPU 的计算机的各指令允许的寻址方式不同。要使用某种微处理器，必须先要掌握其指令系统和各指令允许的寻址方式。

3.2　寻址方式

3.2.1　操作数类型

指令中操作的对象称为操作数。8086/8088 指令系统中，操作数分为数据操作数和转移地址操作数两大类。

1. 数据操作数

这类操作数与数据有关，即指令中操作的对象是数据。数据操作数又分为：

1）立即数操作数：指令中要操作的数据在指令中。
2）寄存器操作数：指令中要操作的数据存放在指定的寄存器中。
3）存储器操作数：指令中要操作的数据存放在指定的存储单元中。

4）I/O 操作数：指令中要操作的数据来自或要送到 I/O 端口。

2. 转移地址操作数

这类操作数与程序转移地址有关，即指令中要操作的对象不是数据，而是要转移的目标地址。可分为立即数操作数、寄存器操作数、存储器操作数，即要转移的地址包含在指令中、存放在寄存器中或存放在指定的存储单元中。

对于数据操作数，有的指令有两个操作数，一个为源操作数，另一个为目标操作数。有的指令只有一个操作数，有的指令没有操作数。

对于转移地址操作数，指令只有一个目标操作数，它是一个程序需转移的目标地址。

3.2.2 8086/8088 寻址方式

指令中提供操作数或操作数地址的方法称为寻址方式，即如何找到操作数的方法。计算机按照指令给出的寻址方式求出操作数有效地址的过程，称为寻址操作。在程序设计中，有时需要直接写出操作数本身，有时希望给出操作数的地址，有时希望给出操作数所在的地址。为了满足程序设计的需要，8086 CPU 支持多种寻址方式，根据操作数的类型及来源大致分为 3 类：数据寻址、转移地址寻址和 I/O 寻址。8086 CPU 支持 7 种基本的数据寻址方式：

1）立即寻址；
2）寄存器寻址；
3）直接寻址；
4）寄存器间接寻址；
5）寄存器相对寻址；
6）基址变址寻址；
7）基址变址相对寻址。

其中 3）~7）这 5 种寻址方式属于存储器寻址，用以确定操作数所在存储单元的物理地址的计算方法。

1. 立即寻址

立即数寻址方式的特点是操作数直接包含在指令中，紧跟在操作码之后，它作为指令的一部分。立即数可以是 8 位的，也可以是 16 位的。如果是 16 位数，则高位字节存放在高地址中，低位字节存放在低地址中。例如：

MOV AX, 2010H

在该指令格式中，AX 是目标操作数，2010H 是源操作数。指令执行情况如图 3-1 所示。执行结果为：(AX) = 2010H。立即数只能作为源操作数，主要用来给寄存器或存储单元赋值。

说明：

1）在所有的指令中，立即数

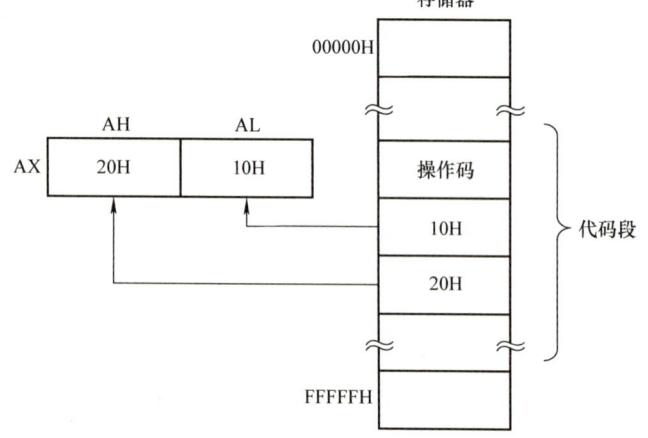

图 3-1 立即寻址与寄存器寻址指令执行示意图

只能作源操作数,不能作目标操作数。

2) 立即数应与目标操作数的长度一致。

3) 立即数默认采用十进制形式,以十六进制形式出现的立即数应以字母 H 为扩展名,以八进制形式出现的立即数应以字母 Q 为扩展名。

4) 以十六进制形式出现的立即数,若以字母开头,则必须以数字 0 为前缀。

5) 立即数还可以是用 +、-、×、/ 表示的算术表达式,也可以用圆括号改变运算顺序。

6) 立即数只能是整数,不能是小数、变量或其他类型的数据。

2. 寄存器寻址

寄存器寻址方式的操作数存放在指令规定的寄存器中,寄存器的名字可在指令中给出。对于 16 位操作数,寄存器可以是 AX、BX、CX、DX、SI、DI、SP 或 BP。对于 8 位操作数,寄存器可以是 AH、AL、BH、BL、CH、CL、DH 或 DL。例如:

MOV CL,DL

MOV AX,BX

如果(DL)= 55H,(BX)= 1265H,则执行结果为:(CL)= 55H,(AX)= 1265H。

寄存器寻址方式由于操作数就在寄存器中,不需要访问存储器来取得操作数,因而可以取得较高的运行速度,通常用于 CPU 内部操作。

说明:

1) 在一条指令中,寄存器寻址方式既可用于源操作数,也可用于目标操作数,还可以两者都用寄存器寻址方式。

2) 源操作数与目标操作数的长度应一致。例如,不能将寄存器 AX 的内容传送到寄存器 BH 中,也不能将寄存器 BH 的内容传送到寄存器 AX 中。

3) 两个操作数不能同时为段寄存器。

4) 目标操作数不能是代码段寄存器。

除了以上两种寻址外,以下 5 种寻址方式的操作数均存放在存储器区域中,这 5 种寻址方式统称为存储器寻址。采用存储器寻址方式的指令中的操作数称为内存操作数。双操作数指令中的两个操作数不能同时为内存操作数。

存储器寻址方式的操作数存放在存储单元中,在指令中可以直接或间接给出存放操作数的地址,以达到存取操作数的目的。

3. 直接寻址

操作数在存储器中,指令中以具体数值的形式直接给出操作数所在存储单元的有效地址 EA。为了与立即数区别,该有效地址必须用 [ ] 括起。例如:

MOV   AX,[2010H]

该指令的源操作数采用直接寻址方式。

若(DS)= 2000H,那么指令执行后,(AX)= 1225H,如图 3-2 所示。

如果没有特殊指明,直接寻址方式的操作数一般在存储器的数据段,即隐含的段寄存器是 DS。但是 8086 也允许段超越,即允许使用 CS、SS 或 ES 作为段寄存器,此时需要在指令中特别标明。方法是在有关操作数的前面写上超越的段寄存器的名字,再加上冒号。

例如,若以上指令使用 ES 作为段寄存器,则指令应表示成为以下形式:

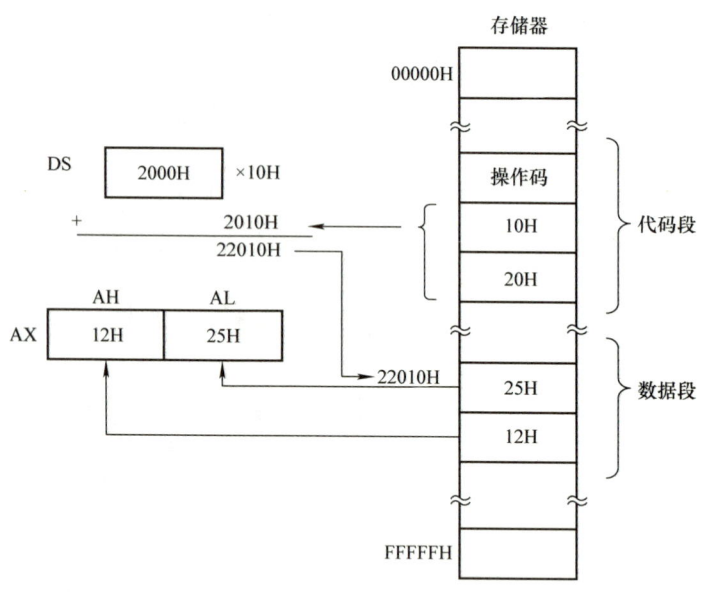

图 3-2 直接寻址指令执行示意图

　　MOV　AX，ES：[2010H]

在汇编语言指令中，可用符号地址代替数值地址，例如：

　　MOV　AL，VALUE　或 MOV　AL，[VALUE]

此时 VALUE 为存放操作数单元的符号地址。

4. 寄存器间接寻址

　　寄存器间接寻址方式与前面已经讨论过的寄存器寻址方式不同，指令中指定的寄存器（一个 16 位寄存器）的内容不是操作数，而是操作数的有效地址，操作数本身则在存储器中。操作数的有效地址（EA）存放在基址寄存器 BX、BP 或变址寄存器 SI、DI 中。为了区别于寄存器寻址方式，指令中指定的寄存器名要用 [ ] 括起来。指令中使用 SI、DI、BX 寄存器时，操作数默认存放在数据段中；使用 BP 寄存器时，操作数默认存放在堆栈段中，允许段超越。

　　操作数的物理地址 = (DS)×10H + (SI)/(DI)/(BX)或(SS)×10H + (BP)

　　例如：MOV　AX，[SI]

该指令的源操作数采用寄存器间接寻址方式。

若(DS)=2000H，(SI)=2010H，那么指令执行后，(AX)=1225H。执行过程如图 3-3 所示。

如操作数不存放在间址寄存器默认的段，则指定段超越的指令可采用如下形式：

　　MOV　AX，ES：[SI]

此时，操作数的物理地址 = ES×10H + SI。

5. 寄存器相对寻址

　　操作数的有效地址 EA 是指令中指定的基址或变址寄存器的值与位移量之和。指令中使用 SI、DI、BX 寄存器时，操作数默认存放在数据段中；使用 BP 寄存器时，操作数默认存放在堆栈段中，允许段超越。

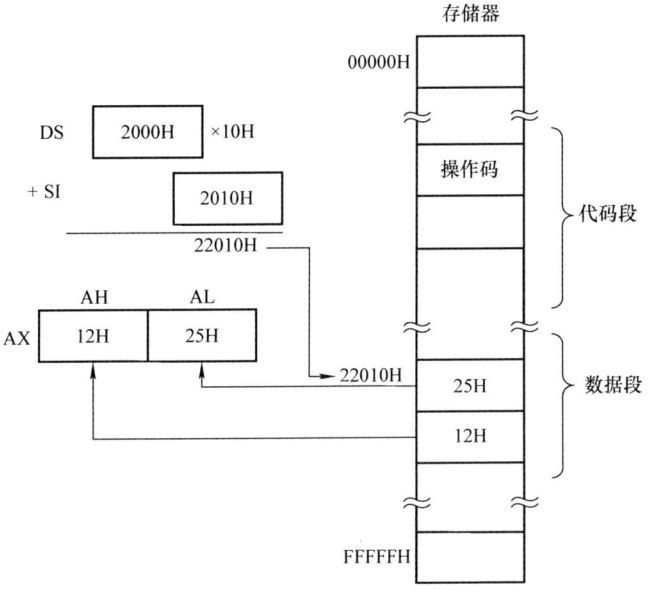

图3-3 寄存器间接寻址指令执行示意图

操作数的物理地址 =（DS）×10H +（SI）/（DI）/（BX）+ 8 位或 16 位位移量
或操作数的物理地址 =（SS）×10H +（BP）+ 8 位或 16 位位移量
例如：MOV AX,8[BX]
若（DS）= 2000H,（BX）= 2008H, 那么指令执行后,（AX）= 1225H。执行过程如图3-4所示。

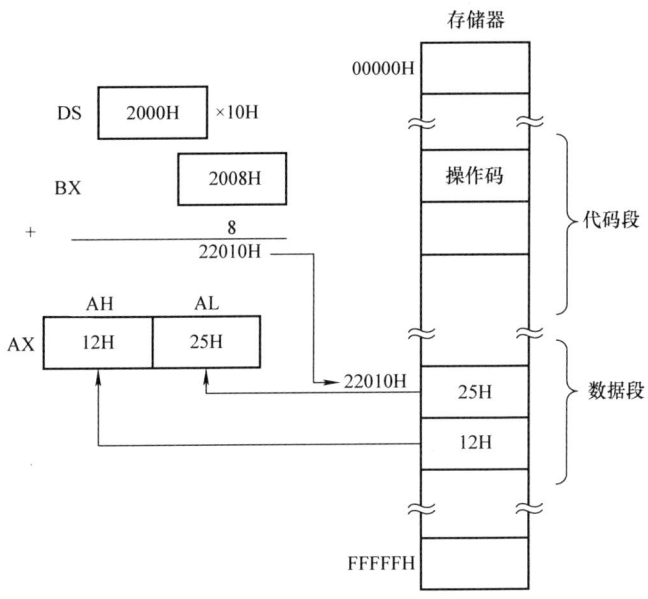

图3-4 寄存器相对寻址指令执行示意图

说明：
1）偏移量是符号数，8 位偏移量的取值范围为：00 ~ 0FFH（即 - 128D ~ + 127D）；16

位偏移量的取值范围为：0000~0FFFFH（即 –32768D ~ +32767D）。

2）8086 汇编允许用下面三种形式表示相对寻址，它们是等效的。

MOV　AX,［BX］+8

MOV　AX, 8［BX］

MOV　AX,［BX+8］

6. 基址变址寻址

操作数的有效地址 EA 是指令中指定的基址寄存器的值与变址寄存器的值之和。指令中使用基址寄存器 BX 时，操作数默认存放在数据段中；使用基址寄存器 BP 时，操作数默认存放在堆栈段中，允许段超越。

操作数的物理地址 =（DS）×10H +（SI）/（DI）+（BX）或
　　　　　　　　 =（SS）×10H +（SI）/（DI）+（BP）

有效地址是一个基址寄存器（BX 或 BP）和一个变址寄存器（SI 或 DI）的内容之和。汇编语言中书写时，可以是下列形式之一：

MOV　［BX+DI］,AX

MOV AH,［BP］［SI］

如果（DS）=3000H,（SS）=4000H,（BX）=1000H,（DI）=1100H,（AX）=0050H,（BP）=2000H,（SI）=1200H,（43200H）=56H, 则指令执行结果为:（32100H）=0050H,（AH）=56H。

在一般情况下，由基地址决定哪一个段寄存器作为地址指针。用 BX 作为基址，则操作数在数据段中。用 BP 作为基地址，则操作数在堆栈段中。但在指令中规定了段超越可用其他段寄存器作为地址基准。

7. 基址变址相对寻址

基址变址相对寻址方式的有效地址是由指令中指定的 8 位或 16 位位移量、一个基址寄存器内容和一个变址寄存器内容之和。同样，当基址寄存器为 BP 时，操作数在堆栈段中，也允许段超越。例如：

MOV　AH,［BX+DI+1234H］

MOV　［BP+SI+DATA］, CX

若（DS）=4000H,（SS）=5000H,（BX）=1000H,（DI）=1500H,（BP）=2000H,（SI）=1050H,（CX）=2050H, DATA=1000H,（43734H）=64H, 则指令执行结果为：（AH）=64H,（54050H）=2050H。

基址加变址相对寻址方式也可以表示成几种不同的形式：

MOV　AX,［BX+SI+COUNT］

MOV　AX, COUNT［BX］［SI］

MOV　AX,［BX+COUNT］［SI］

MOV　AX,［BX］COUNT［SI］

MOV　AX,［BX+SI］COUNT

MOV　AX, COUNT［SI］［BX］

8. I/O 端口寻址方式

I/O 端口寻址方式有以下两种：

(1) 直接端口寻址方式

对这种寻址方式,端口地址用8位立即数(0~255)表示。例如:

IN　AL,21H

此指令表示从I/O端口地址为21H的端口中读取数据送到AL中。

(2) 间接端口寻址方式

此时I/O端口的地址应事先存放在规定的DX寄存器中(0~65535)。例如:

MOV　DX,255

OUT　DX,AL

前一条指令是将端口地址255送到DX寄存器,后一条指令表示将AL中的内容输出到由DX寄存器内容所指定的端口中。

9. 转移地址的寻址方式

在8086指令系统中,有一组指令被用来控制程序的执行顺序。程序的执行是由CS和IP的内容所决定的,通常情况下,当BIU完成一次取指周期后,就自动改变IP的内容,以指向下一条指令的地址,使程序按预先存放在程序存储器中的指令的次序,由低地址到高地址顺序执行。如需要改变程序的执行顺序,转移到所要求的指令地址再顺序执行时,可以安排一条程序转移指令,并按指令的要求修改IP内容或同时修改IP和CS的内容,从而将程序转移到指令所指定的转移地址。程序转移的寻址方式就是找出程序转移的地址。

转移地址可以在段内,也可以跨段(称段间转移)。寻求转移地址的方法称为转移地址寻址方式,有以下4种方式:

(1) 段内直接寻址方式

段内直接寻址方式也称为相对寻址方式。转移的地址是当前的IP内容和指令规定的8位或16位位移量之和。当位移量是8位时,称短程转移,位移量是16位时,称为近程转移。这种寻址方式适用于无条件转移和条件转移类指令。但条件转移类指令只有位移量为8位的短程转移。

JMP　NEAR PTR PROGIA

JMP　SHORT QUEST

其中,PROGIA和QUEST均为转向的符号地址,在机器指令中,用位移量来表示;在汇编语言中,如果位移量是16位,在符号地址前加NEAR PTR;如果位移量是8位,在符号地址前加操作符SHORT。

(2) 段内间接寻址方式

程序转移的地址存放在寄存器或存储单元中。这个寄存器或存储单元的内容可以用数据寻址方式中除了立即数以外的任何一种寻址方式取得,所得到转移的有效地址用来更新IP的内容。由于此寻址方式仅修改IP的内容,所以这种寻址方式只能在段内进行程序转移。条件转移类指令只能使用段内直接寻址方式的8位位移量。段内间接寻址转移指令的格式可以表示为

JMP　BX

JMP　WORD PTR [BP+TABLE]

其中,WORD PTR为操作符,用以指出其后的寻址方式所取得的转向地址是一个字的有效地址,也就是说它是一种段内转移。

（3）段间直接寻址方式

这种寻址方式是在指令中直接给出16位的段基值和16位的偏移地址，用来更新当前的CS和IP的内容。指令的格式可以表示为

JMP   FAR PTR NEXTROUTINT

其中，NEXTROUTINT为转向的符号地址；FAR PTR则是表示段间转移的操作符。

（4）段间间接寻址方式

这种寻址方式是由指令中给出的存储器数据寻址方式字节，求出存放转移地址的连续两个字的地址。其低位字地址单元存放的是偏移地址，高位字地址单元中存放的是转移段基值。这样既更新了IP内容又更新了CS的内容，故称为段间间接寻址。这种指令的格式可以表示为

JMP   DWORD PTR [NTERS + BX]

其中，[NTERS + BX]说明数据寻址方式为寄存器相对寻址方式；DWORD PTR为双字操作符，说明此指令是转向地址需取双字的段间转移指令。

3.3 指令系统

8086的指令系统按功能来分大致分为数据传送指令、算术运算指令、位运算指令、串操作指令、控制转移指令、处理器控制指令6种类型。

学习指令系统要重点掌握指令的基本操作功能、合法的寻址方式以及对状态标志位的影响三个方面。

3.3.1 数据传送指令

8086汇编指令中的操作数可以有零个、一个或两个，通常称为零地址、一地址或二地址指令。二地址指令中的两个操作数分别称为源操作数和目标操作数。数据传送指令是将数据或地址传送到寄存器、存储单元或I/O端口中。可分为通用数据传送指令、累加器专用传送指令、地址传送指令、标志传送指令、数据类型转换指令5种。

除了POPF和SAHF指令外，其他的数据传送指令的执行结果都不影响标志位。指令中如果列出两个操作数，则指令的执行过程是：目标操作数←源操作数。指令中如果仅列出一个操作数，则另一个操作数为隐含操作数。下面分别进行讨论。

1. 通用数据传送指令

（1）数据传送指令

格式：MOV   dst, src   ;(dst) ← (src)

功能：指令中，dst为目标操作数，src为源操作数，指令实现的操作是将源操作数传送到目标操作数地址。这种传送实际上是进行数据的"复制"，将源操作数复制到目标操作数地址中，源操作数保持不变。

双操作数的书写方法一般总是将目标操作数写在前面，源操作数写在后面，两者之间用逗号隔开。在MOV指令中，源操作数可以是寄存器、存储器、段寄存器和立即数；目标操作数可以是寄存器（不能为IP）、存储器、段寄存器（不能为CS）。除了源操作数和目标操作数不能同时为存储器、段寄存器、立即数送段寄存器外，可任意搭配。例如：

MOV   AL, 8   ;字节传送，立即数送通用寄存器

MOV　AX, CX　　　　　;字传送，通用寄存器送通用寄存器
MOV　DS, AX　　　　　;字传送，通用寄存器送段寄存器

说明：

违反以下规定的 MOV 指令是非法指令。

1）源操作数可以是立即数、寄存器或内存操作数。

2）目标操作数可以是寄存器或内存操作数。

3）立即数和 CS 寄存器只能作为源操作数，不允许作为目标操作数。

4）指令指针寄存器 IP 和标志寄存器 FR 都不可作为源操作数或是目标操作数。

5）立即数不允许直接传送至 DS、ES 或 SS 寄存器。

6）源操作数和目标操作数不允许同时是内存操作数，也不允许同时是段寄存器。

7）源操作数和目标操作数的类型必须相同，即同为字节类型或字类型。

（2）数据交换指令

格式：XCHG　dst, src　　;（dst）←→（src）

功能：源操作数的内容（一个字或字节）与目标操作数的内容（一个字或字节）互换。

例如：

XCHG　BL, AH　　　　　;字节交换，寄存器与寄存器的内容交换
XCHG　AX, [BX][SI]　　;字交换，寄存器与内存单元的内容交换

说明：

1）源操作数和目标操作数都可以是寄存器或内存操作数。

2）源操作数和目标操作数不可以同时是内存操作数。

3）源操作数和目标操作数不可以同时是寄存器（累加器）AX。

4）段寄存器、寄存器 IP 或立即数不可以作为源操作数或目标操作数。

违反以上规定的 XCHG 指令是非法指令。例如：

XCHG　AX, 2011H　　　;×源操作数不能是立即数
XCHG　CS, 5[SI]　　　　;×CS 不能作为操作数
XCHG　AX, AX　　　　　;×源操作数和目标操作数不可同是 AX

【例 3-1】　若两个字数据分别存储在内存单元 DS：1000H 和 DS：2000H 中，编写汇编程序段将这两个字数据互换。

汇编程序段如下：

MOV　AX, 1234H
MOV　[1000H], AX
MOV　AX, 7894H
MOV　[2000H], AX
MOV　BX, [1000H]
XCHG　BX, [2000H]
MOV　[1000H], BX

程序分析结果：（DS：1000H）=7894H　（DS：2000H）=1234H

在 DEBUG 中调试以上程序的主要步骤和结果如图 3-5 所示。

（3）堆栈操作指令

堆栈操作指令是用来完成压入和弹出堆栈操作的。堆栈是一块按照"后进先出"原则

 微机原理与接口技术

图 3-5 调试步骤和结果

工作的内存区域。把数据从栈顶存入堆栈中的操作称为入栈（或压入）；把数据通过栈顶从堆栈中取出的操作称为出栈（或弹出）。堆栈常被用于数据的暂存、交换、子程序的参数传递等场合。在调用子程序或转入中断服务程序时，堆栈是默认的被用于保存返回地址的内存区域。为了实现子程序或中断嵌套，也必须使用堆栈技术。

在 8086 系统中，堆栈所在的段就是堆栈段，它可以占用的最大空间是 64KB。堆栈段的段地址由 SS 寄存器指示。堆栈指针寄存器 SP 始终指示栈顶的偏移地址并随着入栈和出栈操作而自动变化。

8086 指令系统中，堆栈操作指令中的操作数类型只能是字，而不能是字节，并且立即数不能作为操作数。

当进行压入操作后堆栈指针达到定义值，表明堆栈满；当执行弹出操作后堆栈指针回到初值，表明堆栈空。当栈满时，再压入数据，称为"堆栈溢出"。

1）压入堆栈指令。指令格式及操作：

PUSH   src ；SP←(SP)−2，(SP)+1：(SP)←(src)

指令完成的操作是"先减后压"，先将指针 SP 减 2，然后再将操作数 src 压入由 SP 指示的栈顶中，指令中的操作数可以是通用寄存器、段寄存器、存储器，但不能是立即数。例如：

PUSH   AX ；SP←(SP)−2，(SP)+1←(AH)，(SP)←(AL)

PUSH   CS

PUSH   [SI]

2）弹出堆栈指令。指令格式及操作：

POP   dst ；dst ← ((SP)+1，(SP))，SP←(SP)+2

指令完成的操作是"先出后加"，即先将堆栈指针 SP 所指示的栈顶存储单元的值弹出到操作数 dst 中，然后再将堆栈指针 SP 加 2。指令中的操作数可以是通用寄存器、存储器、段寄存器（但不能是代码段寄存器 CS），同样，不能是立即数。例如：

POP   BX ；BH←((SP)+1)，BL+((SP))，SP←(SP)+2

POP   ES

POP   MEM [DI]

应该注意，堆栈指令中操作数一定是字操作数（16 位），不能是字节操作数。

2. 累加器专用传送指令

（1）字节转换指令（查表指令）

指令格式及操作：

XLAT   ；不写操作数

XLAT src − table ；写操作数

XLAT 指令是字节查表转换指令，可以根据表中元素序号，查出表中相应元素的内容。为了实现查表转换，预先应将表的首地址偏移量，即表头地址偏移量传送到 BX 寄存器，元素的序号即位移量送 AL，表中第一个元素的序号为 0，然后依次是 1，2，3，…。执行 XLAT 指令后，表中指令序号的元素存于 AL。由于借助了 AL 寄存器进行，所以被寻址的表的最大长度为 256 个字节。利用 XLAT 指令可以实现不同数制或编码之间的转换，应用十分方便。

【例3-2】 内存的数据段有一个0~9的ASCII码表，如图3-6所示，其首地址为2000H：0020H，要查出第7个元素即"7"的ASCII码，实现方法如下：

```
MOV  BX, 0020H    ;表首址偏移量送BX
MOV  AL, 07H      ;AL←序号
XLAT              ;查表转换
```

执行完XLAT指令后，(AL) = 37H。

(2) 输入/输出指令（I/O指令）

输入/输出指令共有两条。输入指令IN用于从外设端口接收数据，输出指令OUT则向端口发送数据。无论是接收到的数据或是准备发送的数据都必须在累加器AL（字节）或AX（字）中，所以这是两条累加器专用指令。

输入/输出指令可以分为两大类：一类是端口直接寻址的输入/输出指令；另一类是端口通过DX寄存器间接寻址的输入/输出指令。在直接寻址的指令中只能寻址256个端口（即0~255），而间接寻址的指令中可寻址65536个端口（即0~65535）。

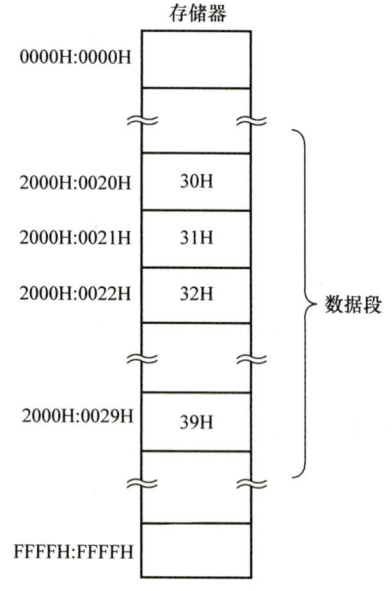

图3-6　XLAT指令示例所用内存字节表格

1) 输入指令

① 直接寻址的输入指令。指令格式及操作：

```
IN   AL, port    ; AL←(port)
IN   AX, port    ; AX←(port)
```

此指令是将8/16位数据直接经输入端口port（地址0~255）送入AL/AX累加器中。

② 间接寻址的输入指令。指令格式及操作：

```
IN   AL, DX  ; AL←(DX)
IN   AX, DX  ; AX←(DX)
```

此指令是从DX寄存器内容指定的端口中，将8/16位数据送入AL/AX累加器中。这种寻址方式的端口地址由16位地址表示，执行此指令前应将16位地址存入DX寄存器中。

2) 输出指令

① 直接寻址的输出指令。指令格式及操作：

```
OUT  port, AL  ; port←(AL)
OUT  port, AX  ; port←(AX)
```

此指令是从AL（8位）或AX（16位）累加器输出8/16位数据到指令指定的I/O端口中。

② 间接寻址的输出指令。指令格式及操作：

```
OUT  DX, AL  ; (DX)←(AL)
OUT  DX, AX  ; (DX)←(AX)
```

此指令是从AL（8位）或AX（16位）累加器中输出8/16位数据到由DX寄存器内容指定的I/O端口中。例如：

```
MOV  DX, 50H    ;端口地址送DX寄存器中
IN   AL, DX     ;从端口地址50H输入8位数到AL中
```

OUT　80H，AX　　　；将16位数输出到端口地址80H

3. 地址传送指令

8086/8088 CPU 提供了三条地址传送指令。其处的地址作为一种特殊的操作数，它无符号，长度为16位。

（1）取有效地址指令

指令格式：

LEA　reg16，mem

LEA 是将一个近地址指针写入到指定的寄存器。指令中的目标操作数必须是一个16位的通用寄存器，源操作数必须是一个存储器操作数，指令的执行结果是把源操作数的有效地址，即16位的偏移地址传送到目标寄存器。例如：

LEA　BX，BUFFER

LEA　AX，[BP][DI]

注意：LEA 指令与 MOV 指令的区别，比较下面两条指令：

LEA　BX，BUFFER

MOV　BX，BUFFER

前者将存储器 BUFFER 的有效地址送到 BX，而后者是将 BUFFER 的内容送到 BX。

以下两条指令功能相同：

LEA　BX，BUFFER

MOV　BX，OFFSET BUFFER

其中，OFFSET BUFFER 表示存储器 BUFFER 偏移地址。

（2）地址指针装入 DS 指令

指令格式：

LDS　reg16，mere32

LDS 指令和下面即将介绍的 LES 指令都是用于写入远地址指针，源操作数可以是任意存储器，目标操作数是任意16位通用寄存器。LDS 传送32位远地址指针，前者送指定寄存器，后者送数据段寄存器 DS。例如：

LDS　SI，[0010H]

设原来（DS）= C000H，而有关存储单元的内容为（C0010H）= 90H，（C0011H）= 12H，（C0012H）= 00H，（C0013H）= 20H，则执行以上指令后，SI 寄存器的内容为1290H，段寄存器 DS 的内容为2000H。

（3）地址指针装入 ES 指令

指令格式：

LES　reg16，mere32

LES 指令与 LDS 类似，也是装入一个32位的远地址指针，偏移量送到指定寄存器，段基值送到附加段寄存器 ES。地址传送指令常常用于在串操作时建立初始的地址指针。

4. 标志传送指令

8086 CPU 中有一个16位的标志寄存器 FLAG，其中每一状态标志位表示8086 CPU 运行的状态。许多指令执行结果会影响标志寄存器的某些状态标志位。同时，有些指令的执行受标志寄存器中某些位的控制。所以，标志寄存器是特殊寄存器，不能像一般数据寄存器那样随意操作,以免其中的值发生变化。

标志传送指令共四条,均为单字节指令,指令的操作数以隐含的形式存在(隐含的操作数是 AH 寄存器)。

(1) 取标志指令

指令格式:

LAHF

LAHF 指令将 FLAG 中的低 8 位传送到累加器 AH 中。

(2) 置标志指令

指令格式:

SAHF

SAHF 指令的传送方向与 LAHF 相反,即将 AH 寄存器中的内容传送到 FLAG 中的低 8 位。

(3) 标志压入堆栈指令

指令格式及操作:

PUSHF   ;SP←(SP)−2,(SP)+1:(SP)←(FLAG)

PUSHF 指令先将 SP 减 2,然后将标志寄存器的内容(16 位)压入堆栈。这条指令对状态标志位没有影响。

(4) 标志弹出堆栈指令

指令格式及操作:

POPF   ;FLAG←((SP)+1,(SP)),SP←(SP)+2

POPF 指令的操作与 PUSHF 相反,它将堆栈内容弹出到标志寄存器,然后 SP 加 2。POPF 指令对状态标志位有影响。

PUSHF 和 POPF 指令可用于保护调用过程以前标志寄存器的值,过程返回以后再恢复这些标志状态,或用来修改标志寄存器中相应标志位的值。

5. 数据类型转换指令

(1) 字节转换为字指令

指令格式:

CBW

把寄存器 AL 中数据的符号位扩到 AH 寄存器中,使字节转换为字。指令的执行如下操作:当 AL<80H 时,AH←00H;当 AL≥80H 时,AH←FFH。

该指令中的源操作数隐含为寄存器 AL,目标操作数隐含为寄存器 AX。一个用补码表示的数经 CBW 指令进行符号位扩展后,数值大小不变。

(2) 字转换为双字指令

指令格式:

CWD

把寄存器 AX 中数据的符号位扩到 DX 寄存器中,使字转换为双字。指令的执行如下操作:当 Ax<8000H 时,DX←0000H;当 Ax≥8000H 时,DX←FFFFH。

该指令中的源操作数隐含为寄存器 AX,目标操作数隐含为寄存器 DX、AX。一个用补码表示的数经 CWD 指令进行符号位扩展后,数值大小不变。

3.3.2 算术运算指令

8086/8088 的算术运算指令可处理 4 种类型的数：无符号的二进制数、带符号的二进制数、无符号压缩十进制数（压缩 BCD 码）、无符号非压缩十进制数（非压缩 BCD 码）。压缩十进制数只有加/减运算，其他类型的数均可进行加、减、乘、除运算。

8086/8088 提供了各种调整操作指令，因此除了可以对二进制数进行算术运算以外，也可以方便地进行压缩的或非压缩的十进制数的算术运算。

8086/8088 的算术运算指令将运算结果的某些特性传送到 6 个标志位上去，这些标志中的绝大多数可由跟在算术运算指令后的条件转移指令进行测试，以改变程序的流程。因而掌握指令执行结果对标志位的影响，对编程有着重要的作用。

算术运算类指令共有 20 条，包括加、减、乘、除运算、符号扩展和 BCD 码调整指令，除了符号扩展指令，其余均影响标志位。

1. 加法指令

加法指令包括不带进位加法指令、带进位加法指令和加 1 指令。

（1）加法指令

指令格式及操作：

ADD　dst, src　　; (dst)←(dst) + (src)

ADD 将目标操作数与源操作数相加，结果存入目标操作数，影响标志寄存器。ADD 指令的操作数类型与 MOV 指令类似，但段寄存器不参与运算。例如：

ADD　CL, 1
ADD　DX, SI
ADD　AX, MEM
ADD　DATA [BX], AL
ADD　ALP [DI], 30H

相加的数据类型可以根据编程者的意图，规定为带符号数或无符号数，如果相加结果超出范围，则发生溢出。例如：

MOV　AL, 7EH
MOV　BL, 5BH
ADD　AL, BL

执行以上三条指令以后，相加结果 (AL) = D9H，此时各状态标志位的状态为：SF = 1，ZF = 0，AF = 1，PF = 0，CF = 0，OF = 1。其中 OF = 1 表示发生了溢出，这是由于相加结果超过了 127。但最高位并未产生进位，故 CF = 0。

（2）带进位加法指令

指令格式及操作：

ADC　dst, src　　; (dst)←(dst) + (src) + (CF)

ADC 指令是将目标操作数与源操作数相加，再加上进位标志 CF 的内容，然后将结果送目标操作数。操作数的类型与 ADD 指令相同，而且 ADC 指令同样也可以进行字节操作或字操作。

带进位加法指令主要用于多字节数据的加法运算。如果低字节相加时产生进位，则在下一次高字节相加时将这个进位加进去。

【例3-3】 要求计算两个多字节十六进制数6B79AC70FAH、24D89E3BC2H之和,式中被加数和加数均有5个字节,可以编一个循环程序实现以上运算。假设已将被加数和加数分别存入从DATA1和DATA2开始的两个内存区,且均为低位字节在前,高位字节在后。要求相加所得结果仍存回以DATA1为首址的内存区。源程序如下:

```
        MOV   CX, 5                ;设置循环次数
        MOV   SI, 0                ;置位移量初值
        CLC                        ;清进位
LOOPER: MOV   AL, DATA2[SI]        ;取另一个加数
        ADC   DATA1[SI], AL        ;和另一个加数相加
        INC   SI                   ;位移量加1
        LOOP  LOOPER               ;循环次数减1,不为0转LOOPER,继续相加
        HLT                        ;程序暂停
```

(3) 加1指令

指令格式及操作:

INC dst   ;dst←(dst)+1

INC指令将目标操作数加1。指令影响SF、ZF、AF、PF、OF,但对CF没影响。INC指令的目标操作数可以是寄存器或存储器,但不能是段寄存器。其类型为字节操作或字操作均可。例如:

```
INC   AL
INC   DI
INC   BYTE PTR [BX][SI]
INC   WORD PTR [DI]
```

指令中的BYTE PTR或WORD PTR分别指定随后的存储器操作数的类型是字节或字。INC指令常常用于在循环程序中修改地址。

2. 减法指令

减法指令包括不带借位减法指令、带借位减法指令、减1指令、求补指令和比较指令。

(1) 减法指令

指令格式及操作:

SUB dst, src   ;dst←(dst)-(src)

SUB指令用目标操作数减源操作数,结果送回目标操作数。该指令对状态标志位有影响。操作数的类型与加法指令一样,即目标操作数可以是寄存器或存储器,源操作数可以是立即数、寄存器或存储器,但不允许两个存储器相减。既可以字节相减,也可以字相减。例如:

```
SUB   AL, 97H,
SUB   AX, BX
```

减法数据的类型也可以根据程序员的要求,约定为带符号数或无符号数。

(2) 带借位的减法指令

指令格式及操作:

SBB dst, src   ;ds←(dst)-(src)-(CF)

SBB 指令是将目标操作数减源操作数，然后再减进位标志 CF，并将结果送回目标操作数，SBB 指令对标志的影响与 SUB 指令相同。目标操作数及源操作数的类型也与 SUB 指令相同。8 位或 16 位数均可运算。例如：

SBB　BX，1234H

SBB　CX，BX

SBB　AL，DATA1

带借位减指令主要用于多字节的减法。

（3）减 1 指令

指令格式及操作：

DEC　dst　　　　　；dst←(dst)－1

DEC 指令将目标操作数减 1。指令对状态标志位 SF、ZF、AF、PF 和 OF 有影响，但不影响进位标志 CF。操作数与 INC 一样，可以是寄存器或存储器（段寄存器不可）。其类型是字节操作或字操作均可。例如：

DEC　BL

DEC　AX

DEC　[BX]

DEC　WORD PTR [BP] [DL]

在循环程序中常常利用 DEC 指令来修改循环次数。例如：

　　　MOV　CX，0FFFFH

CYC：NOP

　　　DEC　CX

　　　JNZ　CYC

　　　HLT

以上程序段中，NOP，DEC CX 和 JNZ CYC 指令重复执行 65535 次，此程序是一段延时程序。

（4）比较指令

指令格式及操作：

CMP　dst，stc　　　；(dst)－(src)

CMP 用目标操作数减源操作数，但结果不送回目标操作数。因此，执行比较指令 CMP 后，被比较的两个操作数内容均保持不变，而比较结果反映在标志寄存器中。这是 CMP 比较指令与 SUB 区别所在；比较指令目标操作数可以是寄存器或存储器，源操作数可以是立即数、寄存器或存储器，但不能同时为存储器。可以进行字节比较，也可以进行字比较。例如：

CMP　AL，01H　　　　；寄存器与立即数比较

CMP　CX，AX　　　　；寄存器与寄存器比较

CMP　AX，AREA1　　；寄存器与存储器比较

CMP　[BX＋7]，SI　　；存储器与寄存器比较

CMP　DATA1，10　　　；存储器与立即数比较

（5）求补指令

指令格式及操作：

NEG dst   ；dst←0 − (dst)

NEG 指令的操作是用"0"减去目标操作数，结果送回原来的目标操作数。对状态标志位有影响。可以对 8 位数或 16 位数求补，实际为求负。例如：

MOV   BL, 120   ；将正数 120 传送给 BL
NEG   BL   ；执行 NEG 后 (BL) = 88H，即为 −120 的补码

3. 乘法指令

8086/8088 指令系统中有两条乘法指令，可以实现无符号数的乘法和带符号数的乘法，它们只有源操作数，隐含目标操作数。CPU 在执行乘法时，一个操作数始终放在累加器中（8 位 AL；16 位 AX），这是隐含的。8 位数相乘结果 16 位，存放在 AX 中，16 位数相乘结果 32 位，存放在 DX（高 16 位）和 AX（低 16 位）中。

（1）无符号数乘法指令

指令格式及操作：

MUL   src   ；AX←(src) × (AL)（字节乘法）
              ；DX：AX←(src) × (AX)（字乘法）

MUL 指令对状态标志位 CF、OF 有影响，SF、ZF、AF、PF 不确定。例如：

MUL   BL   ；BL 乘 AL
MUL   BX   ；AX 乘 BX
MUL   BYTE PTR [SI + 6]   ；AL 乘存储器（8 位）
MUL   WORD PTR DATA1   ；AX 乘存储器（16 位）

有了乘法、除法指令，使有些运算程序的编程变得简单方便。但是乘法指令和除法指令的执行速度很慢，所以，在实现乘除法时，通常采用移位指令来实现，以此提高执行速度。

（2）带符号数的乘法

指令格式及操作：

IMUL   src   ；AX←(src) × (AL)（字节乘法）
              ；DX：AX←(src) × (AX)（字乘法）

IMUL 指令对状态标志位的影响以及操作过程均与 MUL 指令相同，但 IMUL 指令进行带符号数乘法，指令将两个操作数均认作带符号数，8 位和 16 位带符号数的取值范围分别是 −128 ~ +127（字节）和 −32768 ~ +32767（字）。

4. 除法指令

8086/8088 CPU 执行除法时规定：除数只能是被除数的一半字长。当被除数为 16 位时，除数应为 8 位，被除数为 32 位时，除数应为 16 位。并规定：当被除数为 16 位，应存放于 AX 中。除数为 8 位，可存放在寄存器、存储器中。而得到的 8 位商放在 AL 中，8 位余数放在 AH 中。当被除数为 32 位，应存放于 DX 和 AX 中。除数为 16 位，可存放在寄存器、存储器中。而得到的 16 位商放在 AX 中，16 位余数放在 DX 中。

8086/8088 指令系统中有两条除法指令，它们是无符号数除法指令和带符号数的除法指令。

（1）无符号数除法指令

指令格式及操作：

DIV　src　　　；AL←(AX)/(src) 的商（字节除法），AH←(AX)/(src) 的余数
　　　　　　　；AX←(DX：AX)/(src) 的商（字除法），DX←(DX：AX)/(src) 的余数

字节除法中，AX 除以 src，被除数为 16 位，除数为 8 位。执行 DIV 指令后，商在 AL，余数在 AH 中；字除法中，DX、AX 除以 src，被除数为 32 位，除数为 16 位，除的结果，商在 AX，余数在 DX 中。

（2）带符号除法指令

指令格式及操作：
IDIV　src　　　；AL←(AX)/(src) 的商（字节除法），AH←(AX)/(src) 的余数
　　　　　　　；AX←(DX：AX)/(src) 的商（字除法），DX←(DX：AX)/(src) 的余数

执行 IDIV 指令时，如果除数为 0，或字节除法时，AL 寄存器中的商超出（-128～+127），或字除法时，AX 寄存器中的商超出（-32768～+32767），CPU 立即自动产生类型号为 0 的中断。

5. 十进制调整（BCD 码）指令

以上介绍的是二进制数的算术运算。二进制数在计算机上进行运算是非常简单的。但是，通常人们习惯于用十进制数。在计算机中，十进制数是用 BCD 码来表示的。BCD 码有两类：压缩十进制数（压缩 BCD 码）和非压缩十进制数（非压缩 BCD 码），8086/8088 用 BCD 码的运算指令算出结果，然后再用专门的指令对结果进行修正（调整），使之转变为 BCD 码表示的正确的结果。

（1）十进制加法调整指令

根据 BCD 码的种类，对 BCD 码加法进行十进制调整的指令有两条：DAA 和 AAA。

1）压缩型 BCD 码加法调整指令。指令格式：

DAA

DAA 指令不带操作数，实际上隐含寄存器操作数 AL。指令的操作为：如果（AL）∧0FH>9，或（AF）=1，则 AL←(AL)+06H，AF←1；如果（AL）∧0F0H>90H，或（CF）=1，则 AL←(AL)+60H，CF←1。

DAA 指令影响 AF、CF、SF、ZF、PF，但不影响 OF。DAA 指令只对加法的结果 AL 的内容进行调整，任何时候不影响 AH。例如：

MOV　AL, 69H　　；(AL)=69H
MOV　BL, 79H　　；(BL)=79H
ADD　AL, BL　　 ；(AL)=E2H, (AF)=1
DAA　　　　　　 ；(AL)=48H, (CF)=1

【例 3-4】 编写汇编程序段，用压缩 BCD 码编码并计算 28D+37D。

MOV　AL, 28H　　；将 28 的压缩 BCD 码赋给 AL
ADD　AL, 37H　　；(AL)=3FH, AF=0, CF=0
DAA　　　　　　 ；(AL)=65H, 即 65 的压缩 BCD 码

2）非压缩型 BCD 码加法调整指令。指令格式：

AAA

AAA 也称为加法的 ASCII 调整指令。指令后面不写操作数，但实际上隐含累加器操作数 AL 和 AH。指令的操作为：①如果（AL）∧0FH<9，且（AF）=0，则跳过 B；②如果（AL）∧0FH>9，或（AF）=1，则 AL←（AL）+06H，AH←（AH）+1，AF←1；③清除 AL 寄存器的高 4 位，即 AL←((AL)∧0FH)；④AF 值送 CF，即 CF←（AF）。

AAA 指令影响 AF 和 CF，对 OF、SF、ZF、PF 的影响不确定。AAA 指令能对加法的结果 AL 的内容进行调整。

【例 3-5】 编写汇编程序段，用非压缩 BCD 码编码并计算 8+9。

MOV　　AL, '8'　　　　　；AL=38H
ADD　　AL, '9'　　　　　；AL=70H, AF=1, CF=0
AAA　　　　　　　　　　；AL=07H, CF=AF=1

（2）十进制减法调整指令

同加法一样，对 BCD 码减法进行十进制调整的指令也有两条：DAS 和 AAS。

1) 压缩型 BCD 码减法调整指令。指令格式：

DAS

指令对减法进行十进制调整，指令隐含寄存器操作数 AL。在减法运算时，DAS 指令对压缩型 BCD 码进行调整，其操作为：如果（(AL)∧0FH）>9 或（AF）=1，则 AL←(AL)-06H，AF←1；如果（AL）∧0F0H）>90H 或（CF）=1，则 AL←(AL)-60H，CF←1。

与 DAA 类似，DAS 指令影响 AF、CF、SF、ZF、PF，但不影响 OF。DAS 指令只对减法的结果 AL 的内容进行调整，任何时候都不影响 AH。

2) 非压缩型 BCD 码减法调整指令。指令格式：

AAS

AAS 也称为减法的 ASCII 码的调整指令。隐含寄存器操作数为 AL 和 AH。对非压缩型 BCD 码调整。指令的操作与非压缩 BCD 码加法调整指令很类似。

（3）十进制乘除法调整指令

对于十进制数的乘除法运算，8086/8088 指令系统只提供了非压缩型 BCD 码的调整指令，而没有提供压缩型 BCD 码的调整指令。因此，8086/8088 CPU 不能直接进行压缩型 BCD 码的乘除法运算。

非压缩型 BCD 码的乘除法与加减法相同，加减法可以直接用 ASCII 码参加运算，而不管其高位上有无数字，只要在加减指令后用一条非压缩型 BCD 码的调整指令，就能得到正确结果。而乘除法要求参加运算的两个数高 4 位是 0 的非压缩型 BCD 码，低 4 位是十进制数。也就是说，如果用 ASCII 码进行非压缩型 BCD 码的乘法运算，在乘除法运算之前，必须将高 4 位清零。

1) 非压缩型 BCD 码乘法调整指令。指令格式：

AAM

AAM 指令也是一个隐含了寄存器操作数 AL 和 AH 的指令。

在乘法运算时，调整之前，先用 MUL 指令将两个真正的非压缩型的 BCD 码相乘，结果放在 AX 中。然后用 AAM 指令对 AL 寄存器进行调整，于是在 AX 中就可得到正确的非压缩型 BCD 码的结果，其乘积的高位在 AH 中，乘积的低位在 AL 中。AAM 指令的操作为

AH←（AL）/0AH 的商；即 AL 除以 10，商送 AH

AL←(AL)/0AH 的余数；即 AL 除以 10，余数送 AL

AAM 指令的操作实质上是将 AL 寄存器中的二进制数转换成为非压缩型的 BCD 码，十位存放在 AH 寄存器，个位存放在 AL 寄存器。AAM 指令执行以后，将根据 AL 中的结果影响状态标志位 SF、ZF 和 PF，但 AF、CF 和 OF 的值不定。

例如，要求进行以下十进制乘法运算：7×6=？可编程序段如下：

```
MOV    AL, 07H      ;(AL)=07H
MOV    BL, 06H      ;(BL)=06H
MUL    BL           ;(AX)=07H×06H=002AH
AAM                 ;(AH)=04H,(AL)=02H,(SF)=0,(ZF)=0,(PF)=1。
```

2) 非压缩型 BCD 码除法调整指令。指令格式：

AAD

AAD 指令也是一个隐含了寄存器操作数 AL 和 AH 的指令，它是对非压缩型 BCD 码进行调整，其操作为

AL←(AH)×0AH+(AL)

AH←0

即将 AH 寄存器的内容乘以 10 并加上 AL 寄存器的内容，结果送回 AL，同时将零送 AH。以上操作实质上是将 AX 寄存器中非压缩型 BCD 码转换成为真正的二进制数，并存放在 AL 寄存器中。

3.3.3 位运算指令

位运算指令分为逻辑运算指令、移位指令和循环移位指令。

1. 逻辑运算指令

8086/8088 逻辑运算指令有 AND 逻辑"与"、TEST 逻辑"测试"、OR 逻辑"或"、XOR 逻辑"异或"、NOT 逻辑"非"运算。以上指令只有 NOT 逻辑"非"指令对状态标志寄存器没有影响。其他指令根据各自的逻辑运算结果影响 SF、ZF、PF，将 CF、OF 清 0，AF 的值不确定。

（1）逻辑"与"指令

指令格式及操作：

AND   dst, src   ; dst←(dst)∧(src)

AND 将源操作数与目标操作数按位进行"与"运算，结果送回目标操作数。两个操作数不能同时为存储器。例如：

```
AND    AL, 0FH           ;寄存器"与"立即数
AND    CX, AX            ;寄存器"与"寄存器
AND    SI, MEM           ;寄存器"与"存储器
AND    [DI], AX          ;存储器"与"寄存器
AND    [BX][SI], 0FFFEH  ;存储器"与"立即数
```

AND 指令主要用来屏蔽掉一个数中某些位，以便对剩下的其他位进行某些处理。例如：

AND   AL, 0FH   ;将 AL 寄存器高 4 位屏蔽，低 4 位不变。

（2）逻辑"测试"指令

指令格式及操作：

TEST　dst, src　　　; (dst)∧(src)

TEST 指令的操作实质上与 AND 指令相似，即把目标操作数和源操作数进行逻辑"与"。二者的区别在于 TEST 指令不把逻辑运算的结果送回目标操作数，因此两个操作数的内容均保持不变，即目标操作数将不被破坏。

（3）逻辑"或"指令

指令格式及操作：

OR　dst, src　　　; dst←(dst)∨(src)

OR 指令将目的操作数和源操作数按位进行逻辑"或"运算，并将结果送回目标操作数。OR 指令操作数的类型与 AND 指令相同，即目标操作数可以是寄存器或存储器，源操作数可以是立即数、寄存器或存储器，但不能同时都是存储器。

（4）逻辑"异或"指令

指令格式及操作：

XOR　dst, src　　　; dst←(dst)⊕(src)

XOR 指令将目标操作数和源操作数按位进行逻辑"异或"运算，并将结果送回目标操作数。XOR 指令的操作类型与 AND 指令和 OR 指令相同。

（5）逻辑"非"指令

指令格式及操作

NOT　dst　　　　; dst←(dst) 按位取反

NOT 指令的操作数可以是 8 位或 16 位寄存器或存储器，但不能是立即数。

2. 移位指令

8086/8088 指令系统的移位指令包括逻辑左移 SHL、算术左移 SAL、逻辑右移 SHR、算术右移 SAR，移位指令功能示意图如图 3-7 所示。移位指令都影响状态标志位，但影响的方式各条指令不尽相同。

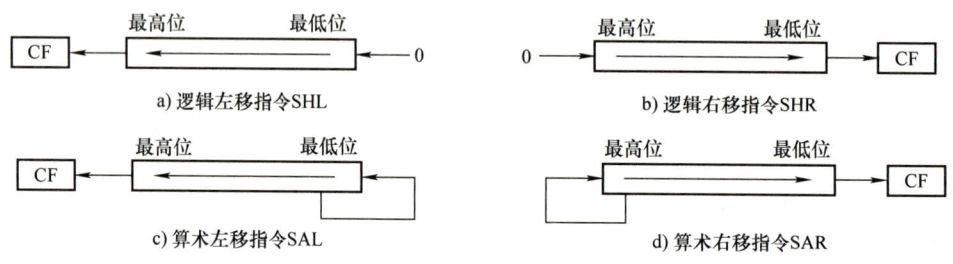

图 3-7　移位指令功能示意图

（1）逻辑左移/算术左移指令

指令格式：

SHL　dst, 1/CL

SAL　dst, 1/CL

这两条指令的操作是将目标操作数顺序向左移 1 位或移 CL 位（当移位次数≥2 时，应将移位次数先赋于 CL 中），左移 1 位时高位移入进位标志 CF，最低位补 0。逻辑左移 SHL/算术左移 SAL 影响 CF 和 OF，如果移位次数是 1，且移位后 dst 最高位与 CF 不相等，则溢出标志位 OF = 1，否则 OF = 0。如果移位次数不是 1，则 OF 值不确定。OF 值表示移位是否改变符号位。

（2）逻辑右移指令

指令格式：

SHR   dst, 1/CL

SHR 指令的操作是将目标操作数顺序向右移 1 位或右移由 CL 寄存器指定的位数。逻辑右移 1 位时，低位移入进位标志 CF，最高位补 0。

（3）算术右移指令

指令格式：

SAR   dst, 1/CL

SAR 指令的操作数与逻辑右移指令 SHR 有点类似，将目标操作数向右移 1 位或由 CL 寄存器指定的位数。逻辑右移 1 位时，低位移入进位标志 CF，最高位保持不变。

【例 3-6】 设无符号数 X 在寄存器 AL 中，编写汇编程序段，用移位指令实现 X × 11 的运算。

```
MOV   DX, 0
MOV   DL, AL
MOV   AH, 0
SAL   AX, 1              ; AX ← 数 X × 2
MOV   BX, AX
MOV   CL, 2
SAL   AX, CL             ; AX ← 数 X × 8
ADD   AX, BX             ; AX ← 数 X × 10
ADD   AX, DX             ; AX ← 数 X × 11
```

3. 循环移位指令

8086/8088 指令系统有 4 条循环移位指令，即不带进位标志 CF 的循环左移指令 ROL 和循环右移指令 ROR，以及带进位标志 CF 的循环左移指令 RCL 和循环右移指令 RCR。循环移位指令的操作数类型与移位指令相同，可以是 8 位或 16 位的寄存器或存储器。循环移位指令功能示意图如图 3-8 所示。

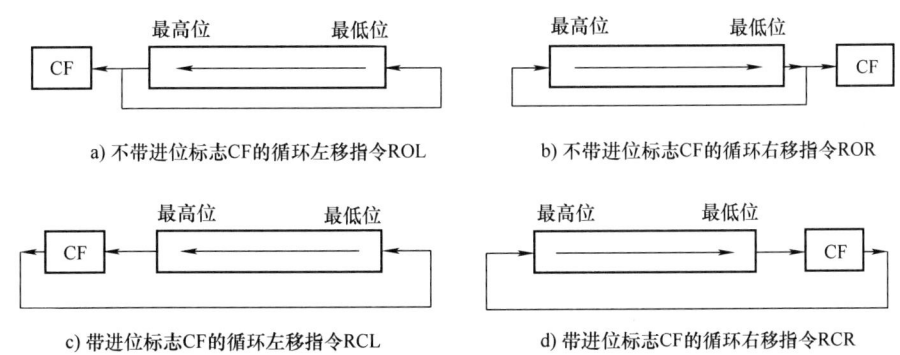

图 3-8　循环移位指令功能示意图

（1）不带进位标志 CF 的循环左移指令 ROL

指令格式：

ROL　dst, 1/CL

ROL 指令将目标操作数向左循环移动 1 位或 CL 寄存器指定的位数。最高位移到进位标志 CF，同时，最高位移到最低位形成循环，进位标志 CF 不在循环回路之内。其操作如图 3-8a 所示。例如：

　　ROL　BL, 1　　　；寄存器循环左移 1 位

　　ROL　DX, CL　　；寄存器循环左移（CL）位

　　ROL　[DI], 1　　 ；存储器循环左移 1 位

　　ROL　AL, CL　　；存储器循环左移（CL）位

（2）不带进位标志 CF 的循环右移指令 ROR

指令格式：

ROR　dst, 1/CL

ROR 指令将目标操作数向右循环移动 1 位或右移由 CL 寄存器指定的位数。最低位移到进位标志 CF，同时最低位移到最高位。其操作如图 3-8b 所示。

（3）带进位标志 CF 的循环左移指令 RCL

RCL　dst, 1/CL

RCL 指令将目标操作数连同进位标志 CF 一起向左循环移动 1 位或由 CL 寄存器指定的位数。最高位移入 CF，而 CF 移入最低位。RCL 指令的操作如图 3-8c 所示。

（4）带进位标志 CF 的循环右移指令 RCR

指令格式：

RCR　dst, 1/CL

RCR 指令将目标操作数连同进位标志 CF 一起向右循环移动 1 位或由 CL 寄存器指定的位数。最低位移到进位标志 CF，同时进位标志 CF 移到最高位。RCR 指令操作如图 3-8d 所示。

这里介绍的 4 条循环移位指令与前面讨论过的移位指令有所不同。这 4 条指令进行循环移位操作之后，操作数中原来各位的信息不会丢失，只是移到了操作数中的其他位或进位标志上，必要时还可以恢复。利用循环移位指令可以对寄存器或存储器中的任一位进行位测试。例如要求测试 AL 寄存器中 D2 位的状态是"0"还是"1"，则可利用以下指令实现：

　　MOV　CL, 3

　　ROL　AL, CL

　　JNC　DONE

　　……

　　DONE：……

　　……

3.3.4　串操作指令

8086/8088 指令系统中有一组十分有用的串操作指令，这些指令的操作对象不只是单个字节或字，而是内存中地址连续的字节串或字串。在每次基本操作后，能够自动修改地址，为下一次操作做好准备。串操作指令还可以加上重复前缀；此时指令规定的操作将一直重复

下去，直到完成预设的重复次数。

串操作指令共有以下 5 条基本串操作指令：串传送指令（MOVS）、串装入指令（LODS）、串送存指令（STOS）、串比较指令（CMPS）和串扫描指令（SCAS）。

上述串操作指令的基本操作各不相同，但都具有以下几个共同特点：

1）用 SI 寻址源操作数，用 DI 寻址目标操作数，源操作数在数据段，隐含段寄存器 DS，可以段超越；目标操作数在附加段，隐含段寄存器 ES，不允许段超越。

2）每一次操作以后修改地址指针，是增量还是减量取决于方向标志 DF。当（DF）= 0 时，地址指针增量，即字节操作时地址指针加 1，字操作时地址指针加 2。当（DF）= 1 时，地址指针减量，即字节操作时地址指针减 1，字操作是地址指针减 2。

3）有的串操作指令可加重复前缀 REP，则指令规定的操作重复进行，重复操作的次数由 CX 寄存器决定。如果在串操作指令前加上重复前缀 REP，则 CPU 按以下步骤执行：①首先检查 CX 寄存器，若（CX）= 0，则退出重复串操作指令；②指令执行一次字符串基本操作；③根据 DF 标志修改地址指针；④CX 减 1（但不改变标志）；⑤转至下一次循环，重复以上步骤。

4）串操作指令的基本操作影响 ZF（如 CMPS、SCAS）可加重复前缀 REPE/REPZ 或 REPNE/REPNZ，此时操作重复进行的条件不仅要求（CX）≠0，而且同时要求 ZF 的值满足重复前缀中的规定（REPE 要求（ZF）= 1，REPNE 要求（ZF）= 0）。

5）串操作汇编指令的格式可以写上操作数，也可以只在指令助记符后加字母"B"（字节操作）或"W"（字操作），指令助记符后不加任何操作数。

1. 基本串操作指令

（1）串传送指令

指令格式：

格式一：MOVS　dest, src

格式二：MOVSB

格式三：MOVSW

功能：(ES：DI)←(DS：SI)；SI←SI ± 1/2；DI←DI ± 1/2

MOVS 指令也称为字符串传送指令，它将一个字节或字从存储器的某个区域传送到另一个区域，然后根据方向标志 DF 自动修改地址指针。

（2）串装入指令

指令格式：

格式一：LODS src

格式二：LODSB

格式三：LODSW

功能：AL/AX←(DS：SI)；SI←SI ± 1/2

（3）串送存指令

指令格式：

格式一：STOS　dest

格式二：STOSB

格式三：STOSW

功能：(ES：DI)←AL/AX；DI←DI ± 1/2

（4）串比较指令（CMPS）

指令格式：

格式一：CMPS src, dest

格式二：CMPSB

格式三：CMPSW

功能：(DS：SI) - (ES：DI)；SI←SI ± 1/2；DI←DI ± 1/2

（5）串扫描指令

指令格式：

格式一：SCAS dest

格式二：SCASB

格式三：SCASW

功能：AL/AX - (ES：DI)；DI←DI ± 1/2

说明：

指令 STD、CLD 用于设置方向标志。STD 使 DF 为 1，CLD 使 DF 为 0。

在以上五条串操作指令中，有的指令有两个操作数，有的指令只有一个操作数。只有一个操作数时，有的指令是源操作数，有的指令是目标操作数。

2. 重复前缀指令

基本串操作指令完成一个数据的操作，如果要操作一组数据，就需要在基本串操作指令前加上重复前缀。重复前缀指明该指令的基本操作是否被重复、重复的条件是什么。基本操作的重复次数隐含在寄存器 CX 中。

（1）无条件重复前缀指令

指令格式：

REP

功能：REP 前缀加在串指令 MOVS、STOS 之前，控制串指令重复执行。串指令重复执行的次数保存在寄存器 CX 中。每执行一次串指令，CX←(CX) - 1，直到 CX = 0 为止。

（2）相等重复前缀指令

指令格式：

格式一：REPE

格式二：REPZ

功能：REPZ 或 REPE 前缀加在串指令 CMPS、SCAS 指令前，控制串指令重复执行。当 (CX)≠0 且 ZF = 1 时，串指令重复执行；当 (CX) = 0 或 ZF = 0 时，串指令重复执行结束。

（3）不相等重复前缀 REPNE 或 REPNZ

指令格式：

格式一：REPNE

格式二：REPNZ

功能：REPNZ 或 REPNE 前缀加在串指令 CMPS、SCAS 指令前，控制串指令重复执行。当 (CX)≠0 且 ZF = 0 时，串指令重复执行；当 (CX) = 0 或 ZF = 1 时，串指令重复执行结束。

说明：

带前缀的串操作指令执行后，CX-1 操作不影响标志位。

【例 3-7】 编写汇编程序段，把自 SAREA 开始的 100 个字节复制到 DAREA 开始的区域中。数据存储区域示意图如图 3-9 所示。

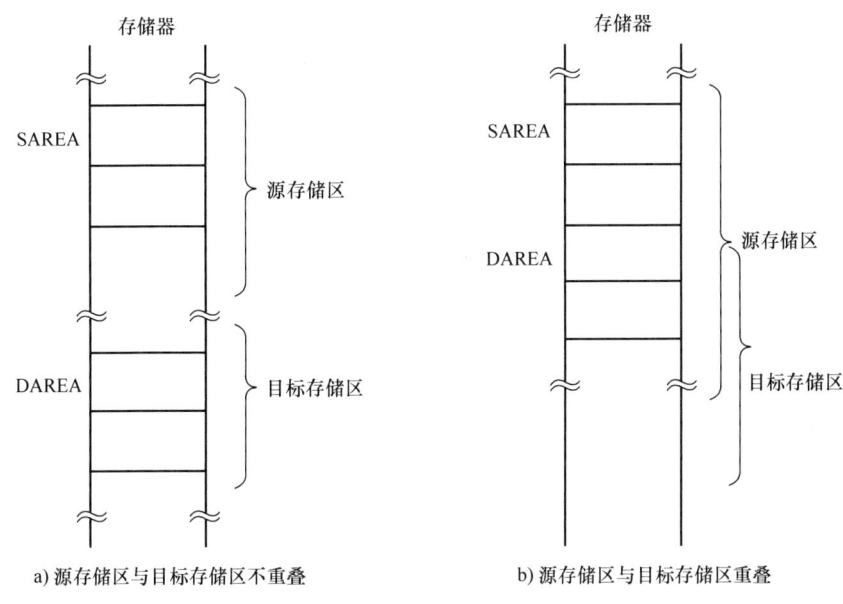

a) 源存储区与目标存储区不重叠　　　b) 源存储区与目标存储区重叠

图 3-9　数据存储区域示意图

（1）源、目标区没有重叠（见图 3-9a）

```
MOV    AX, SEG SAREA
MOV    DS, AX              ;源区段地址送段寄存器 DS
MOV    AX, SEG DAREA
MOV    ES, AX              ;目标区段地址送段寄存器 ES
LEA    SI, SAREA           ;源区首字的偏移地址送 SI
LEA    DI, DAREA           ;目标区首字的偏移地址送 DI
MOV    CX, 100             ;串长送寄存器 CX
CLD                        ;DF=0，地址增
REP    MOVSB               ;串传送
```

（2）源、目标区有重叠（见图 3-9b）

```
MOV    CX, 100             ;串长送寄存器 CX
MOV    AX, SEG SAREA
MOV    DS, AX              ;源区段地址送 DS
MOV    AX, SEG DAREA
MOV    ES, AX              ;目标区段地址送 ES
LEA    SI, SAREA
ADD    SI, 99              ;源区末字的偏移地址送 SI
```

```
LEA    DI, DAREA
ADD    DI, 99              ;目标区末字的偏移地址送 DI
STD                        ;DF=1,地址减
REP    MOVSB               ;串传送
```

【例 3-8】 编写汇编程序段,将内存 DS:2000H~DS:2100H 存储区置 1。

```
MOV    AX, DS
MOV    ES, AX              ;目标段段地址送 ES
MOV    DI, 2000H           ;目标段首字节偏移地址送 DI
MOV    CX, 101H            ;串长送寄存器 CX
CLD                        ;设置方向增
MOV    AL, 0FFH
REP    STOSB               ;重复串送存
```

3.3.5 控制转移指令

8086/8088 指令系统提供了大量指令,用于控制程序的流程。这类指令包括转移指令、循环控制指令、过程调用指令和过程返回指令 4 类。

1. 转移指令

转移是一种将程序控制从一处改换到另一处的最直接的方法。在 CPU 内部,转移是通过将目的地址传送给 IP 来实现的,这类转移称为段内转移。如果同时改变了 CS 和 IP 的值,称为段间转移。转移指令包括无条件转移指令和条件转移指令。

(1) 无条件转移指令

无条件转移指令的操作是无条件地将程序转移到指令中指定的目标地址。目标地址可以用直接的方式给出,也可以用间接的方式给出。无条件转移指令对状态标志位没有影响。

1) 段内直接转移。指令格式及操作:

JMP   Near Label   ;IP←(IP)+disp(16 位)

指令的操作数是一个近标号,该标号在本段(或本组)内。指令汇编以后,计算出 JMP 指的下一条指令的地址到目的地址之间的 16 位相对位移量 disp。指令的操作是将指令指针寄存器 IP 的内容加上相对位移量 disp,代码段寄存器 CS 的内容不变,从而使控制转移到目的地址。

2) 段内直接短转移。指令格式及操作:

JMP   Short Label   ;IP←(IP)+disp(8 位)

段内直接短转移指令的操作数是一个短标号。此时,相对位移量 disp 的范围在 -128~+127 之间,只需用 1 个字节表示。段内直接短转移指令共有 2 个字节。

3) 段内间接转移。指令格式及操作:

JMP   reg16/mem16   ;IP←(reg16)/IP←(mem16)

指令的操作是一个 16 位的寄存器(reg16)或存储器(mem16)地址。存储器可用各种寻址方式。指令的操作是用指定的寄存器或存储器中的内容作为目标的偏移地址取代原来 IP 的内容,以实现程序的转移,由于是段内转移,故 CS 寄存器的内容不变。

4) 段间直接转移。指令格式及操作:

JMP   Far Label   ;IP←OFFSET Far Label;CS←SEG Far Label

指令的操作数是一个远标号,该标号在另一个代码段内。指令的操作是将标号的偏移地址取代指令指针寄存器 IP 的内容,同时将标号的段基值取代段寄存器 CS 的内容,结果使控制转移到另一代码段内指定的标号处。

5) 段间间接转移。指令格式及操作:

JMP　mem32　　;IP←(mere32);CS←(mem32+2)

指令的操作数是 32 位的存储器地址,指令的操作是将存储器的前两个字节送到 IP 寄存器,存储器的后两个字节送到 CS 寄存器,以实现到另一个代码段的转移。

注意:段间间接转移的操作数不能是寄存器。

(2) 条件转移指令

指令格式为:

JCC Short Label

在汇编语言程序设计中,常利用条件转移指令来构成分支程序。指令助记符中的"CC"表示条件。这种指令的执行包括两个过程:第一步,测试规定的条件;第二步,如果条件满足则转移到目的地址,否则,继续顺序执行。

1) 根据单个标志位的状态判断的转移指令,见表 3-1。

表 3-1　单个标志位状态判断的转移指令

指令	转移条件	说明
JC　dest	CF = 1	有进位/借位时,转移
JNC　dest	CF = 0	无进位/借位时,转移
JZ/JE　dest	ZF = 1	相等或等于 0 时,转移
JNZ/JNE　dest	ZF = 0	不相等或等于 0 时,转移
JS　dest	SF = 1	为负数时,转移
JNS　dest	SF = 0	为正数时,转移
JO　dest	OF = 1	有溢出时,转移
JNO　dest	OF = 0	无溢出时,转移
JP　dest	PF = 1	1 的个数为偶数时,转移
JNP　dest	PF = 0	1 的个数为奇数时,转移

2) 根据两个无符号数的比较结果判断的转移指令,见表 3-2。

表 3-2　两个无符号数的比较结果判断的转移指令

指令	转移条件	说明
JA/JNBE　dest	CF = 0 且 ZF = 0	X > Y 时,转移
JAE/JNB　dest	CF = 0 或 ZF = 1	X ≥ Y 时,转移
JB/JNAE　dest	CF = 1 且 ZF = 0	X < Y 时,转移
JBE/JNA　dest	CF = 1 或 ZF = 1	X ≤ Y 时,转移

3) 根据两个带符号数的比较结果判断的转移指令,见表 3-3。

表 3-3 两个带符号数的比较结果判断的转移指令

指令	转移条件	说明
JG/JNLE dest	SF = OF 且 ZF = 0	X > Y 时，转移
JGE/JNL dest	SF = OF 或 ZF = 1	X ≥ Y 时，转移
JL/JNGE dest	SF ≠ OF 且 ZF = 0	X < Y 时，转移
JLE/JNG dest	SF ≠ OF 或 ZF = 1	X ≤ Y 时，转移

2. 循环控制指令

8086/8088 指令系统专门设计了几条循环控制指令，用于使一些程序段反复执行，形成循环程序。循环控制指令有以下几条：

（1）循环指令

指令格式：

LOOP　　short label

功能：

1) CX←CX – 1

2) 如果 CX = 0，结束循环，执行后续语句；否则，转移到标号处，循环体被重复。

指令的操作只能是一个短标号，即跳转距离不超过 –128 ~ +127 的范围。LOOP 指令对状态标志位没有影响。

（2）相等循环指令

指令格式：

LOOPE/LOOPZ　　short label

功能：

1) CX←CX – 1

2) 如果 CX = 0 或 ZF = 0，结束循环，执行后续语句；否则，转移到标号处，循环体被重复。

（3）不相等循环指令

指令格式：

LOOPNE/LOOPNZ　　short label

功能：

1) CX←CX – 1

2) 如果 CX = 0 或 ZF = 1，结束循环，执行后续语句；否则，转移到标号处，循环体被重复。

3. 过程调用与返回指令

如果有一些程序段需要在不同的地方多次反复地出现，则可以将这些程序段设计成为过程（相当于子程序），每次需要时进行调用。过程结束后，再返回原来调用的地方。采用这种方法不仅可以使源程序的总长度大大缩短，而且有利于实现模块化的程序设计，使程序的编制、阅读和修改都比较方便。被调用的过程可以在本段内（近过程）；也可在其他段（远过程）。调用的过程地址可以用直接的方式给出，也可用间接的方式给出。过程调用指令和返回指令对状态标志位都没有影响。

(1) 段内直接调用

指令格式及操作：

CALL nearproc   ；SP←(SP)-2，(SP)+1：(SP)←(IP)

　　　　　　　　；IP=(IP)+disp

指令的操作数是一个近过程，该过程在本段内。指令汇编以后，得到 CALL 的下一条指令与被调用的过程入口地址的 16 位相对位移量 disp。指令操作是将指令指针 IP 的内容压入堆栈，然后将相对位移量 disp 加到 IP 上，使控制转到调用的过程。16 位相对位移量 disp 占 2 个字节，段内直接调用指令共有 3 个字节。

(2) 段内间接调用

指令格式及操作：

CALL reg16/mem16   ；SP←(SP)-2，(SP)+1：(SP)←(IP)

　　　　　　　　　　；IP←reg16/mem16

指令的操作数是 16 位的寄存器或存储器，其内容是一个近过程入口地址，指令操作是将指令指针 IP 的内容压入堆栈，然后将寄存器或存储器的内容送到 IP 中。

(3) 段间直接调用

指令格式及操作：

CALL farproc   ；SP←(SP)-2，(SP)+1：(SP)←(CS)

　　　　　　　　；CS←SEG far-proc

　　　　　　　　；SP←(SP)-2，(SP)+1：(SP)←(IP)

　　　　　　　　；IP←OFFSET far-proc

指令的操作数是一个远过程，该过程在另外的代码段内。段间直接调用指令先将 CS 中的段基值压入堆栈，并将远过程所在的段基值送 CS，再将 IP 中的偏移地址压入堆栈，然后将远过程的偏移地址 OFFSET far-proc 送 IP。

(4) 段间间接调用

指令格式及操作：

CALL mem32   ；SP←(SP)-2，(SP)+1：(SP)←(CS)

　　　　　　　　；CS←mem32+2

　　　　　　　　；SP←(SP)-2，(SP)+1：(SP)←(IP)

　　　　　　　　；IP←mem32

指令的操作数是 32 位的存储器地址，指令的操作是先将 CS 寄存器压入堆栈，并将存储器的后两个字节送 CS，再将 IP 中的偏移地址压入堆栈，然后将存储器的前两个字节送 IP，控制转到另一个代码段的远过程。

4. 过程返回指令

指令格式及操作：

(1) 从近过程返回

RET　　　　　　　；IP←((SP)+1：(SP))，SP←(SP)+2

RET popvalue　　　；IP←((SP)+1：(SP))，SP←(SP)+2

　　　　　　　　　；SP←(SP)+popvalue

(2) 从远过程返回

RET   ; IP←((SP)+1:(SP)), SP←(SP)+2
                       ; CS←((SP)+1:(SP)), SP←(SP)+2
RET popvalue   ; IP←((SP)+1:(SP)), SP←(SP)+2
                       ; CS←((SP)+1:(SP)), SP←(SP)+2
                       ; SP←(SP)+popvalue

过程体中总包含返回指令 RET，它将堆栈中的断点弹出，控制程序返回到原来调用过程的地方。通常，RET 指令的类型是隐含的，它自动与过程定义时的类型相匹配。但采用间接调用时，必须保证 CALL 指令类型与 RET 指令的类型相匹配，以免发生错误。

此外，RET 指令可以带一个弹出值（popvalue），这是一个 16 位的立即数，通常是偶数。弹出值表示返回时从堆栈舍弃的字节数。例如 RET 4，返回时从堆栈舍弃 4 个字节数。这些字节一般是调用前通过堆栈向过程传递的参数。

3.3.6 处理器控制指令

处理器控制指令用于控制 CPU 的动作，修改标志寄存器的标志位，实现对 CPU 的管理。标志位操作指令完成对标志位置位、复位等操作，共有 7 条，见表 3-4。外部同步指令用于控制 CPU 的动作，这类指令不影响标志位。

1. 标志位操作指令

表 3-4 标志位操作指令

指令	操作	说明
STC	CF←1	进位标志置 1
CLC	CF←0	进位标志清 0
CMC	CF←$\overline{CF}$	进位标志取反
STD	DF←1	方向标志置 1
CLD	DF←0	方向标志清 0
STI	IF←1	中断允许标志置 1，开中断
CLI	IF←0	中断允许标志清 0，开中断

（1）CLC

清进位标志。指令的操作为 CF←0。

（2）STC

置进位标志。指令的操作为 CF←1。

（3）CMC

对进位标志求反。指令的操作为 CF←($\overline{CF}$)。

（4）CLD

清方向标志。指令的操作为 DF←0。

（5）STI

置中断标志。指令的操作为 IF←1。

（6）CLI

清中断标志。指令的操作为 IF←0。

2. 外部同步指令

（1）处理器暂停指令 HLT

指令格式：

HLT

功能：使处理器处于暂停状态。

说明：由该指令引起的 CPU 暂停，只有复位（RESET 信号）、外中断请求（NMI 信号或 INTR 信号）可使其退出。常用于等待中断或多处理机系统的同步操作。

（2）处理器等待指令 WAIT

指令格式：

WAIT

功能：处理器检测$\overline{\text{TEST}}$引脚信号，当$\overline{\text{TEST}}$信号为高电平时，处理器处于空转状态，不做任何操作；当TEST为低电平时，处理器退出空转状态，执行后续指令。

（3）处理器交权指令 ESC

指令格式：

ESC

功能：该指令将 CPU 的控制权交给协处理器。

（4）封锁总线指令 LOCK

指令格式：

LOCK　其他指令

功能：该指令是一个前缀，可放在任何指令的前面。CPU 执行到该指令时，将总线封锁，独占总线，直到该指令执行完毕，才解除对总线的封锁。通常用于在共享资源的多处理器系统中，对系统资源进行控制。

（5）空操作指令

指令格式：

NOP

功能：执行 NOP 指令时不进行任何操作，但占用 3 个时钟周期，然后继续执行下一条指令。NOP 指令对状态标志位没有影响，指令没有操作数。

本 章 习 题

1. 设 BX = 6EF8H，SI = 2AEDH，位移量 D = 5F37H，试求下列寻址下有效地址 EA = ？
   （1）直接寻址　　　　　（2）基址加变址寻址　　　　　（3）用 BX 间接寻址

2. 假定 LAB 是标号，VAR 是变量，CON 是常数名称，列出下述每个操作数所有可能的寻址方式。
   （1）VAR［BX］　　　（2）CON + 50H　　　　　　（3）VAR
   （4）LAB　　　　　　（5）VAR［BX + 3］　　　　　（6）VAR［BX + DI］

3. 试指出下列传送类指令的寻址方式。（所有标识符都是字变量）
   （1）MOV DI, 1000　　　　　　　（2）MOV VAR［BX］, CX
   （3）MOV AX, VAR［BX］［DI］　（4）MOV［BX + 100］, DI

(5) MOV [BP+SI], 100　　　　　(6) PUSH AX

4. 指出下列传送指令中非法的指令。

(1) MOV BX, AL　　　　　　　(2) MOV BH, AL

(3) MOV 100, CL　　　　　　　(4) MOV AH AL

(5) MOV SS, 2400H　　　　　　(6) MOV CS, 1200H

(7) XCHG AH, 12H　　　　　　(8) ADD AX, CS

(9) OUT 21H, AL　　　　　　　(10) OUT 258H, AX

5. 设 (SP)=2000H, (AX)=3355H, (BX)=4466H, 指出执行下列指令后相关寄存器的内容。

(1) PUSH AX

　　执行后, (AX)=? (SP)=?

(2) PUSH AX
　　PUSH BX
　　POP DX

　　执行后, (AX)=?, (DX)=?, (SP)=?

6. 设 (BX)=0400H, (SI)=003CH, 执行 LEA BX, [BX+SI-0F62H] 后, (BX)=?

7. 设 DS=C000H, [C0010H]=0180H, [C0012H]=2000H, 问执行 LDS SI, [10H] 后, (SI)=? (DS)=?

8. 已知 (DS)=091DH, (SS)=1E4AH, (AX)=1234H, (BX)=0024H, (CX)=5678H, (BP)=0024H, (SI)=0012H, (DI)=0032H, [09226]=00F6H, [09228]=1E40H, (1EAF6H)=091DH, 试求单独执行下列指令后的结果。

(1) MOV CL, 20H [BX] [SI]; (CL)=?

(2) MOV [BP] [DI], CX; (1E4F6H)=?

(3) LEA BX, 20H [BX] [SI]; (BX)=?
　　MOV AX, 2 [BX]; (AX)=?

(4) LDS SI, [BX] [DI]; (SI)=?
　　MOV [SI], BX; [SI]=?

(5) XCHG CX, 32H [BX]; (CX)=?
　　XCHG 20 [BX] [SI], AX; (AX)=? [09226H]=?

9. 使用移位指令来做乘以2和除以2是很方便的。试把+53、-49乘以2, 它们各应用什么指令得到的结果各是什么? 若除以2呢?

10. 设 (DS)=2000H, (BX)=1256H, (SI)=528FH, 偏移量=20A1H, [232F7H]=3280H, [264E5H]=2450H, 执行下述指令:

(1) JMP BX; IP=?

(2) JMP TABLE [BX]; IP=?

(3) JMP [BX] [SI]; IP=?

11. 8066/8088 用什么途径来更新 CS 和 IP 的值?

12. 设 (IP)=3D8FH, (CS)=4050H, (SP)=0F17CH, 当执行 Call 2000: 0094H 后, 试指出 (IP)、(CS)、(SP)、[SP]、[SP+1] [SP+2] 和 [SP+3] 的内容。

13. 已知一个关于 0~9 的数字的 ASCII 码表首址是当前数据段的 0A80H，现要找出数字 5 的 ASCII 码，试写出用指令 XLAT 进行转换的指令序列。

14. 有程序段

MOV CX，10
LEA SI，First
LEA m，Second
REP MOVSB

请指出该程序段的功能。

15. 今有以下程序段

CLD
LEA DI，［0404H］
MOV DS，0080H
XOR AX，AX
REP STOSW

试分析执行该程序段的功能。

16. 试编程完成（AX）×5/2 的程序段。

17. 有（AL）= FFH，（BL）= 03H，指出下列指令执行后标志 OF、SF、ZF、PF、CF 的状态。

  （1）ADD BL，AL   （2）INC BX
  （3）SUB DX，AX   （4）NEG BH
  （5）CMP BL，AL   （6）MUL BX
  （7）AND DX，AX   （8）IMUL DX
  （9）OR DX，AX   （10）SHL AX，1
  （11）XOR DX，AX   （12）SAR AL，1
  （13）SHR AL，1

18. 在以 DATA 为首址的内存数据段中，存放了 100 个 16 位带符号数，试将其中最大和最小的带符号数找出来，分别存放到以 MAX 和 MIN 为首的内存单元中。

第 4 章 汇编语言程序设计

【教学提示】 汇编语言是介于机器语言和高级语言之间的计算机语言,是一种用符号表示的面向机器的程序设计语言。本章讲解了汇编语言程序设计的典型结构、汇编语言指令的书写格式、组成内容、常用汇编语言伪指令的格式与使用、汇编语言程序设计方法与实际程序的编写,重点介绍了顺序、分支、循环三种基本结构程序的设计,简单介绍了 DOS 和 BIOS 系统功能调用,本章最后简要介绍了 DEBUG 的运行与程序调试和 Emu8086 软件的使用方法。

【教学要求】 通过本章学习,应该掌握以下内容:汇编语言程序设计的基本方法;顺序、分支、循环基本程序的编写;上机调试过程。

4.1 汇编语言基础知识

4.1.1 概述

任何计算机都必须在程序控制之下进行有效的工作。为了沟通使用者和计算机之间的信息交换,产生了各种各样的程序设计语言。各种语言都有自己的特点、优势及运行环境,有自己的应用领域和针对性。从使用者的角度看,计算机程序设计语言一般可分为机器语言、汇编语言和高级语言三种不同层次的语言。

汇编语言是介于机器语言和高级语言之间的计算机语言,是一种用符号表示的面向机器的程序设计语言。它比机器语言易于阅读、编写和修改,又比高级语言运行速度快,能充分利用计算机的硬件资源,占用内存空间少。汇编语言常用于计算机控制系统的开发和高级语言编译程序的编制等应用场合。采用不同 CPU 的计算机有不同的汇编语言。

用汇编语言编写的程序称为汇编语言程序或源程序(Source Program)。汇编语言源程序不能直接在计算机上运行,需要将它翻译成机器语言程序也称目标代码程序(Object Program)。这个翻译过程为汇编。完成汇编任务的程序称为汇编程序。汇编程序完成以下几个任务:

1)将汇编语言源程序翻译成目标代码程序。
2)按指令要求自动分配存储区,包括程序区、数据区等。
3)自动把源程序中以各种进制表示的数据都转换成二进制形式的数据。
4)计算表达式的值。
5)对汇编语言源程序进行语法检查,并给出语法出错的提示信息。

4.1.2 汇编语言程序的结构

在第 3 章所举出的若干程序段并不是规范的汇编语言源程序,汇编语言程序由若干个段组成。按照各段功能的不同,分别有代码段、数据段、堆栈段和附加段。其中代码段是必须要定义的。下面举一个比较简单规范的汇编语言源程序。

【例 4-1】 要求将两个 5 字节十六进制数相加,可以编写出以下汇编语言源程序。具体调试见本章例 4-17。

```
       DATA SEGMENT                              ;定义数据段
              DATA1 DB 0F8H, 60H, 0ACH, 74H, 3BH    ;被加数
              DATA2 DB 0C1H, 36H, 9EH, 0D5H, 20H    ;加数
       DATA ENDS                                 ;数据段结束
       CODE SEGMENT                              ;定义代码段
              ASSUME  CS：CODE, DS：DATA
       START：MOV   AX, DATA
              MOV   DS, AX           ;初始化 DS
              MOV   CX, 5            ;循环次数 CX
              MOV   SI, 0            ;置 SI 初值为 0
              CLC                    ;清 CF 标志
       LOOP1：MOV   AL, DATA2［SI］   ;取一个字节加数
              ADC   DATA1［SI］, AL   ;与被加数相加
              INC   SI               ;SI 加 1
              DEC   CX               ;CX 减 1
              JNZ   LOOP1            ;若不等于 0,转 LOOP
              MOV   AH, 4CH
              INT   21H              ;返回 DOS
       CODE ENDS                     ;代码段结束
              END START              ;源程序结束
```

汇编语言源程序的特点：

(1) 采用段式结构

汇编源程序通常包含若干个段,上例的程序有数据段和代码段这两个段,DATA、CODE 分别为两个段的名字。每一段有明显的起始语句 SEGMENT 与结束语句 ENDS,这些语句称为"段定义"语句。

(2) 每一段由若干汇编语句构成

汇编源程序每一段包含若干汇编语句。汇编语句的主体是汇编指令。一条语句写一行,为了清晰,书写语句时,注意语句的各部分要尽量对齐。

(3) 每个汇编源程序需要一个启动标号

汇编语言源程序需要一个启动标号作为程序开始执行时目标代码的入口地址。启动标号可以按照汇编语言的标号命名规则由程序员自己定义。常用的启动标号有 START、BEGIN 等。

(4) 加入适当注释,可以提高程序的可读性

为了提高程序的可读性,可以在汇编语句后以分号";"为起始标志,加入注释。

(5) 程序正常返回 DOS

当我们编写的汇编语言源程序是在 PC – DOS 环境下运行时,必须了解汇编语言是如何同操作系统接口的。当用连接程序对其进行连接和定位时,操作系统为每一个用户程序建立

了一程序段前缀区 PSP,其长度为 256 个字节,主要用于存放所要执行程序的有关信息,同时也提供了程序和操作系统的接口。操作系统在程序段前缀的开始处(偏移地址 0000H)安排了一条 INT 20H 软中断指令。INT 20H 中断服务程序由 PC - DOS 提供,执行该服务程序后,控制就转移到 DOS,即返回到 DOS 管理的状态。因此,用户在组织程序时,必须使程序执行完后,再去执行存放于 PSP 开始处的 INT 20H 指令,这样便返回到 DOS,否则就无法继续键入命令和程序。

PC - DOS 在建立了程序段前缀区 PSP 之后,就将要执行的程序从磁盘装入内存。在定位程序时,DOS 将代码段置于 PSP 下方,代码段之后是数据段,最后放置堆栈段。内存分配好之后,DOS 就设置段寄存器 DS 和 ES 的值,以使它们指向 PSP 的开始处,即 INT 20H 的存放地址,同时将 CS 设置为 PSP 后面代码段的段基值,IP 设置为指向代码段中第一条要执行的指令位置,把 SS 设置为指向堆栈的段基值,让 SP 指向堆栈段的栈底(取决于堆栈的长度),然后系统开始执行用户程序。

为了保证用户程序执行完后,能回到 DOS,可使用如下两种方法:

1) 标准方法。首先将用户程序的主程序定义成一个 FAR 过程,其最后一条指令为 RET,然后在代码段的主程序(即 FAR 过程)的开始部分,用如下三条指令将 PSP 中 INT 20H 指令的段基值及偏移地址压入堆栈。

PUSH　DS　　；保护 PSP 段地址
MOV　AX,0　；保护偏移地址
PUSH　AX

这样,当程序执行到主程序的最后一条指令 RET 时,由于该过程具有 FAR 属性,故存在堆栈内的两个字就分别弹出到 CS 和 IP,便执行 INT 20H 指令,使控制返回到 DOS 状态。

此外,由于开始执行用户程序时,DS 并不设置在用户的数据段的起始处,ES 也同样不设置在用户的附加段起始处,因而在主程序开始处,继上述三条指令之后,该重新装填 DS 和 ES 的值。

2) 非标准方法。也可在用户的程序中不定义过程段,只在代码段结束之前(即 CODE ENDS 之前),增加两条语句:

MOV　AH,4CH
INT　21H

则程序执行完后,也会自动返回 DOS 状态。

4.1.3　汇编语言语句

1. 汇编语言语句的种类

汇编语言源程序中的语句可以分为三种类型:指令语句、伪指令语句和宏指令语句。

(1) 指令语句

指令语句能产生目标代码,CPU 可以执行完成特定功能的语句,它主要由 CPU 指令组成。

(2) 伪指令语句

伪指令语句是一种不产生目标代码的语句,仅仅在汇编过程中告诉汇编程序应如何汇编指令序列。例如,告诉汇编程序已写出的汇编语言源程序有几个段,段的名字是什么,定义变量,定义过程,给变量分配存储单元,给数字或表达式命名等。所以伪指令语句是为汇编程序在汇编时用的。

（3）宏指令语句

宏指令语句是一个指令序列，汇编时，凡有宏指令语句的地方，都将用相应的指令序列的目标代码插入。

2. 汇编语言的语句格式

指令语句与伪指令语句的格式是类似的，下面主要介绍这两种语句的格式，宏指令语句的格式不做介绍，有需要的读者可以自行选择其他参考资料学习。

一般情况下，汇编语言的语句可以由 1~4 部分构成：

［名字］　　助记符　［操作数］　　　［；注释］

其中，带方括号的部分表示任选项，既可以有，也可以没有。例如：

AGAIN：MOV　AL，DATA［SI］　　　　　；取一个字节数
DATA1　DB　0F8H，60H，0ACH，74H，3BH　　；定义数组

第一条语句是指令语句，其中的"MOV"是 CPU 指令的助记符；第二条语句是伪指令语句，其中的"DB"是伪指令定义符。下面对汇编语言中的各个组成部分进行讨论。

（1）名字

汇编语言语句的第一个组成部分是名字。在指令语句中，这个名字可以是一个标号。指令语句中的标号实质上是指令的符号地址。并不是每条指令都需要有标号。如果指令前有标号，程序的其他地方就可以引用这个标号。标号后面有冒号。标号有三种属性：段、偏移量、类型。

1）标号的段属性是定义标号的程序段的段基值，当程序中引用一个标号时，该标号的段基值应在 CS 寄存器中。

2）标号的偏移量属性表示标号所在段的起始地址到定义该标号的地址之间的字节数。偏移量是一个 16 位无符号数。

3）标号的类型属性有两种：NEAR 和 FAR。前一种标号可以在段内被引用，地址指针为 2 个字节；后一种标号可以在其他段被引用，地址指针为 4 个字节。如果定义一个标号时后跟冒号，则汇编程序确认其类型为 NEAR。

伪指令语句中的名字可以是变量名、段名、过程名。与指令语句中的标号不同，这些伪指令语句中的名字并不总是任选的，有些伪指令规定前面必须有名字，有些则不允许有名字，也有一些伪指令的名字是可选的。即不同的伪指令对于是否有名字有不同的规定。

伪指令语句的名字后不加冒号，这是它与标号的明显区别。很多情况下伪指令语句中的名字是变量名，变量名代表存储器中一个数据区的名字。

变量也有三种属性：段、偏移量和类型。

1）变量的段属性是变量所代表的数据区域所在段的段基值，由于数据区一般在存储器的数据段，因此，变量的段基值通常在 DS 和 ES 中。

2）变量的偏移量属性是该变量所在段的起始地址与变量的地址之间的字节数。

3）变量的类型属性有 BYTE（字节）、WORD（字）、DWORD（双字）、QWORD（4 个字）、TBYTE（10 个字节）等，表示数据区中存取操作对象的大小。

（2）助记符

伪指令语句中的第二部分是伪指令的定义符。将在下一节详细讲解。

(3) 操作数

汇编语言语句中的第三个组成部分是操作数。指令语句中是指令的操作数,可能有单操作数、双操作数、多操作数,也可能无操作数。当操作数不止一个,相互之间应该用逗号隔开。

(4) 注释

汇编语言语句中的最后一部分是注释。对于一个汇编语句来说,注释部分不是必要的,加上注释可以增加程序的可读性。注释前面要求加上分号,如果注释的内容较多,超过一行,则换行以后前面还要加上分号。注释对汇编后生成的目标程序没有任何影响。

4.1.4 指令语句的操作数组成

操作数的类型有:常量、寄存器、存储器、标号、变量和表达式。

(1) 常量

常量就是指令中出现的那些固定值,可以分为数值常量和字符串常量两类。例如,立即数寻址时所用的立即数,直接寻址时所用的地址。ASCII 字符串都是常量,常量除了自身的值以外,没有其他的属性。在源程序中,数值常量可用二进制数、八进制数、十进制数、十六进制数等几种不同表示形式。汇编语言用不同的后缀加以区别。

还应指出,汇编语言中的数值常量的第一位必须是 0~9 数字,否则汇编时将被看成是标识符。例如常数 B5H,在语言中应写成 0B5H,FEH 应写成 0FEH。

字符串常量是由单引号' '括起来的一串字符,如'ABCD''1234'。单引号内的字符汇编时均以 ASCII 码的形式存在。上述两个字符串的 ASCII 码分别是 41H,42H,43H,44H;31H,32H,33H,34H。汇编语言规定:除用 DB 定义的字符串常量以外,单引号中 ASCII 字符的个数不得超过两个。若只有一个,如 DB 'A' 就相当于 DB 41H。

(2) 寄存器

8086/8088 CPU 的寄存器可以作为指令的操作数。

(3) 标号

由于标号代表一条指令的符号地址,因此可以作为转移(无条件转移或条件转移)、过程访问以及循环控制指令的操作数。

(4) 变量

因为变量是存储器中某个数据区的名字,因此在指令中可以作为存储器操作数。

(5) 表达式

汇编语言语句中的表达式,按其性质可分为两种:数值表达式和地址表达式。

(6) 存储器

计算机内存中存放的数据。

4.1.5 指令语句中的运算符和操作符

数值表达式是一个数值结果,只有大小,没有属性。地址表达式的结果不是一个单纯的数值,而是一个表示存储器地址的变量或标号,它有三种属性:段、偏移量和类型。表达式中常用的运算符有以下几种。

1. 算术运算符

常用的运算符有：+（加），-（减），*（乘），/（除），MOD（取余）。以上算术运算符可用于数值表达式，运算结果是一个数值。在地址表达式中通常只使用+和-（加和减）两种运算符。

2. 逻辑运算符

逻辑运算符有：AND（逻辑与）、OR（逻辑或）、XOR（逻辑异或）、NOT（逻辑非）。逻辑运算符只用于数值表达式中对数值进行按位逻辑运算，并得到一个数值结果。

3. 关系运算符

关系运算符有：EQ（等于）、NE（不等）、LT（小于）、GT（大于）、LE（小于等于）、GE（大于等于）。参与关系运算的必须是两个数值或同一段中的两个存储单元地址，但运算结果只能是两个特定的数值之一。当关系不成立（假）时：结果为0（全0）；当关系成立（真）时，结果为0FFFFH（全1）。例如：

MOV　AX, 4 EQ 5　　　；关系不成立，故（AX）←0
MOV　AX, 4 NE 3　　　；关系成立，故（AX）←0FFFFH

4. 分析运算符

分析运算符的运算对象必须是存储器操作数，即变量或标号。操作符加在运算对象的前面，返回一个数值。分析运算符可以把存储器操作数分解为它的组成部分，如它的段值、段内偏移量和类型或取得它所定义的存储空间的大小。分析运算符有SEG、OFFSET、TYPE、LENGTH和SIZE等，见表4-1。

表4-1　分析运算符

操作符	功能	用法
SEG	返回变量或标号的段地址	SEG 变量或标号
OFFSET	返回变量或标号的偏移地址	OFFSET 变量或标号
TYPE	返回变量或标号的类型值	TYPE 变量或标号
LENGTH	返回变量所定义的元素的个数	LENGTH 变量或标号
SIZE	返回变量所占的字节数	SIZE 变量或标号

（1）SEG运算符

利用SEG运算符可以得到标号或变量的段基值。例如，将ARRAY变量的段基值送DS寄存器。

MOV　AX, SEG　ARRAY
MOV　DS, AX

（2）OFFSET运算符

利用OFFSET运算符可以得到标号或变量的偏移量。例如：

MOV　DI, OFFSET　DATA1

（3）TYPE运算符

运算符TYPE的运算结果是个数值，这个数值与存储器操作数类型属性的对应关系见表4-2。

表 4-2 TYPE 返回值与类型的关系

类型		类型值	占用存储单元的字节数	说明
变量	BYTE	1	1	字节型
	WORD	2	2	字型
	DWORD	4	4	双字型
	QWORD	8	8	四字型
	TBYTE	10	10	五字型
标号	NEAR	−1		近标号（段内调用）
	FAR	−2		远标号（段间调用）

下面是使用 TYPE 运算符的语句例子：

VAR　DW　?　　　　　　　；变量 VAR 的类型为字
ARRAY　DD　10 DUP（?）　；变量 ARRAY 的类型为双字
STR　DB　'THIS IS TEST'　；变量 STR 的类型为字节
…
MOV　AX，TYPE VAR　　　；(AX)←2
MOV　BX，TYPE ARRAY　　；(BX)←4
MOV　CX，TYPE STR　　　；(CX)←1

程序中的 DW、DD、DB 等为伪指令定义符。

（4）LENGTH 运算符

如果一个变量已用重复操作符 DUP 说明变量的个数，则可用 LENGTH 运算符得到变量的个数。如果一个变量未用重复操作符 DUP 说明，则得到的结果总是 1。如上面的例子中 ARRAY　DD　10 DUP（?），则 LENGTH ARRAY 的结果为 10。

（5）SIZE 运算符

如果一个变量已用重复操作符 DUP 说明，则利用 SIZE 运算符可得到分配给该变量的字节总数。如果一个变量未用重复操作符 DUP 说明，则利用 SIZE 运算符可得到 TYPE 运算的结果。ARRAY　DW　10 DUP（?），SIZE ARRAY = 10×2 = 20。由此可知，SIZE 的运算结果等于 LENGTH 的运算结果乘以 TYPE 的运算结果。

SIZE ARRAY =（LENGTH ARRAY）×（TYPE ARRAY）

5. 属性操作符

属性操作符可以用来建立或临时改变变量或标号的类型或存储器操作数的存储单元类型。属性操作符有 PTR、THIS、SHORT 等。

（1）PTR 运算符

运算符 PTR 可以指定或修改存储器操作数的类型，例如：

INC　BYTE PTR　[BX][DI]

指令中利用 PTR 运算符明确规定了存储器操作数的类型是 BYTE（字节），因此，本指令将一个 8 位存储器的内容加 1。

典型应用：

1）重新指定变量类型。有如下数据定义：

BUFW   DW   1234H，5678H

则下列指令合法：

MOV   AX，BUFW

MOV   AL，BYTE   PTR   BUFW   ；临时改变 BUFW 的字属性为字节属性

2）指定内存操作数的类型。在寄存器间接寻址、寄存器相对寻址、基址变址寻址或相对基址变址寻址等内存寻址方式中，往往很难判断出操作数的类型属性，例如：INC〔BX〕。此时，汇编将指示出错，为了避免出错，应对操作数类型加以说明，如下所示：

INC   BYTE PTR〔BX〕   ；字节属性

INC   WORD PTR〔BX〕〔SI〕   ；字属性

（2）THIS 运算符

运算符 THIS 也可指定存储器操作数的类型。使用 THIS 运算符可以使标号或变量具有灵活性。例如要求对同一个数据区，既可以字节为单位，又可以字为单位进行存取，则可用以下语句：

AREAW   EQU   THIS WORD

AREAB   DB   100DUP（？）

上面 AREAW 和 AREAB 实际代表同一个数据区，共有 100 个字节，但 AREAW 的类型为字，AREAB 的类型为字节。

（3）SHORT 运算符

运算符 SHORT 指定一个标号的类型为 SHORT（短标号），即标号到引用该标号的字节距离在 −128 ~ +127 范围内。短标号可以用于转移指令中。使用短标号的指令比使用默认的近程标号的指令少一个字节。

6. 其他运算符

（1）段超越运算符 ":"

运算符 ":" 紧跟在段寄存器名（DS、CS、SS、ES）之后，表示段超越，用来给存储器操作数指定一个段的属性，而不管原来隐含在什么段。

MOV AX，ES：〔SI〕

（2）字节分离运算符

运算符 LOW 和 HIGH 分别得到一个数值或地址表达式的低位和高位字节。

SBUFF   EQU   0ABCDH

MOV   AH，HIGH SBUFF   ；（AH）←0ABH

MOV   AL，LOW SBUFF   ；（AL）←0CDH

7. 运算符的优先级

以上介绍了表达式中使用的各种运算符，如果一个表达式同时具有多个运算符，则按以下规则运算：

1）优先级高的先运算，优先级低的后运算。

2）优先级相同时，按表达式从左到右的顺序运算。

3）括号可以提高运算的优先级，括号内的运算总是在相邻的运算之前进行。

各种运算符的优先级顺序见表 4-3。表中同一行的运算符具有相等的优先级。

表 4-3　各种运算符的优先级顺序

优先级	操作符
高	（）、[ ] LENGTH、SIZE、WIDTH、MASK SEG、OFFSET、TYPE、PTR、THIS、段操作符 LOW、HIGH
	*、/、MOD、SHR、SHL
	+、-
	EQ、NE、LT、GT、LT、LE、GE
	NOT
	AND
低	OR、XOR
	SHORT

4.2　汇编语言的伪指令系统

汇编语言伪指令无论表现形式或其在语句中所处的位置都与 CPU 指令相似,二者之间有重要区别。首先,CPU 指令是给 CPU 的命令,在运行时由 CPU 执行,每条指令对应 CPU 的一种特定操作;而伪指令是给汇编程序的命令,在汇编过程中由汇编程序进行处理。其次,汇编以后,每条 CPU 指令产生一一对应的目标代码;而伪指令则不产生一一对应的目标代码。

8086 宏汇编程序 MASM 提供了几十种伪指令,本节仅对常用的一些伪指令做介绍。

4.2.1　数据定义伪指令

数据定义伪指令的用途是定义一个变量的类型,给存储器赋初值,或给变量分配存储单元。常用的数据定义伪指令有 DB、DW、DD 等。

数据定义伪指令的一般格式为

[变量名] 伪指令操作数 1 [,操作数 2…]

方括号中的变量名为任选项。变量名后面不跟冒号。伪操作后面的操作数可以不止一个,如有多个操作数,互相之间应该用逗号分开。

(1) DB (Define Byte)

定义变量的类型为 BYTE,给变量分配字节或字节串。DB 伪操作后面的每一个操作数占有 1 个字节。

(2) DW (Define Word)

定义变量的类型为 WORD。DW 伪操作后面的操作数每个占有 1 个字,即 2 个字节。在内存中存放时,低位字节在低地址,高位字节在高地址。

(3) DD (Define Double Word)

定义变量的类型为 DWORD。DD 后面的操作数每个占有 2 个字,即 4 个字节。在内存中存放时,低位字在前,高位字在后。

数据定义伪操作后面的操作数可以是常数、表达式或字符串,但每项操作数的值不能超过由伪操作所定义的数据类型限定的范围。例如，DB 指令定义数据的类型为字节，则其范围为无符号数 0～255；带符号数 -128～+127。字符串必须放在单引号中。另外，超过两个字符的字符串只能用 DB 伪指令定义。

数据定义伪指令的操作数可以是：

1）数字常量，允许以十进制、八进制、十六进制、二进制等形式表示，默认形式是十进制。

2）字符常量，用单引号括起来，被存储的是该字符的 ASCII 码。

3）符号常量，必须是预先已定义的符号。

4）符号"?"，表示预留空间，内容不定。

DUP，表示内容重复的数据。DUP 用法的具体形式为

次数　DUP　（被重复内容）

例如，数据定义如下：

DATA_B　DB　10, 'A'

DATA_W　DW　1234H

DATA_S　DB　'1234', 2 DUP（1, 2 DUP（0））

DB 定义的数据，每个数据元素占据 1 个存储单元；

DW 定义的数据，每个数据元素占据 2 个存储单元；

如图 4-1 所示，字数据存储时，低字节存储在低地址单元中，高字节存储在高地址单元中；字符在内存中存放的是它的 ASCII 码，"A" 的 ASCII 码为 41H；DUP 可以嵌套使用。

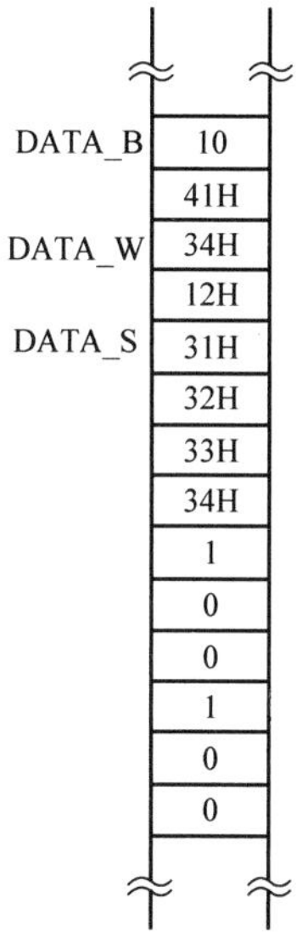

4.2.2　符号定义伪指令

符号定义伪指令的用途是给一个符号重新命名，或定义新的类型属性等。上述符号包括汇编语言的变量名、标号名、过程名，寄存器名以及指令助记符等。常用的符号定义伪指令有 EQU、=（等号）和 LABLE。

图 4-1　数据在内存中的存储示意图

（1）EQU

格式：

名字 EQU 表达式

EQU 伪指令是将表达式的值赋给一个名字，以后可以用这个名字来代替表达式。格式中的表达式可以是一个常数、符号、数值表达式或地址表达式。

PIX　EQU　64 * 1024　　　；名字 PIX 代表数值表达式的值

A　EQU　7

B　EQU　A - 2

ADR EQU ES：[BP + DI + 5]　；地址表达式

CBD EQU AAM　；指令助记符

（2）=（等号）

格式：

名字 = 表达式

=（等号）伪指令功能与 EQU 相似，主要区别在于=（等号）可以对同一符号重复定义。例如：

COUNT = 10
MOV　AL，COUNT
…
COUNT = 5
…

（3）LABLE

LABLE 伪指令是定义标号或变量的类型，它和下一条指令共享存储器单元。

格式：

名字（变量/标号）LABLE 类型

标号的类型可以是 NEAR 和 FAR，变量的类型可以是 BYTE（字节）、WORD（字）、DWORD（双字）。利用 LABLE 伪指令可以使同一个数据区兼有两种属性 BYTE（字节）和 WORD（字），可以在以后的程序中根据不同的需要以字节或字为单位存取其中的数据。

例如，利用 LABEL 使同一个数据区有一个以上的类型及相关属性。

AREAW　LABEL　WORD　　　；AREAW 与 AREAB 指向相同的数据区
AREAB　DB　100 DUP（?）　；AREAW 类型为字，AREAB 类型为字节
…
MOV　AX，2010H
MOV　AREAW，AX　　　　；（AREAW）= 2010H
…
MOV　BL，AREAB　　　　；BL = 10H

4.2.3　段定义伪指令

段定义伪指令的用途是在汇编语言源程序中定义逻辑段，常用段定义伪指令有 SEGMENT、ENDS、ASSUME 等。

1. SEGMENT/ENDS

格式：

段名　SEGMENT［定位类型］［组合类型］［类别名］
…
段名　ENDS

SEGMENT 伪指令用于定义一个逻辑段，给逻辑段赋予一个段名，并以后面的任选项（定位类型、组合类型、类别名）规定该逻辑段的其他特性。SEGMENT 伪指令位于一个逻辑段的开始，而 ENDS 伪指令则表示一个逻辑段的结束。这两个伪操作总是成对出现，二者前面的段名必须一致。两个语句之间的部分即是该逻辑段的内容。例如，对于代码段，其中主要有 CPU 指令及其他伪指令。对于数据段和附加段，主要有定义数据区的伪指令等。

一个源程序中不同逻辑段的段名可以各不相同，但也允许相同。

SEGMENT 伪指令后面还有三个任选项，在上面的格式中，它们都放在方括号内，表示可选择。如果有，三者的顺序必须符合格式中的规定。这些任选项是给汇编程序和连接程序

(LINK）的命令。

SEGMENT 伪指令后面的任选项告诉汇编程序和连接程序，如何确定段的边界，以及如何组合几个不同的段等。下面分别讨论。

（1）定位类型

定位类型任选项告诉汇编程序如何确定逻辑段的边界在存储器中的位置。定位类型共有以下 4 种：

1）BYTE。表示逻辑段从字节的边界开始，即可以从任何地址开始。此时本段的起始地址紧接在前一段后边。

2）WORD。表示逻辑段从字的边界开始。2 个字节为 1 个字，此时本段的起始地址必须是偶数。

3）PARA。表示逻辑段从节（PARAGRAPH）的边界开始，通常 16 个字节称为一个节，故本段的开始地址（十六进制）应为××××0H。如果省略定位类型选项，则默认值为 PARA。

4）PAGE。表示逻辑段从页的边界开始，通常 256 个字节称为一个页，故本段的开始地址（十六进制）应为×××00H。

（2）组合类型

SEGMENT 伪指令的第二个任选项是组合类型，它告诉汇编程序，当装入存储器时，各个逻辑段如何进行组合。组合类型共有 6 种：

1）PUBLIC。连接时对于不同程序模块的逻辑段，只要具有相同的类别名，就把这些段顺序连接成为一个逻辑段装入内存。

2）STACK。组合类型为 STACK 时，其含义与 PUBLIC 基本一样，即不同程序中的逻辑段，如果类别名相同，则顺序连接成为一个逻辑段。不过组合类型 STACK 仅限于堆栈区域的逻辑段使用。顺便提一下，在执行程序（.EXE）中，堆栈指针 SP 设置在这个连接以后的堆栈段（最终地址 +1）处。

3）COMMON。连接时，对于不同程序中的逻辑段，如果具有相同的类别名，则都从同一个地址开始装入，因而各个逻辑段将发生重叠。最后，连接以后的段的长度等于原来最长的逻辑段的长度，重叠部分的内容是最后一个逻辑段的内容。

4）MEMORY。表示当几个逻辑段连接时，本逻辑段定位在地址最高的地方。如果被连接的逻辑段中有多个段的组合类型都是 MEMORY，则汇编程序只将首先遇到的段作为 MEMORY 段，而其余的段均当作 COMMON 段处理。

5）AT exp。段地址为表达式 exp 的值（长度为 16 位）。此项不能用于代码段。例如：AT 0530H，表示本段从物理地址 0530H 开始。

6）PRIVATE。不组合，该段与其他段逻辑上不发生关系，即使同名，各段拥有各自的段基值。组合类型的默认值为 PRIVATE。

（3）类别名

SEGMENT 伪指令的第三个任选项是类别，类别必须放在单引号之内。典型类别如'STACK''CODE'。类别的主要作用是在连接时决定每个逻辑段的装入顺序。当几个程序模块进行连接时，其中具有相同类别名的逻辑段被装入连续的内存区，类别名相同的逻辑段，按出现的先后顺序排列。没有类别名的逻辑段，与其他没有类别名的逻辑段一起，连续装入内存区。

2. ASSUME

格式：

ASSUME 段寄存器名：段名 [，段寄存器名：段名 [，…]]

段寄存器可以是 CS、DS、ES、SS。段名为已定义的段。凡是程序中使用的段，都应说明它与段寄存器之间的对应关系。ASSUME 的功能是用于明确段与段寄存器的关系。ASSUME 伪指令只是指示各逻辑段使用段寄存器的情况，并没有对段寄存器的内容进行赋值。DS、ES 的值必须在程序段中用指令语句进行赋值，而 CS、SS 由系统负责设置，程序中也可对 SS 进行赋值，但不允许对 CS 赋值。例如：

```
CODE    SEGMENT
        ASSUME   CS：CODE，DS：DATA1，SS：STACK
START： MOV    AX，DATA1
        MOV    DS，AX
        MOV    AX，STACK
        MOV    SS，AX
CODE    ENDS
```

4.2.4 过程定义伪指令

过程定义伪指令 PROC/ENDP

格式：

过程名 PROC [类型]

…

RET

过程名 ENDP

其中，PROC 伪指令定义一个过程，赋予过程一个名字并指出该过程的属性为 NEAR 或 FAR。如果没有特别指明类型，则认为过程的属性为 NEAR。伪指令 ENDP 标志过程结束。PROC/ENDP 伪指令前的过程名必须一致。

当一个程序段被定义为过程后，程序中其他地方就可以用 CALL 指令来调用这个过程。调用的格式为

CALL 过程名

过程名实质上是过程入口的符号地址，它和标号一样，也有三种属性：段、偏移量和类型。过程的类型属性可以是 NEAR FAR。一般来说，被定义为过程的程序段中应该有返回指令 RET，但不一定是最后一条指令，也可以有不止一条 RET 指令。执行 RET 指令后，控制返回到原来调用指令的下一条指令。过程的定义和调用均可嵌套。

4.2.5 模块定义与结束伪指令

在编写规模比较大的汇编语言程序时，可以将整个程序划分成为几个独立的源程序（或称模块），然后将各个源程序（或模块）分别进行汇编，生成各自的目标程序，最后将它们连接成为一个完整的可执行程序。各个模块之间可以相互进行符号访问。也就是说，一个模块定义的符号可以被另一个模块引用。通常称这类符号为外部符号，而将那些在一个模

块中定义的，只在同一个模块中引用的符号称为局部符号。

1. TITLE

格式：TITLE　标题

功能：TITLE 伪指令可指定每一页上打印的标题。标题最多可用 60 个字符。

2. NAME

格式：NAME 模块名

功能：为源程序的目标程序指定一个模块名。

如果程序中没有 NAME 伪指令，则汇编程序将 TITLE 伪指令定义的标题名前 6 个字符作为模块名；如果程序中既没有 NAME，又没有 TITLE，则汇编程序将源程序的文件名作为目标程序的模块名。

3. END

格式：END　［标号］

功能：表示源程序的结束。

标号指示程序开始执行的起始地址。如果多个程序模块相连接，则只有主程序要使用标号，其他子模块则只用 END 而不必指定标号。

4.2.6　其他伪指令

1. 对准伪指令 EVEN

格式：EVEN

功能：使下一个分配地址为偶地址。

在 8086 中，一个字的地址最好为偶地址。因为 8086 CPU 存取一个字，如果地址是偶地址，需要一个读或写周期；如果是奇地址，则需要两个读或写周期。所以，该伪指令常用于字定义语句之前。

```
DSEG    SEGMENT
……
EVEN
ARR_W   DW   100 DUP（?）
……
DSEG    ENDS
```

2. 定位伪指令 ORG

格式：ORG　表达式

表达式取值范围为：0~65535 内的无符号数。

功能：指定其后的程序段或数据块所存放的起始地址的偏移量。例如：

```
MY_DATA    SEGMENT
    ORG    100H
    MYDAT   DW   1, 2, $+4
MY_DATA    ENDS
```

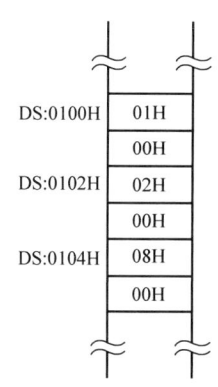

图 4-2 为 ORG 指令使数据从偏移地址为 100H 单元开始存储。

图 4-2　ORG 指令使数据从偏移地址为 100H 单元开始存储

3. 基数控制伪指令 RADIX

格式：RADIX　表达式

表达式取值为 2～16 内的任何整数。

功能：指定汇编程序使用的默认数制。默认时，使用十进制。

```
MOV  BX, 0FFH      ;十六进制数要加扩展名
MOV  BX, 150       ;十进制数不要加扩展名
RADIX  16          ;设置十六进制为默认数制
MOV  AX, 0FF       ;十六进制数不要加扩展名
MOV  BX, 150D      ;十进制数要加扩展名
```

4.3　系统功能调用

4.3.1　DOS 功能调用

DOS 是磁盘操作系统。它不仅提供了许多命令，还给用户提供了 80 多个常用子程序。DOS 功能调用就是对这些子程序的调用，也叫系统功能调用。子程序的顺序编号称为功能调用号。DOS 功能调用的过程是：根据需要的功能调用设置入口参数，把功能调用号送 AH 寄存器，执行软中断指令 INT 21H 后，可以根据有关功能调用的说明取得出口参数。

1. 单个字符输入

功能调用号 AH=01H。

功能：接收从键盘输入的一个字符并在屏幕回显。输入字符的 ASCII 码存入 AL 寄存器。若按下组合键 Ctrl+Break 或 Ctrl+C，则程序返回 DOS。例如：

```
MOV  AH, 01H
INT  21H
```

2. 字符串输入

功能调用号 AH=0AH。

功能：接收从键盘输入的一个字符串。

入口参数：存放字符串的接收缓冲区首地址和最大字符个数。寄存器 DS 和 DX 存放接收缓冲区首地址，分别存放其段地址和偏移地址；缓冲区第一字节存放接收字符串的最大字符个数。

出口参数：输入的字符串及实际输入的字符个数。缓冲区第二字节存放实际输入的字符个数（不包括回车符）；第三字节开始存放接收的字符串。

说明：

1）字符串必须以回车键结束，回车符是接收到的字符串的最后一个字符。

2）如果输入的字符数超过设定的最大字符个数，则随后的输入字符被丢失并响铃，直到遇到回车键为止。

3）如果在输入时按组合键 Ctrl+C 或 Ctrl+Break，则结束程序。例如：

```
DATA   SEGMENT
    BUF  DB  100
    DB   ?
    DB   100 DUP（?）
```

...
DATA　ENDS
CODE　SEGMENT
　　　...
　　　MOV　DX，OFFSET　BUF
　　　MOV　AH，0AH
　　　INT　21H
　　　...
CODE　ENDS

3. 单字符输出

功能调用号 AH＝02H。

功能：在屏幕上显示一个字符。

入口参数：要显示的字符的 ASCII 码保存于寄存器 DL。例如：

MOV　DL，'2'

MOV　AH，2

INT　21H

4. 字符串输出

功能调用号 AH＝09H。

功能：在屏幕上显示一个字符串。

入口参数：是被输出字符串首址，接收入口参数的是寄存器 DS 和 DX，分别存入被输出字符串首址的段基值和偏移量。

采用 9 号功能输出字符串，要求字符串以"$"结束，该字符作为字符串结束符，不输出。例如：

DATA　SEGMENTS
　　　STRING　DB 'Hello ASM! $'；定义字符串
　　　...
DATA　ENDS
CODE　SEGMENT
　　　...
　　　MOV　DX，OFFSET STRING
　　　MOV　AH，09H
　　　INT　21H
　　　...
CODE　ENDS

5. 进程终止

功能调用号 AH＝4CH。

功能：结束当前程序，返回 DOS。例如：

MOV　AH，4CH

INT　21H

【例 4-2】　从键盘输入一个字符，判断如果是大写字母则将其转换成小写字母，如果是其他字符则不变,然后输出单个字符。

```
        DATA    SEGMENT
            INFOR1 DB   'Please Input a character:$'
            INFOR2 DB   0AH, 0DH, 'Output character:$'
        DATA    ENDS
        CODE    SEGMENT
            ASSUME   CS:CODE, DS:DATA
        START: MOV    AX, DATA
            MOV    DS, AX
            MOV    DX, OFFSET INFOR1
            MOV    AH, 09H
            INT    21H
            MOV    AH, 01H
            INT    21H
            MOV    BL, AL
            CMP    BL, 'A'
            JB     LL1
            CMP    BL, 'Z'
            JA     LL1
            ADD    BL, 20H
        LL1:  MOV    DX, OFFSET INFOR2
            MOV    AH, 09H
            INT    21H
            MOV    DL, BL
            MOV    AH, 02H
            INT    21H
            MOV    AH, 4CH
            INT    21H
        CODE    ENDS
            END    START
```

【例 4-3】 试编写一个汇编语言程序,由键盘输入的一个字符串(字符个数小于 100 个),然后分别利用单个字符的输出功能和字符串输出功能将输入的字符串显示出来。

(1) 利用单个字符的输出功能将输入的字符串显示出来,编程如下:

```
DATA    SEGMENT
        INFOR1  DB    'Please Input string:$'
        INFOR2  DB    0AH, 0DH, 'Please Output string:$'
        BUF     DB    100
                DB    ?
```

```
                    DB    100 DUP（?）
       DATA    ENDS
       CODE    SEGMENT
               ASSUME   CS：CODE,DS：DATA
       START：MOV    AX,DATA
               MOV    DS,AX
               MOV    DX,OFFSET INFOR1
               MOV    AH,09H
               INT    21H
               MOV    DX,OFFSET  BUF
               MOV    AH,0AH
               INT    21H
               MOV    DX,OFFSET INFOR2
               MOV    AH,09H
               INT    21H
               MOV    SI,OFFSET  BUF
               INC    SI
               MOV    CL,[SI]
               XOR    CH,CH
       L1：    INC    SI
               MOV    DL,[SI]
               MOV    AH,02H
               INT    21H
               LOOP L1
               MOV    AH,4CH
               INT    21H
       CODE    ENDS
               END    START
```

（2）利用字符串输出功能将输入的字符串显示出来，编程如下：（此时输入字符串时需输入＊＊＊$然后回车）

```
       DATA    SEGMENT
               INFOR1  DB   'Please Input string：$'
               INFOR2  DB   0AH,0DH,'Please Output string：$'
               BUF     DB   100
                       DB   ?
                       DB   100 DUP（?）
       DATA    ENDS
       CODE    SEGMENT
               ASSUME   CS：CODE,DS：DATA
```

```
START: MOV   AX, DATA
       MOV   DS, AX
       MOV   DX, OFFSET INFOR1
       MOV   AH, 09H
       INT   21H
       MOV   DX, OFFSET BUF
       MOV   AH, 0AH
       INT   21H
       MOV   DX, OFFSET INFOR2
       MOV   AH, 09H
       INT   21H
       MOV   DX, OFFSET BUF+2
       MOV   AH, 09H
       INT   21H
       MOV   AH, 4CH
       INT   21H
CODE   ENDS
       END   START
```

4.3.2 BIOS 功能调用

BIOS 常驻 ROM，独立于 DOS，可与任何操作系统一起工作。它的主要功能是驱动系统所配置的外围设备，如磁盘驱动器、显示器、打印机及异步通信接口等。通过 INT 10H ~ INT 1AH 向用户提供服务程序的入口，使用户无须对硬件有深入了解，就可完成对 I/O 设备的控制与操作。BIOS 的中断调用与 DOS 功能调用类似。

键盘 I/O 程序以 16H 号中断处理程序的形式存在，它提供若干功能，每一个功能有一个编号。在调用键盘 I/O 程序时，把功能编号置入 AH 寄存器，然后发出中断指令 INT 16H。调用返回后，从有关寄存器中取得出口参数。例如：

```
MOV   AH, 0
INT   16H
```

上面的程序段利用 BIOS 中断服务，实现从键盘读一个字符的功能。

4.4 汇编语言程序设计

4.4.1 程序的质量标准

衡量程序的质量通常有以下几个标准：
1) 程序正确、完整。
2) 程序易读性强。
3) 程序的执行速度快。
4) 程序占内存小，程序代码的行数少。

4.4.2 汇编语言程序设计的基本过程

汇编语言程序设计的基本过程可分为以下几个步骤：

(1) 分析问题，明确要求

分析问题就是深入实际，对所要解决的问题进行全面了解和分析。一个实际问题往往是比较复杂的，在深入分析的基础上，要善于抓住主要矛盾，剔除次要矛盾，抽取问题的本质。明确要求就是明确用户的要求，依据给出的条件和数据，对需要进行哪些处理、输出什么样的结果，进行可行性分析。

(2) 建立数学模型

在分析问题和明确要求的基础上，要建立数学模型，将一个物理过程或工作状态用数学形式表达出来。

(3) 确定算法和处理方案

数学模型建立后，必须研究和确定算法。所谓算法，是指解决某些问题的计算方法，不同类的问题有不同的计算方法。根据问题的特点，对计算方法进行优化。若没有现成方法可用，必须通过实践摸索，并总结出算法思想和规律性。

(4) 画流程图

流程图是程序算法的图形描述，它以图形的方式把解决问题的先后顺序和程序的逻辑结构直观地、形象地描述出来，使解题的思路清晰，有利于理解、阅读和编制程序，还有利于调试、修改程序和减少错误等。

(5) 编制程序

在编制程序时，应当先分配好存储空间和工作单元及 CPU 内部的寄存器，然后根据流程图和确定的算法逐条语句编写程序。

(6) 上机调试

程序编好后，必须上机调试，特别是对于复杂的问题，往往要分解成若干个子问题，分别由几个人编写，而形成若干个程序模块，把它们组装在一起，才能形成总体程序。一般来说，总会有这样或那样的问题或错误，这些问题和错误在调试程序时通常都可以发现，然后进行修改，再调试，再修改，直到所有的问题解决为止。

(7) 试运行和分析结果

试运行和分析结果是为了检验程序是否达到了设计要求，是否满足用户提出的需求，所确定的设计方案是否可行。若没有达到设计要求，不满足用户的需求，就必须从分析问题开始检查修正原有的设计方案，直到符合设计要求和满足用户需求为止。

(8) 整理资料，投入运行

在试运行满足要求之后，应当系统地整理材料，有关资料要及时提交用户，以便正常投入运行。

程序结构化的首要问题是程序的模块化。一个大型程序划分成若干个功能模块，其中有一个模块称为主模块，由它选择和调用其他各个功能模块，被调用的各个模块称为子模块。这种将一个复杂的大型程序按其功能划分为若干相对独立的模块进行程序设计的方法称为程序的模块化。在汇编语言程序设计中，程序模块化是通过子程序（或过程）的手段来实现的。

程序的基本结构包括顺序结构、分支结构、循环结构，下面分别阐述。

4.4.3 顺序程序设计

顺序结构是按语句实现的先后次序执行一系列的操作。顺序结构的程序一般是简单程序。程序的执行路径没有分支和循环。

【例 4-4】 编程将内存数据段字节单元 INDAT 存放的一个数 n（假设 $0 \leqslant n \leqslant 9$），以十进制形式在屏幕上显示出来。例如，若 INDAT 单元存放的是数 6，则在屏幕上显示：6D。

程序编写如下，流程图如图 4-3 所示。

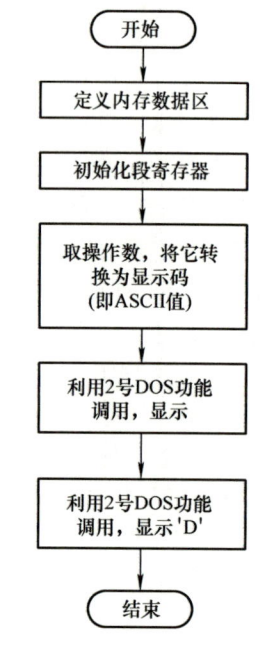

图 4-3 例 4-4 流程图

```
DATA    SEGMENT              ;数据段定义
        INDAT   DB  6
DATA    ENDS
CODE    SEGMENT              ;代码段定义
        ASSUME CS：CODE, DS：DATA
START：MOV   AX, DATA
        MOV   DS, AX          ;初始化 DS
        MOV   DL, INDAT
        ADD   DL, 30H
        MOV   AH, 2
        INT   21H
        MOV   DL, 'D'
        MOV   AH, 2
        INT   21H
        MOV   AH, 4CH
        INT   21H
CODE    ENDS
        END   START
```

【例 4-5】 在内存中自 Tab 开始的 16 个单元连续存放着 0 至 15 的平方值（平方表），任意给一个数 x（$0 \leqslant x \leqslant 15$）存放在 X 单元中，查表求 x 的平方值，结果存放在 Y 单元中。

根据给出的平方表，分析表的存放规律，可知表的起始地址与数 x 之和，正是 x 的平方值所在单元的地址，由此编制程序如下：

```
DATA    SEGMENT
    Tab DB 0, 1, 4, 9, 16, 25, 36, 49, 64, 81, 100, 121, 144, 169, 196, 225
    X   DB 7
    Y   DB ?
DATA    ENDS
CODE    SEGMENT
        ASSUME  CS：CODE, DS：DATA
START：MOV   AX, DATA
        MOV   DS, AX
        MOV   BX, OFFSET  Tab
        MOV   AH, 0
```

```
            MOV   AL, X
            ADD   BX, AX
            MOV   AL, [BX]
            MOV   Y, AL
            MOV   AH, 4CH
            INT   21H
    CODE   ENDS
            END   START
```

4.4.4 分支程序设计

分支结构程序利用条件转移指令或跳转表，使程序执行完某条指令后，根据指令执行后状态标志的情况选择要执行哪个程序段。分支结构程序的指令执行顺序与指令的存储顺序不一致。

转移指令 JMP 和 JCC 可以实现分支结构。分支结构程序有单分支、双分支和多分支 3 种形式，如图 4-4 所示。

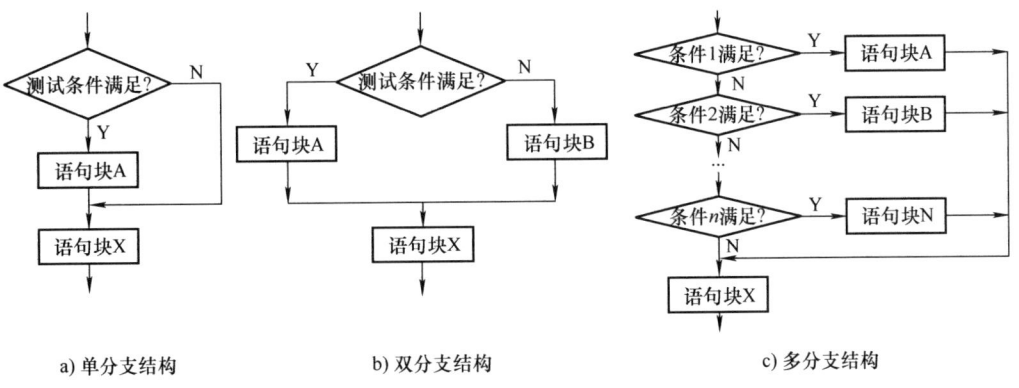

图 4-4　分支结构程序示意图

【例 4-6】　编程判断 DAT 单元存放的带符号字节数的正负。如该数为负数，则显示"DAT is a negative number!"；否则显示"DAT is a nonnegative number!"。

程序编写如下：
```
DATA   SEGMENT                          ;定义数据段
       INFOR1   DB   'DAT is a negative number! $'
       INFOR2   DB   'DAT is a nonnegative number! $'
       DAT      DB   -3
DATA   ENDS
CODE   SEGMENT                          ;定义代码段
       ASSUME   CS：CODE，DS：DATA
START：MOV   AX, DATA
       MOV   DS, AX
```

```
            MOV   AL, -3
            CMP   AL, 0
            JGE   ISNN
            LEA   DX, INFOR1
            MOV   AH, 09H
            INT   21H
            JMP   FINISH
    ISNN:   LEA   DX, INFOR2
            MOV   AH, 09H
            INT   21H
    FINISH: MOV   AH, 4CH
            INT   21H
    CODE    ENDS
            END   START
```

【例 4-7】 给定以下符号函数：$Y = \begin{cases} 1 & (X>0) \\ 0 & (X=0) \\ -1 & (X<0) \end{cases}$

这是一个简单的分支结构，任意给定 X 值，假定为 -21，且存放在 X 单元，函数值 Y 存放在 Y 单元，根据 X 确定 Y。

程序编写如下，流程图如图 4-5 所示。

```
    DATA    SEGMENT
        X   DW    -21
        Y   DW    ?
    DATA    ENDS
    CODE    SEGMENT
            ASSUME  CS: CODE, DS: DATA
    START:  MOV   AX, DATA
            MOV   DS, AX
            MOV   AX, X
            CMP   AX, 0
            JGE   LP1
            MOV   AX, -1
            MOV   Y, AX
            JMP   FINISH
    LP1:    JE    LP2
            MOV   AX, 1
            MOV   Y, AX
            JMP   FINISH
    LP2:    MOV   AX, 0
```

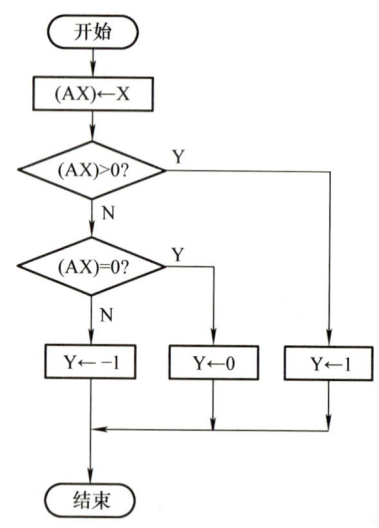

图 4-5 例 4-7 程序流程图

```
            MOV   Y, AX
FINISH: MOV   AH, 4CH
            INT   21H
CODE   ENDS
            END   START
```

本例实现的是多分支结构。设计多分支结构程序时，应注意：要为每个分支安排出口；各分支的公共部分尽量集中，以减少程序代码；无条件转移没有范围的限制，但条件转移指令只能在 –128 ~ +127 字节范围内转移；调试程序时，要对每个分支进行调试。

4.4.5 循环程序设计

当程序处理的问题需要包含多次重复执行某些相同的操作时，在程序中可使用循环结构来实现，即用同一组指令，每次替换不同的数据，反复执行这一组指令。使用循环结构，可以缩短程序代码，提高编程效率。循环程序由以下 3 个部分组成。

1. 初始化部分

初始化部分是循环的准备部分，在这部分应完成地址指针、循环计数、结束条件等初值的设置。

2. 循环体部分

循环体包括以下 3 个部分。循环工作部分：是循环程序的主体，完成程序的基本操作，循环多少次，这部分语句就执行多少次。循环修改部分：修改循环工作部分的变量地址等，保证每次循环参加执行的数据能发生有规律的变化。循环控制部分：控制循环执行的次数，检测和修改循环控制计数器，控制循环的运行和结束。

3. 循环结束部分

在循环结束部分，完成循环结束后的处理，如数据分析、结果的存放等。

典型的循环程序结构如图 4-6 所示。

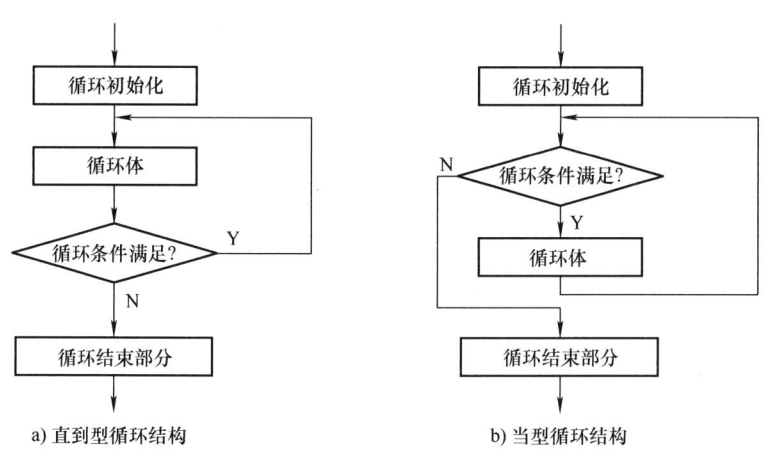

图 4-6　典型的循环程序结构

设计循环结构程序时，要注意以下问题：

1) 选用计数循环还是条件循环，采用直到型循环结构还是当型循环结构。

2)可以用循环次数、计数器、标志位、变量值等多种方式来作为循环的控制条件,进行选择时,要综合考虑循环执行的条件和循环退出的条件。

3)注意不要把初始化部分放到循环体中,循环体中要有能改变循环条件的语句。

多重循环又称循环嵌套。在使用多重循环时,必须注意以下几点:

1)内循环必须完整地包含在外循环内,内外循环不能相互交叉。

2)内循环在外循环中的位置可根据需要任意设置,在分析程序流程时,要避免出现混乱。

3)内循环可以嵌套在外循环中,也可以几个内循环并列存在。可以从内循环直接跳到外循环,但不能从外循环直接跳到内循环。

4)防止出现"死循环"。无论是外循环,还是内循环,千万不要使循环返回到初始部分,否则会出现"死循环",这一点应当特别注意。

5)每次通过外循环再次进入内循环时,初始条件必须重新设置。

【例 4-8】 编程显示以"!"结尾的字符串。如:"Welcome to MASM!"。程序编写如下,流程图如图 4-7 所示。

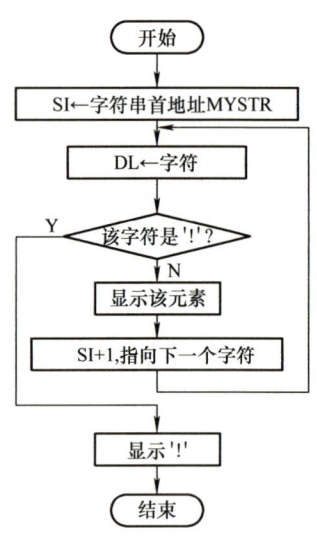

图 4-7 例 4-8 程序流程图

```
DATA    SEGMENT
    MyString    DB    'Welcome to MASM!'
DATA    ENDS
CODE    SEGMENT
        ASSUME CS:CODE, DS:DATA
START:    MOV    AX, DATA
          MOV    DS, AX
          LEA    SI, MyString
NEXTCHAR: MOV    DL, [SI]
          CMP    DL, '!'
          JZ     FINISH
          MOV    AH, 2
          INT    21H
          INC    SI
          JMP    NEXTCHAR
FINISH:   MOV    AH, 2
          INT    21H
          MOV    AH, 4CH
          INT    21H
CODE    ENDS
        END    START
```

【例 4-9】 从 XX 单元开始的 30 个连续单元中存放有 30 个无符号数,从中找出最大者送入 YY 单元。根据题意,把第一个数先送入 AL,将 AL 中的数与后面的 29 个数逐个比较,如果 AL 中的数较小,则两数交换位置;如果 AL 中的数大于或等于相比较的数,则两数位置不变。在比较过程中,AL 中始终保持较大的数,比较 29 次,则最大者必在 AL 中,最后把 AL 中的数送入 YY 单元。

程序编写如下,流程图如图 4-8 所示。

```
DATA    SEGMENT
    XX    DB    70,42,35,45,89,157,94,57
          DB    81,98,12,90,213,95,97,215,176
          DB    117,224,130,88,210,66,56,19
          DB    111,76,52,136,49
    YY    DB    ?
DATA    ENDS
CODE    SEGMENT
    ASSUME    CS:CODE,DS:DATA
START:    MOV    AX,DATA
          MOV    DS,AX
          MOV    AL,XX
          LEA    BX,XX
          MOV    CX,29
LOOP1:    INC    BX
          CMP    AL,[BX]
          JAE    LOOP2
          XCHG   AL,[BX]
LOOP2:    DEC    CX
          JNZ    LOOP1
          MOV    YY,AL
          MOV    AH,4CH
          INT    21H
CODE    ENDS
        END    START
```

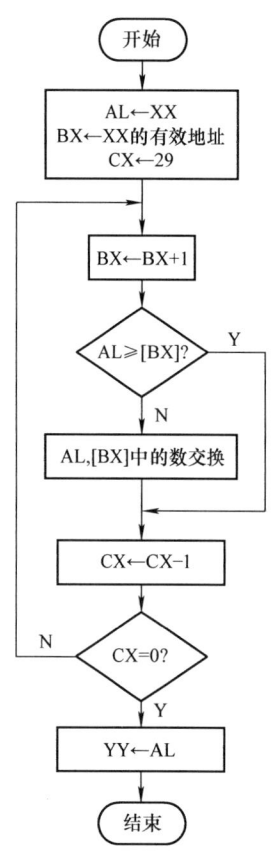

图 4-8 从一批数中求最大者流程图

4.4.6 子程序设计

1. 子程序概念

如果在一个程序中的多处需要用到同一段程序,或者说在一个程序中,需要多次执行某一连串的指令时,那么可以把这一连串的指令抽取出来,写成一个相对独立的程序段。每当想要执行这段程序或这一连串的指令时,就调用这段程序,执行完这段程序后,再返回原来调用它的程序。这样每次执行这段程序时,就不必重写这一连串的指令了。这样的程序段称为子程序或过程。而调用子程序的程序称为主程序或调用程序。

2. 子程序的定义

子程序是用过程定义伪指令 PROC 和 ENDP 来定义的。有关伪指令 PROC 和 ENDP 已在前面介绍过了,这里只对其类型属性做一些说明,因为它是一个过程能否正确执行的保证。过程类型属性的确定原则:

1）调用程序和过程若在同一代码段中,则使用 NEAR 属性。
2）调用程序和过程若不在同一代码段中,则使用 FAR 属性。
3）主程序应定义为 FAR 属性。因为把程序的主过程看作 DOS 调用的一个子程序,而 DOS 对主过程的调用和返回都是 FAR 属性。

另外,过程定义允许嵌套,即在一个过程定义中允许包含多个过程定义。

【例 4-10】 调用程序和子程序在同一代码段中。

```
CODE    SEGMENT
　　…
MAIN    PROC    FAR
　　…
　　CALL    P1
　　　…
　　RET
P1    PROC    NEAR
　　…
　　CALL    P2
　　　…
　　RET
P2    PROC    NEAR
　　…
　　RET
P2    ENDP
P1    ENDP
MAIN    ENDP
CODE    ENDS
```

在本例中过程定义相当于三层嵌套,即主过程 MAIN 嵌套子过程 P1,而子过程 P1 又嵌套子过程 P2。因为主过程和两个子过程均在同一代码段,因此,除主过程使用 FAR 属性外,其他两个子过程均使用 NEAR 属性。

【例 4-11】 调用程序和子程序不在同一代码段。

```
CODE1    SEGMENT
　　…
SSS    PROC FAR
　　…
　　RET
SSS    ENDP
CODE1    ENDS
CODE2    SEGMENT
　　…
　　CALL    SSS
```

...
CODE2　ENDS

本例中，因为子程序 SSS 和调用程序不在同一代码段，因此子程序 SSS 应定义为 FAR 属性，这样调用指令 CALL 和返回指令 RET 都是 FAR 属性的。应当指出，在一个过程中可以有一个以上的 RET 指令，这完全是根据需要而设置的。

3. 采用子程序进行程序设计的注意点

（1）现场保护和恢复

1）所谓"现场保护"是指子程序运行时，对可能破坏的主程序用到的寄存器、堆栈、标志位、内存数据值进行的保护。

2）所谓"现场恢复"指由子程序结束运行返回主程序时，对被保护的寄存器、堆栈、标志位、内存数据值的恢复。常利用堆栈和空闲的存储区实现现场保护和现场恢复。

（2）子程序嵌套

1）一个程序可以调用某个子程序，该子程序可以调用其他子程序，这就形成了子程序嵌套。

2）子程序嵌套调用的层次不受限制，其嵌套层数称为"嵌套深度"。

3）由于子程序中使用堆栈来保护断点，堆栈操作的"后进先出"特性能自动保证各个层次子程序断点的正确入栈和返回。在嵌套子程序设计中，应注意寄存器的保护和恢复，避免各层子程序之间寄存器发生冲突。特别是在子程序中使用 PUSH、POP 指令时，要格外小心，以免造成子程序无法正确返回。

（3）参数传递

1）主程序在调用子程序时，经常需要向子程序传递一些参数或控制信息，子程序执行完成后，也常常需要把运行的结果返回给调用程序，这种调用程序和子程序之间的信息传递，称为"参数传递"。

2）参数传递的主要方法有：寄存器传递、内存变量传递和堆栈传递。

3）传递的内容如果是数据本身，称为"值传递"；如果是数据所在单元的地址，称为"地址传递"。

（4）编写子程序调用方法说明

为了方便地使用子程序，应编写子程序调用说明。子程序调用方法说明包括：

1）子程序功能。

2）入口参数。

3）出口参数。

以下是使用的寄存器或存储器及调用实例。

【例 4-12】 利用寄存器传递参数。编写子程序，实现以二进制形式显示 BX 的值（假设为无符号数）。

```
; --------------------------------------------------------------
; 子程序名：DISP_BINARY
; 功能：以二进制形式显示 BX 的值（假设为无符号数）
; 入口参数：BX
; 出口参数：无
```

```
;------------------------------------------------------------------
        DISP_BINARY    PROC
                PUSH   DX
                PUSH   CX
                PUSH   AX
                PUSHF                           ;保护现场
                MOV    CX, 16
NEXTCHAR：      ROL    BX, 1
                MOV    DL, BL
                AND    DL, 1
                OR     DL, 30H
                MOV    AH, 02H
                INT    21H
                LOOP   NEXTCHAR
                MOV    DL, 'B'
                MOV    AH, 2
                INT    21H
                POPF                            ;恢复现场
                POP    AX
                POP    CX
                POP    DX
                RET
        DISP_BINARY    ENDP
```

本例利用寄存器 BX 传递参数。作为出口参数的寄存器是不能保护的，否则就失去了传递参数的作用；作为入口参数的寄存器可以保护也可以不保护。由于寄存器的数量有限，这种方法只适用于少量数据的传递。当有大量数据要传递时，需要用到指定单元或堆栈的方法传递参数。

【例 4-13】 利用指定存储单元进行参数传递，编程利用子程序实现数据块的复制。

```
STACK   SEGMENT
        DW   64  DUP（?）
        TOS  LABEL  WORD
STACK   ENDS
DATA    SEGMENT
        BUF1   DB   1, 2, 3, 4, 5, 6, 7, 8, 9, 100
        BUF2   DB   10  DUP（?）
        SRCADDR   DW   ?
        DSTADDR   DW   ?
        LEN  DW  ?
DATA    ENDS
```

```
CODE    SEGMENT
        ASSUME  CS：CODE, DS：DATA, SS：STACK, ES：DATA
START： MOV   AX, DATA
        MOV   DS, AX
        MOV   ES, AX
        MOV   AX, STACK
        MOV   SS, AX
        MOV   SP, OFFSET TOS
        LEA   AX, BUF1
        MOV   SRCADDR, AX        ；置源数据区首地址
        LEA   AX, BUF2
        MOV   DSTADDR, AX        ；置目的数据区首地址
        MOV   LEN, 10            ；置数据块长度
        CALL  MOVEMYDAT          ；调用子程序 MOVEMYDAT
        MOV   AH, 4CH
        INT   21H
;————————————————————————————————————————————
；子程序名：MOVEMYDAT
；功能：数据块复制
；入口参数：源数据区首地址存 SRCADDR
；入口参数：目的数据区首地址存 DSTADDR，数据块长度存 LEN
；出口参数：无
;————————————————————————————————————————————
MOVEMYDAT   PROC
            MOV   SI, SRCADDR
            MOV   DI, DSTADDR
            MOV   CX, LEN
            STD
            ADD   SI, CX
            DEC   SI
            ADD   DI, CX
            DEC   DI
BEGIN： REP   MOVSB
        RET
MOVEMYDAT   ENDP
CODE   ENDS
        END   START
```

4.4.7　汇编语言程序设计举例

【例 4-14】　编程计算（W −（X ∗ Y + Z − 200））/25 的值，其中 X, Y, Z 和 W 都是带符

号 16 位数，计算结果的商存入 AX，余数存入 DX。

```
SSEG    SEGMENT    STACK  'STACK'
        DW    64   DUP（?）
        TOS   LABEL   WORD
SSEG    ENDS
DATA    SEGMENT
        X   DW   6
        Y   DW   -7
        Z   DW   -280
        W   DW   2011
DATA    ENDS
CODE    SEGMENT
        ASSUME  CS：CODE, DS：DATA, SS：SSEG, ES：DATA
START： MOV   AX, DATA
        MOV   DS, AX
        MOV   ES, AX
        MOV   AX, SSEG
        MOV   SS, AX
        MOV   SP, OFFSET TOS
        MOV   AX, X
        IMUL  Y
        MOV   CX, AX
        MOV   BX, DX         ;（BX, CX）←X×Y
        MOV   AX, Z
        CWD                  ;（DX, AX）←把 Z 扩展为双字类型
        ADD   CX, AX
        ADC   BX, DX         ;（BX, CX）←X×Y+Z
        SUB   CX, 200
        SBB   BX, 0          ;（BX, CX）←X×Y+Z-200
        MOV   AX, W
        CWD                  ;（DX, AX）←把 W 扩展为双字类型
        SUB   AX, CX
        SBB   DX, BX
        MOV   BX, 25
        IDIV  BX
        MOV   AH, 4CH
        INT   21H
CODE    ENDS
        END   START
```

【例4-15】 请用冒泡排序法编程将内存ARRAY单元开始存储的一组8位带符号数据按从小到大排列。

本例程序使用到的寄存器功能说明如下：
1）CH←外循环比较（轮数）计数值；
2）SI←数据区地址偏移量；
3）CL←内循环比较（次数）计数值；
4）BL←交换标志。

```
DATA    SEGMENT
        ARRAY   DB   12, 87, -51, 68, 0, 15
        LEN     EQU  $-ARRAY
DATA    ENDS
CODE    SEGMENT
        ASSUME  CS：CODE, DS：DATA
START： MOV  AX, DATA
        MOV  DS, AX
        MOV  BX, LEN-1      ；BX←比较轮数
LOP0：  MOV  SI, LEN-1      ；SI←第N个数据在数据区的偏移地址
        MOV  CX, BX         ；CX←比较次数计数值
        MOV  DX, SI         ；DX←置交换标志为第N个数据的偏移地址
LOP1：  MOV  AL, ARRAY[SI]
        CMP  AL, ARRAY[SI-1] ；相邻两数据比较
        JGE  NEXT
        MOV  AH, [SI-1]     ；TABLE[SI]←→TABLE[SI-1]
        MOV  [SI-1], AL
        MOV  [SI], AH
        MOV  DX, SI         ；DX←发生交换处的位置, 给交换标志
NEXT：  DEC  SI             ；修改数据地址
        LOOP LOP1           ；控制内循环比较完一轮吗？
        CMP  DX, LEN-1      ；需要下一轮吗？
        JZ   FINISH         ；不需要下一轮, 已全部排好序
        DEC  BX             ；控制外循环所有轮都比较完否？
        JNZ  LOP0           ；未完继续
FINISH：MOV  AH, 4CH
        INT  21H
CODE    ENDS
        END  START
```

【例4-16】 编程以十进制形式显示BX的值（假设为无符号数）。如（BX）=65530, 那么显示65530D。
DATA   SEGMENT

```
            DECNUM   DB    5 DUP (?)
DATA   ENDS
CODE       SEGMENT
      ASSUME CS：CODE, DS：DATA
START: MOV   AX, DATA
       MOV   DS, AX
       MOV   BX, 65530                  ;要转换的值
       LEA   SI, DECNUM
       MOV   DX, 0
       MOV   AX, BX
       MOV   CX, 10000
       DIV   CX
       MOV   [SI], AL                   ;求得万位的值, 存入指定单元
       INC   SI
       MOV   AX, DX
       MOV   DX, 0
       MOV   CX, 1000
       DIV   CX
       MOV   [SI], AL                   ;求得千位的值, 存入指定单元
       INC   SI
       MOV   AX, DX
       MOV   DX, 0
       MOV   CX, 100
       DIV   CX
       MOV   [SI], AL                   ;求得百位的值, 存入指定单元
       INC   SI
       MOV   AX, DX
       MOV   CL, 10
       DIV   CL
       MOV   [SI], AL                   ;求得十位的值, 存入指定单元
       INC   SI
       MOV   [SI], AH                   ;此时, 余数就是个位的值
       LEA   SI, DECNUM
       MOV   CX, 5
DISP:  MOV   DL, [SI]                   ;依次取出十进制数各位的值
       OR    DL, 30H                    ;将取出的值转换为ASCII值
       MOV   AH, 02H
       INT   21H                        ;利用DOS功能调用, 显示
       INC   SI
```

```
        LOOP   DISP
            MOV   DL, 'D'
            MOV   AH, 2
            INT   21H
            MOV   AH, 4CH
            INT   21H
CODE    ENDS
        END   START
```

本例分两步实现。

1）转换并保存结果。这一步将二进制数转换为十进制值，即求出十进制值各位上的数字。由于 16 位二进制数最大能表示的数是 65535，所以，转换后，最多是一个万位的十进制数。转换的步骤就是：把要转换的数依次除以 10000、1000、100 和 10，分别可以得到万位数字、千位数字、百位数字和十位数字。除以 10 得到的余数就是个位数字。程序中，将得到的这些数字先存入内存指定单元，供显示模块使用。

2）显示。本例程序把转换和显示分成两个模块来实现，使得程序的结构清晰。

4.5 汇编语言程序的上机过程

4.5.1 上机环境

要运行调试汇编语言程序，至少需要以下程序文件：

1）编辑程序：EDIT.COM 或其他文本编辑工具软件，用于编辑源程序。
2）汇编程序：MASM.EXE，用于汇编源程序，得到目标程序。
3）连接程序：LINK.EXE，用于连接目标程序，得到可执行程序。
4）调试程序：DEBUG.EXE，用于调试可执行程序。

4.5.2 上机过程

汇编语言程序上机操作包括：编辑、汇编、连接和调试几个阶段。

1. 编辑源程序

用文本编辑软件创建、编辑汇编源程序。常用编辑工具有：EDIT.COM、记事本、Word 等。无论采用何种编辑工具，生成的文件必须是纯文本文件，所有字符为半角，且文件扩展名为 .asm（文件名不分大小写，由 1～8 个字符组成）。

2. 汇编

用汇编工具对上述源程序文件（.asm）进行汇编，产生目标文件（.obj）等文件。汇编程序的主要功能是：检查源程序的语法，给出错误信息；产生目标程序文件；展开宏指令。汇编过程如下：在 DOS 状态下，输入命令：MASM MYFILE.ASM（回车），即启动了汇编程序。此命令执行后，会出现下面的 3 行信息，依次按回车键（即选择默认值）即可建立 3 个输出文件，其扩展名分别为：.OBJ（目标文件）、.LST（列表文件）和 .CRF（交叉引用文件）。

Object   Filename   [MYFILE.OBJ]：

Source　　Listing　［Nul. LST］：

Cross　　Reference　［Nul. CRF］：

如果汇编过程中发现有语法错误，则屏幕上会显示出错语言的位置和出错的类型。此时，需要进行修改，然后再进行汇编。如此进行，直至汇编无错误，得到目标文件为止。

3. 连接

汇编产生的目标文件（.obj）并不是可执行的程序，还要用连接程序把它转换为可执行的 EXE 文件。连接过程如下：在 DOS 状态下，输入命令：LINK　MYFILE.OBJ（回车），即可完成连接。与汇编过程类似，如果连接过程中出错，那么程序会在屏幕上显示提示信息。此时，需要对源程序进行查错、修改，然后再进行汇编、连接，直至连接无错误，得到可执行文件为止。

4. 程序运行

在 DOS 提示符下输入可执行程序的文件名即可运行程序。若程序能够运行但不能得到预期结果，则就需要检查源程序，改错后再汇编、连接、运行。

5. 程序调试

在程序运行阶段，有时不容易发现问题，尤其是碰到复杂的程序更是如此，这时就需要使用调试工具进行动态查错。常用的动态调试工具为 DEBUG。

4.5.3　DEBUG 运行调试

DEBUG 是为汇编语言设计的一种调试工具，它通过单步、设置断点等方式为汇编语言程序员提供了非常有效的调试手段，它可以直接调试 COM 文件和 EXE 文件。DEBUG 状态下的所有数据都采用十六进制形式显示，无扩展名 H。

1. DEBUG 的运行

在 DOS 状态下，输入下列命令之一，就可以进入 DEBUG 调试状态。

格式一：DEBUG　↙（回车）

格式二：DEBUG　可执行文件名↙（回车）

进入 DEBUG 调试状态后，将显示提示符"－"，此时，可输入所需的 DEBUG 命令。

2. DEBUG 主要命令

（1）汇编命令 A

格式：－A［地址］

该命令允许输入汇编语言语句，并能把它们汇编成机器代码，相继地存放在从指定地址开始的存储区中。必须注意：输入的数字均默认为十六进制数。

（2）显示内存单元内容的命令 D

格式：－D［地址］　或　－D［范围］

说明：上面格式中的"－"符号是 DEBUG 的提示符，下同。

例如，显示指定范围（DS：100～DS：1FF）内存单元内容的命令是

－D 100 1FF

这里没有指定段地址，D 命令自动显示 DS 段的内容。

（3）修改内存单元内容的命令 E

格式一：用给定内容代替指定范围的单元内容

－E　地址内容表

例如，-E　DS：100 F3 58 59 5A 8D

格式二：逐个单元相继地修改

-E　地址

例如：

-E　DS：100↙

18E4：0100　89.78↙

（4）检查和修改寄存器内容的命令 R

格式一：显示 CPU 内部所有寄存器内容和标志寄存器中的各标志位状态

-R

格式二：显示和修改某个指定寄存器内容

-R 寄存器名

例如：-R　AX

格式三：显示和修改标志寄存器内容

-RF

（5）运行命令 G

格式：-G［=地址1］［地址2［地址3…］］

其中，地址1指定了运行的起始地址，后面的均为断点地址。当指令执行到断点时，就停止执行并显示当前所有寄存器及标志位的内容和下一条要执行的指令。

（6）跟踪命令 T

格式一：逐条指令跟踪

-T［=地址］

该命令从指定地址起执行一条指令后停下来，显示所有寄存器及标志位的内容。若未指定地址，则从当前的 CS：IP 开始执行。

格式二：多条指令跟踪

-T［=地址］［值］

该命令从指定地址起执行 n 条指令后停下来，n 由［值］确定。

（7）反汇编命令 U

格式一：从指定地址开始，反汇编32字节

-U［地址］

格式二：对指定范围内的存储单元进行反汇编

-U［范围］

（8）执行命令 P

格式：-P　［=地址］　［指令数］

该命令控制 CPU 执行指定地址处的指令。若指定了指令数，则 CPU 执行从指定地址开始的若干条指令。若未指定地址和指令数，则 CPU 执行由（CS：IP）指定地址处的一条指令。

P 命令与 T 命令的差别在于 P 命令把子程序调用（CALL）、重复字符串指令（REP）或软件中断（INT）当成一条指令来执行，简化了跟踪过程。

（9）退出 DEBUG 命令 Q

格式为：-Q

该命令退出 DEBUG 程序，返回 DOS。

DEBUG 使用说明：

1）在 DEBUG 中的提示符"-"下才能输入命令，在按回车键后，该命令才开始执行。

2）命令是单个字母，命令和参数的大小写可混合输入。

3）命令和参数、参数和参数之间要用空格、逗号或制表符等分隔。

4）可以用"段值：偏移量"的形式来表示地址，也可以用段寄存器来代表"段值"。例如，1000：0，DS：10，CS：30 等。

5）范围：用来表示地址范围，从哪个地址开始，到哪个地址结束。它有两种表示方式。

地址地址——前者表示起始地址，要用"段值：偏移量"来表达，后者表示终止地址，只用"偏移量"来表示。

地址长度——前者表示起始地址，要用"段值：偏移量"来表达，后者表示该区域的大小，用字母"L"开头的数值来表示。

例如：

100：50　200；100 为段地址，偏移地址从 50 到 200 的内存区域

100：50　L200；100 为段地址，偏移地址从 50 开始的 200 个字节区域

6）当命令出现语法错误时，将在出错位置显示"＾Error"。

7）可用组合键 <Ctrl+C> 或 <Ctrl+Break> 来终止当前命令的执行，还可用组合键 <Ctrl+S> 来暂停屏幕显示（当连续不断地显示信息时）。

4.5.4　Emu8086 软件的使用简介

Emu8086-Microprocessor Emulator 结合了一个先进的原始编辑器、组译器、反组译器、具除错功能的软件模拟工具（虚拟 PC），还有一个循序渐进的指导工具。该软件包含了学习汇编语言的全部内容。Emu8086 集源代码编辑器，汇编/反汇编工具以及可以运行 DEBUG 的模拟器（虚拟机器）于一身。这套软件对于汇编语言学习者有很大帮助，它能够编译源代码，并在模拟器上一步一步地执行，可视化界面操作易于掌握，可以在执行程序的同时可观察寄存器、标志位和内存、算术和逻辑运算单元（ALU），显示中央处理器内部的工作情况等。

Emu8086 的使用步骤如下：

1）打开桌面上的 Emu8086 的图标，出现如图 4-9 所示的对话框。

首次打开软件，界面中默认已有一段小程序。该程序实现在屏幕上显示三段字符串的功能。若用户需要自己重新编程，可单击工具栏的【新建】图标，出现如图 4-10 所示的对话框，选择编程所采用的模板。

选择不同的模板，在程序源代码中会出现如下标记：

#MAKE_COM#　　　　　选择 COM 模板

#MAKE_BIN#　　　　　选择 BIN 模板

#MAKE_EXE#　　　　　选择 EXE 模板

#MAKE_BOOT#　　　　选择 BOOT 模板

#MAKE_COM#，最古老的一个最简单的可执行文件格式。采用此格式，源代码应该在

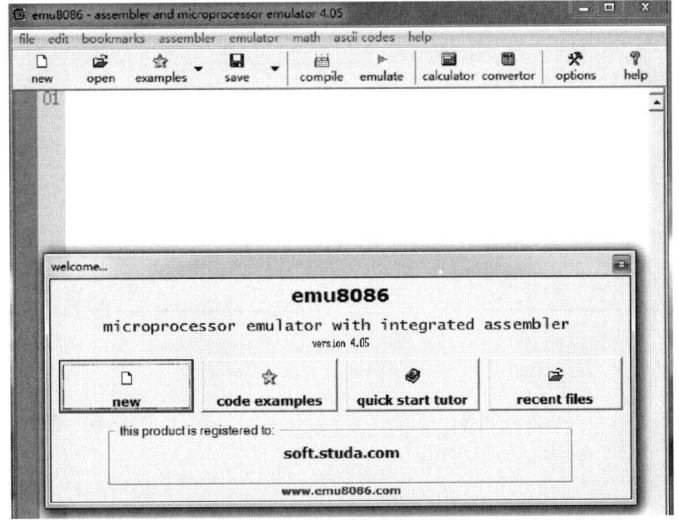

图 4-9　Emu8086 初始界面

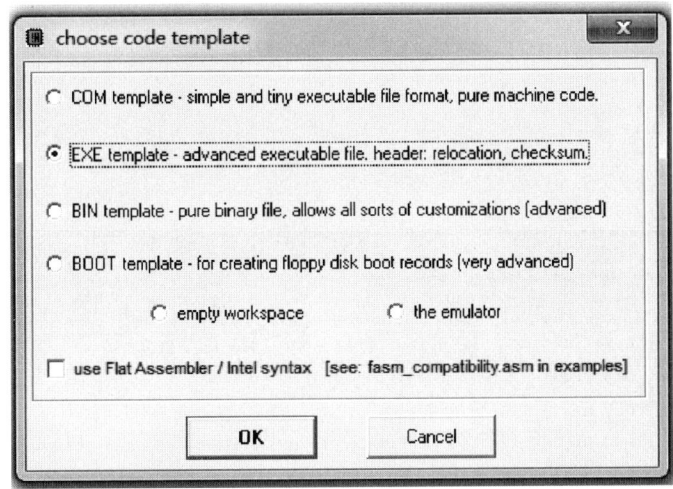

图 4-10　Emu8086 编程模板选择界面

100H 后加载（即源代码之前应有 ORG 100H）。从文件的第一个字节开始执行。支持 DOS 和 Windows 命令提示符。

#MAKE_EXE#，一种更先进的可执行文件格式。源程序代码的规模不限，源代码的分段也不限，但程序中必须包含堆栈段的定义。您可以选择从新建菜单中的 EXE 模板创建一个简单的 EXE 程序，有明确的数据段、堆栈段和代码段的定义。

程序员在源代码中定义程序的入口点（即开始执行的位置），该格式支持 DOS 和 Windows 命令提示符。这两种模板是最常用的模板。

2）如果选择 COM 模板，单击【OK】，软件出现源代码编辑器的界面，如图 4-11 所示。在源代码编辑器的空白区域，编写如下一段小程序，如图 4-12 所示。

MOV　AX, 5

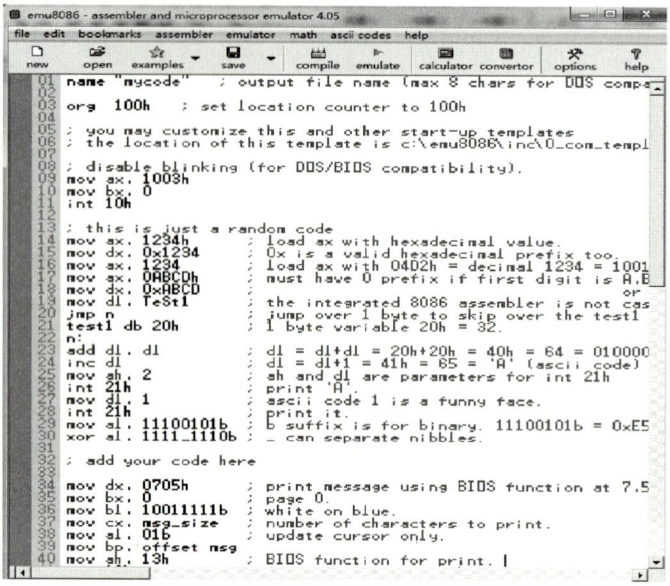

图 4-11　EMU8086v4.05 的 COM 模板界面

```
MOV    BX, 10
ADD    AX, BX
SUB    AX, 1
HLT
```

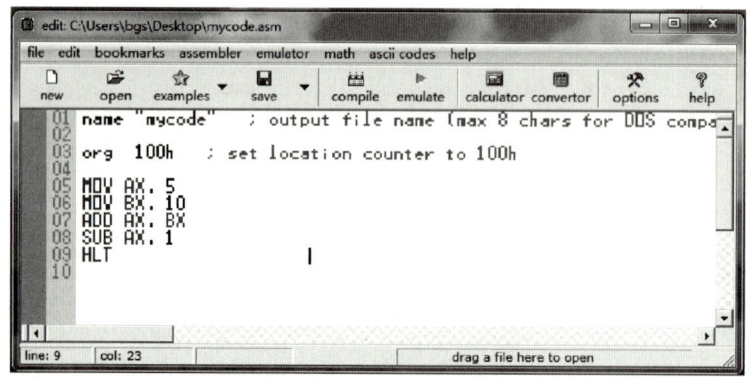

图 4-12　COM 模板编程实例

代码编写结束，单击菜单【file】→【save as…】，将源代码换名保存。本例将源代码保存为 001.asm。单击工具栏的【emulate】按钮，出现如图 4-13 所示的调试运行界面。

单击【single step】（单步执行），程序将每执行一条指令便产生一次中断。单击【run】（运行），程序将从第一句直接运行到最后一句。单步执行该程序段，观察各寄存器的变化。

3）如果选择 EXE 模板，单击【OK】，软件出现源代码编辑器的界面，如图 4-14 所示。

4）如果不选用模板方式，则点选 empty workspace，然后单击【OK】，如图 4-15 所示。

112

第 4 章　汇编语言程序设计

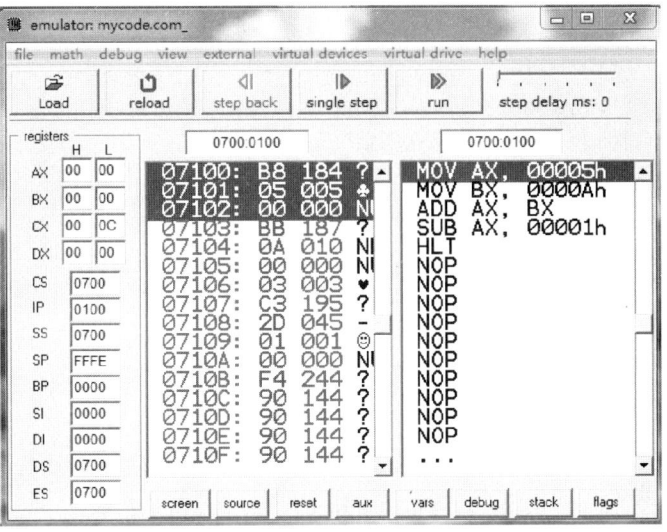

图 4-13　COM 模式下的调试运行界面

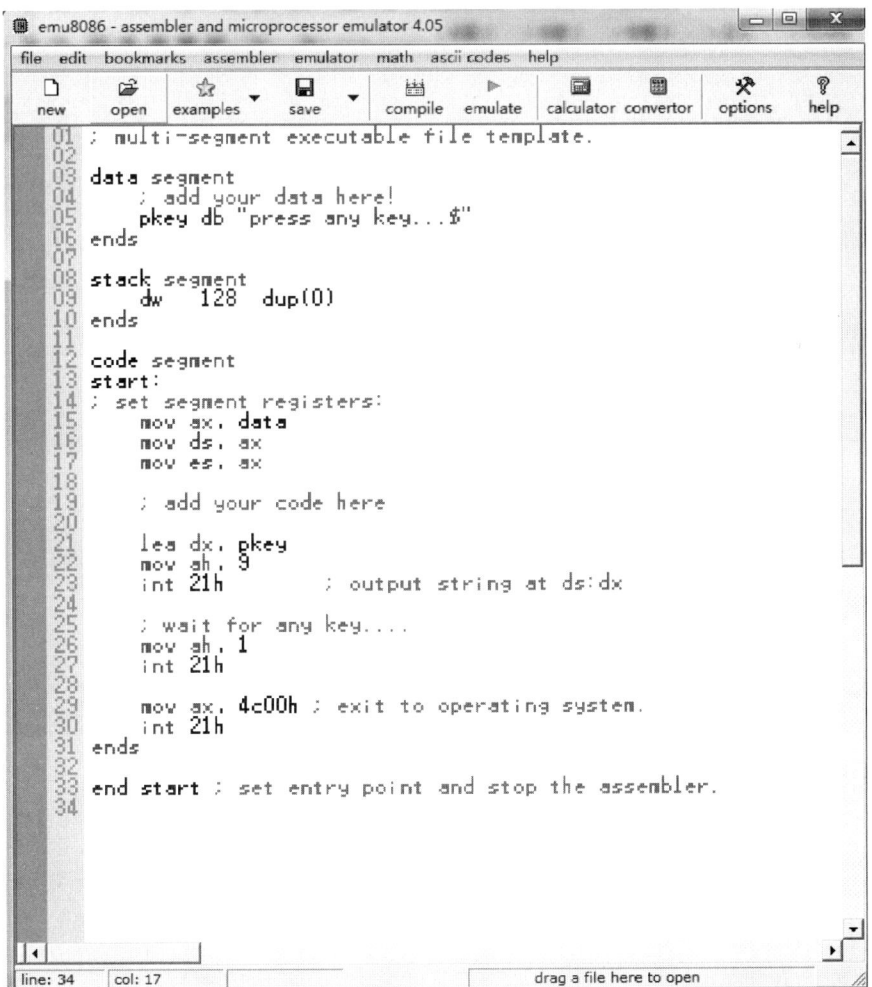

图 4-14　EMU8086v4.05 的 EXE 模板界面

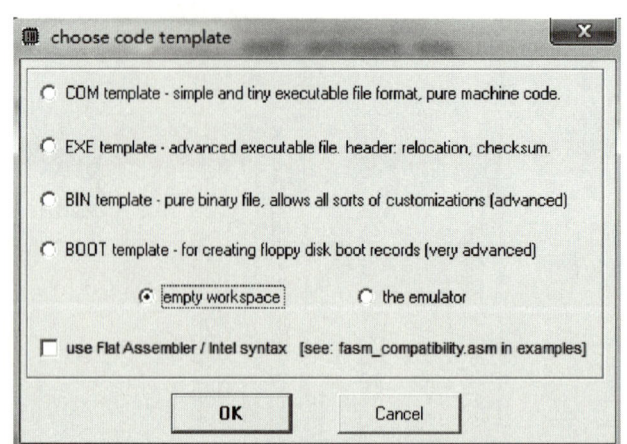

图 4-15　EMU8086v4.05 进入空白界面图

然后在以下源代码编辑器的空白区域，编写源程序，如图 4-16 所示。

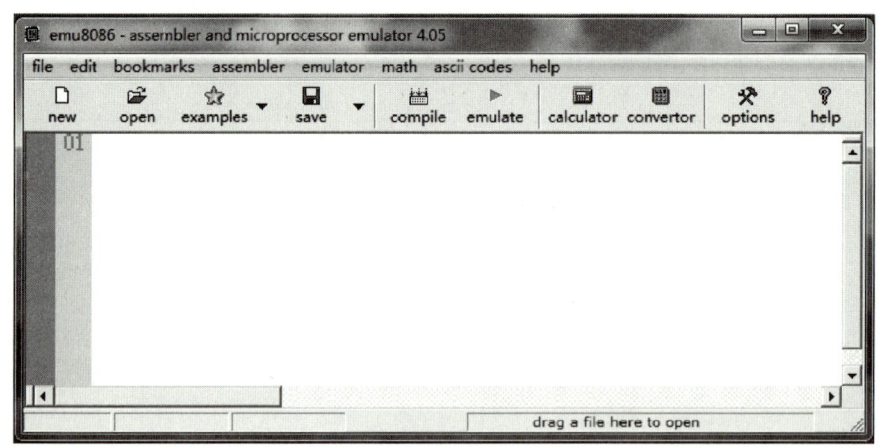

图 4-16　empty workspace 编程界面

【例 4-17】　求两个 5 字节十六进制数相加的和，即 3B74AC60F8H + 20D59E36C1H，可以编写出以下汇编语言参考源程序。并在 EMU8086 软件下调试。

程序编写如下：

```
DATA   SEGMENT                              ;定义数据段
    DATA1 DB 0F8H, 60H, 0ACH, 74H, 3BH      ;被加数
    DATA2 DB 0C1H, 36H, 9EH, 0D5H, 20H      ;加数
DATA   ENDS                                 ;数据段结束
CODE SEGMENT                                ;定义代码段
    ASSUME CS：CODE, DS：DATA
START：MOV AX, DATA
    MOV DS, AX                              ;初始化 DS
    MOV CX, 5                               ;循环次数 CX
```

```
            MOV SI, 0                      ; 置 SI 初值为 0
            CLC                            ; 清 CF 标志
    LOOP1:  MOV AL, DATA2 [SI]             ; 取一个字节加数
            ADC DATA1 [SI], AL             ; 与被加数相加
            INC SI                         ; SI 加 1
            DEC CX                         ; CX 减 1
            JNZ LOOP1                      ; 若不等于 0, 转 LOOP
            MOV AH, 4CH
            INT 21H                        ; 返回 DOS
    CODE ENDS                              ; 代码段结束
        END START                          ; 源程序结束
```

在 EMU8086 软件下编程并调试步骤。

在源代码编辑器的空白区域编写程序，如图 4-17 所示。

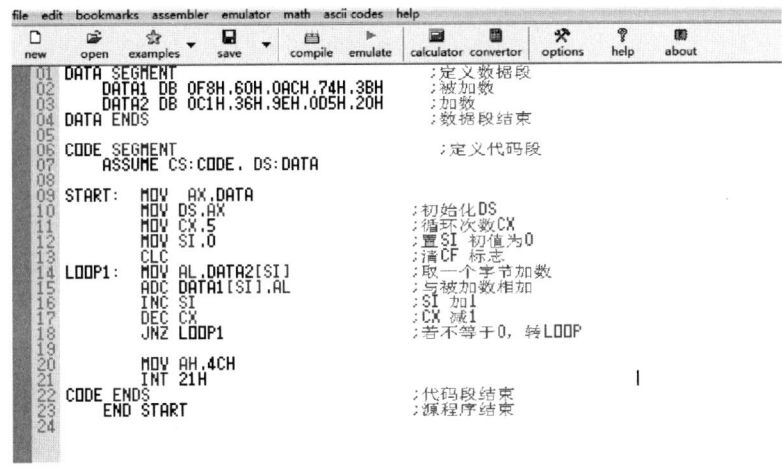

图 4-17 empty workspace 界面编程实例

1) 单击【save】保存源程序并命名，如命名为 EX1.asm。

2) 单击【compile】对源程序进行汇编（编译），生成可执文件 EX1.EXE，后面第 5 章在 Proteus 中进行仿真调试将会用到可执行文件。

3) 对程序进行调试，单击【emulate】，出现如图 4-18 所示界面。

调试界面的左侧是 8086 的寄存器，调试时，可以观察内容变化；单击【view】，然后单击下拉菜单中的【memory】，可以观察程序的机器码，如图 4-19 所示（由图 4-18 可知程序的 CS = 0711H，IP = 0000H）。

由于本例的加数，被加数，与最后求得的和都存放在数据段中，所以在调试中要实时观察数据段中数据的变化。单击【view】，然后单击下拉菜单中的【memory】，调试前首先要知道 DS 的值（数据段地址）和 DATA1 [SI] 的值（偏移地址）。通过图 4-18 可以知道 DS = 0700H，DATA1 [SI] = 0000H，则通过如图 4-20 所示界面，运用单步执行可以看到数据段中的数据及其变化和最后的和。

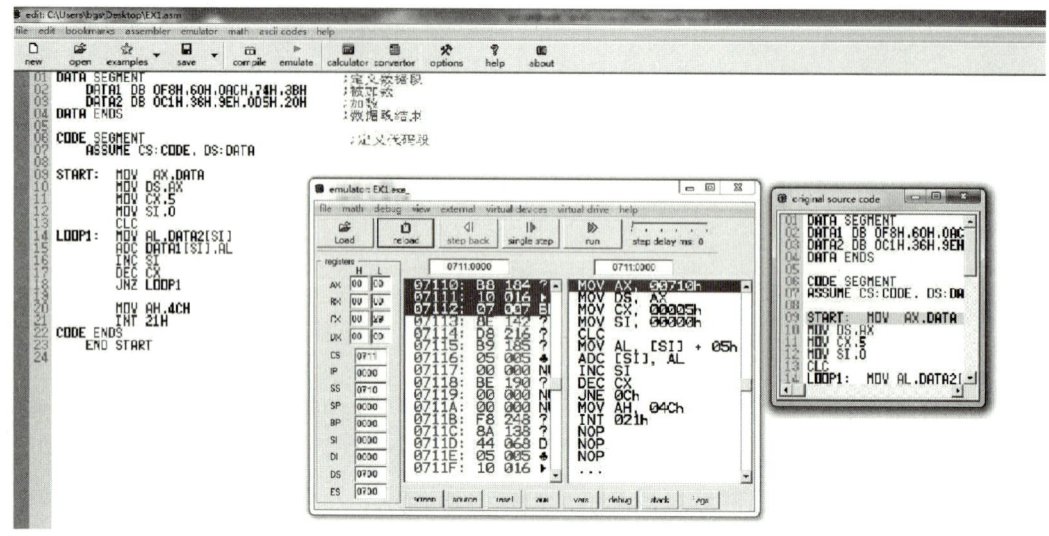

图 4-18 调试界面

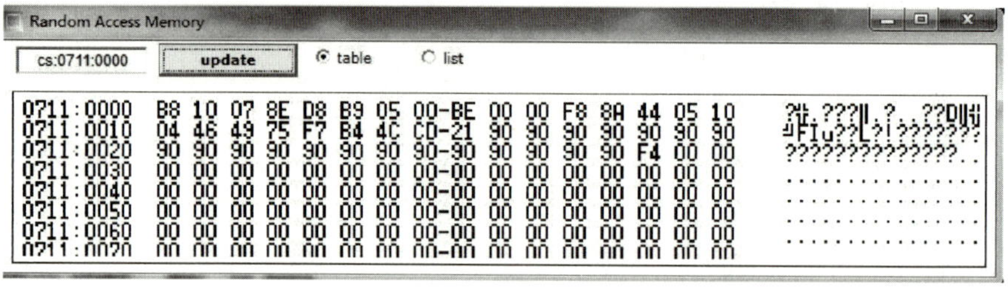

图 4-19 在代码段中观察源程序的机器码

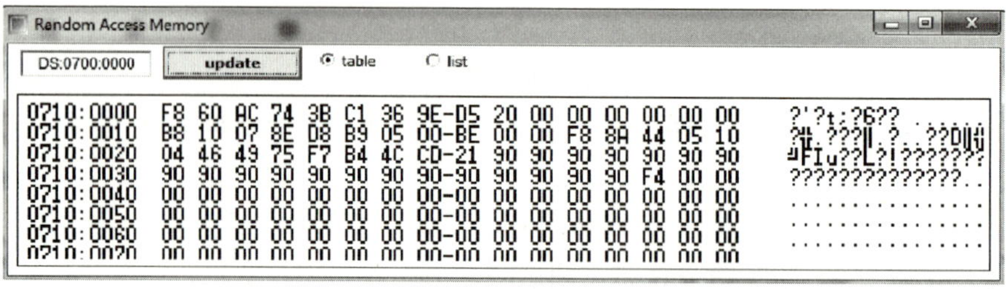

图 4-20 在数据段中观察数据变化界面

通过计算器理论计算出两个 5 字节十六进制数相加的和,即 3B74AC60F8H + 20D59E36C1H = 5C4A4A97B9H,如图 4-21 所示。

程序运行结果如图 4-22 所示,其结果与理论计算的结果一致(注:数据是按高高低低的方式存储的)。

图 4-21 计算器的计算值

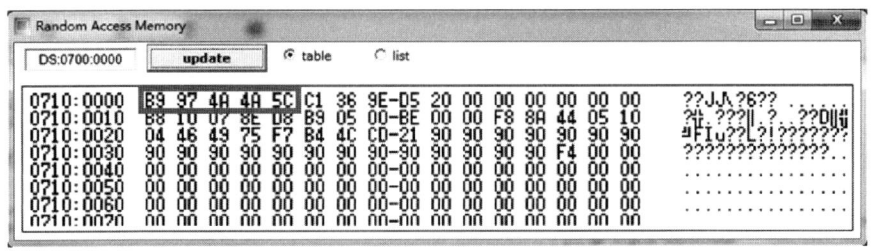

图 4-22 程序调试运行结果图

本 章 习 题

1. 写出完成下列要求的变量定义语句：
（1）为某缓冲区 BUFF 预留 240 个字节的存储空间。
（2）将字符串'BYTE''WORD'存放于某数据区。
2. 以图示说明下列语句实现内存分配和预置数据。
VAR1 DB '12'，12H，3 DUP（0，FFH）
VAR2 DB 100 DUP（0，2 DUP（（1，2），0，3））
VAR3 DB 'HELLO. COM'
VAR4 DW VAR + 6
VAR5 DD VAR3
3. 下列语句中，哪些是无效的汇编语言指令？并指出无效指令中的错误。
MOV SP，AL
MOV WORD – OP [BX + 4X3] [SI]，SP
MOV VAR1，VAR2
MOV CS，AX
MOV DS，BP
MOV SP，SS：DATA – WORD [SI] [DI]
MOV AX，VAR1 + VAR2

MOV AX，[BX-SI]

INC [BX]

MOV 25，[BX]

MOV [8-BX]，25

4. 若 x、y、z 已定义为字节变量，若 x 和 y 各存放一个 32 位的无符号数（存放顺序是低位字节在先），试写出将 x 和 y 相加后结果存入 z 的程序段。

5. 若题 4 中 x、y 各存放一个 32 位的有符号数（低字节数在前），试编写 x-y 且结果存入 z 的程序段，同时判断运算结果是否发生溢出，若不溢出使 DL 清零，否则（溢出）以 -1 作为标志存入 DL 中。

6. 若数组 ARRAY 在数据段中已做以下定义：

ARRAY DW 100 DUP（?）

试指出下列语句中各操作符的作用，指令执行后有关寄存器产生了什么变化。

MOV BX，OFFSET ARRAY

MOV CX，LENGTH ARRAY

MOV SI，0

ADD SI，TYPE ARRAY

7. 若 ARRAY 和 MAX 都定义为字变量，并在 ARRAY 数组中存放了 10 个 16 位无符号数，试编写程序段，找出数组中最大数，并存入变量 MAX 中。

8. 若题 7 的 ARRAY 数组存放的是有符号数，试编相应的程序段。

9. 试编写一程序段，完成两个以压缩型 BCD 码格式表示的 16 位十进制数的加法运算，相加的两数 x 和 y 可定义为字节变量，并假定高位在前，和数 SUM 也同样定义为字节变量。

10. 编写一个统计 AX 中 1 的个数的程序段，统计结果存放在 CL 中。

11. 编写一个判断 AX 中的数是正数、负数还是零的程序段。若（AX）<0，以 -1 存入 CL；（AX）=0，以 0 存入 CLI；否则若（AX）>0，以 1 存入 CL。

12. 假定有一最大长度为 80 个字符的字符串已定义为字节变量 STRING，试编写一程序段，找出第一个空格的位置（00H~4FH 表示），并存入 CL 中，若该串中无空格符，则以 -1 存入 CL 中。

13. 对题 12，若该字符串以回车符结束，试编写一段程序，统计该串的实际长度（不包括回车符），统计结果存入 CL 中。

14. 编写统计 AX 中 0、1 个数的程序。0 的个数存入 CH，1 的个数存入 CL 中。

15. 编程将 AX 中的 4 位 BCD 码转换成二进制数，转换结果存放在 AX 中。

16. 编程将 AX 中的二进制数转换成 4 位 BCD 码，转换结果存放在 AX 中。

17. 编程将内存中以 AFG 为首址 ASCII 字符串，以 $ 为结束符，转换成十进制数存放在以 ZC 为首址的单元。

18. 试将一个 2 位十进制数的压缩的 BCD 码转换成十六进制数，并在屏幕上显示出来。

19. 设有两个无符号数 125 和 378，其首地址为 x，求它们的和，将结果存放在 SUM 单元，并将其和转换为十六进制数，且在屏幕上显示出来。

20. 内存中从 FIRST 和 SECOND 开始的单元中分别存放着两个 4 位非压缩型的 BCD 码，数据存放的规则是：低位在低地址，高位在高地址。试编程求这两个数的和，并存放到从 THIRD 开始的内存单元中。

第 5 章 Proteus 仿真平台的使用

【教学提示】 Proteus 软件真正实现了电路仿真、PCB 设计和虚拟模型仿真的三合一。本章讲解了 Proteus 的特点、Proteus ISIS 的基本使用和 Proteus ISIS 下的 8086 简单 I/O 接口应用仿真。

【教学要求】 通过本章学习，应该掌握以下内容：Proteus ISIS 的基本使用流程与方法，Proteus ISIS 下的 8086 应用仿真。

5.1 Proteus 简介

Proteus 是英国 Labcenter Electronics 公司开发的 EDA 软件。它运行于 Windows 操作系统上，能够实现原理图设计、电路仿真到 PCB 设计的一站式作业，真正实现了电路仿真软件、PCB 设计软件和虚拟模型仿真软件的三合一。Proteus 的特点是：

1）完善的电路仿真和单片机协同仿真。具有模拟、数字电路混合仿真，单片机及其外围电路的仿真；拥有多样的激励源和丰富的虚拟仪器。

2）支持主流单片机类型。目前，支持的单片机类型有：68000 系列、8051 系列、ARM 系列、AVR 系列、PIC10 系列、PIC12 系列、PIC16 系列、PIC18 系列、PIC24 系列、DSPIC33 系列、MPS430 系列、HC11 系列、Z80 系列以及各种外围芯片。

3）提供代码的编译与调试功能。自带 8051、AVR、PIC 的汇编器，支持单片机汇编语言的编辑、编译，同时支持第三方编译软件（如 Keil μVision4）进行高级语言的编译和调试。

4）智能、实用的原理图与 PCB 设计。Proteus 主要由 ISIS 和 ARES 两部分组成，在 ISIS 环境中完成原理图的设计后可以一键进入 ARES 环境进行 PCB 设计。

当然，Proteus 还能支持 8086 微处理器的仿真功能。本章将以 Proteus 7.8 SP2 为例，主要介绍如何利用 Proteus ISIS 输入电路原理图，利用外部编译器 EMU8086 生成的 exe 文件进行基于 8086 微处理器的 VSM 仿真。

5.2 Proteus ISIS 的基本使用

5.2.1 进入 Proteus ISIS

安装完 Proteus 软件后，双击桌面上的 ISIS 7 Professional 图标（见图 5-1）或者单击屏幕左下方的【开始】→【所有程序】→【Proteus 7 Professional】→【ISIS 7 Professional】，进入 Proteus ISIS 工作环境，如图 5-2 所示。

图 5-1　Proteus 图标

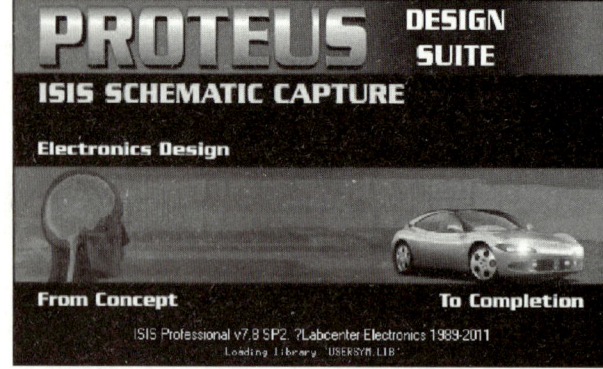

图 5-2　Proteus ISIS 启动画面

5.2.2　Proteus ISIS 工作界面

Proteus ISIS 的工作界面是一种标准的 Windows 界面，包括：屏幕上方的标题栏、主菜单栏、标准工具栏，屏幕左侧的模型选择工具栏、对象选择按钮、预览对象方位控制按钮、仿真控制按钮、预览窗口，屏幕下方的状态栏，屏幕中间的图形编辑窗口，如图 5-3 所示。

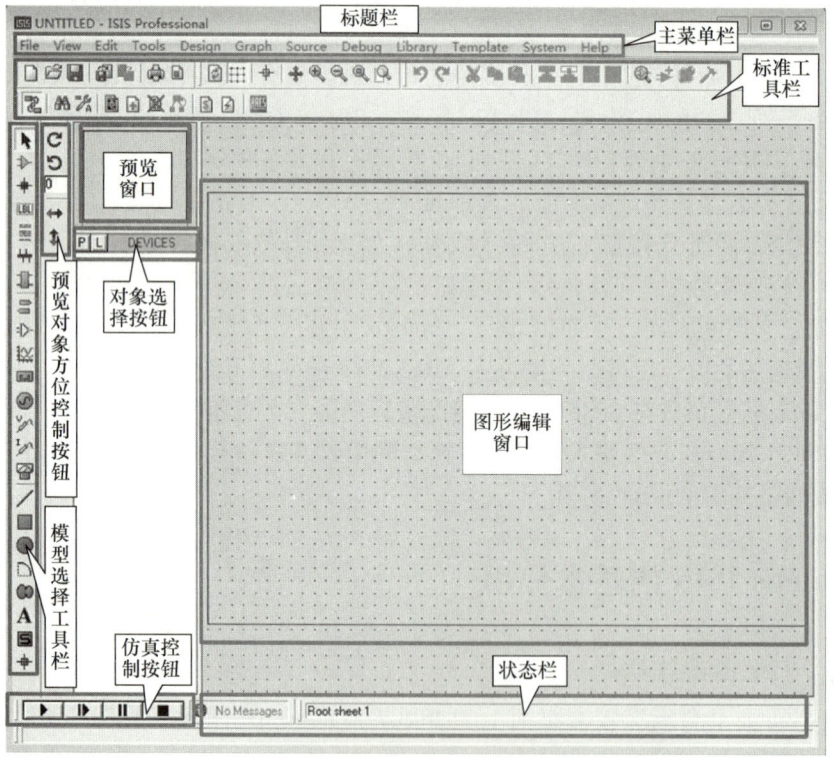

图 5-3　Proteus ISIS 工作界面

对于初次接触 Proteus 软件的同学来说，如果一开始就单独介绍 Proteus 的各项功能的详细使用，会让大家看得晕头转向，这未免太枯燥无味了。本节将通过绘制 8086 最小模式电

第 5 章　Proteus 仿真平台的使用

路图的方式带领大家认识和了解 Proteus，并掌握 Proteus 的使用，需要绘制的电路图如图 5-4 所示。

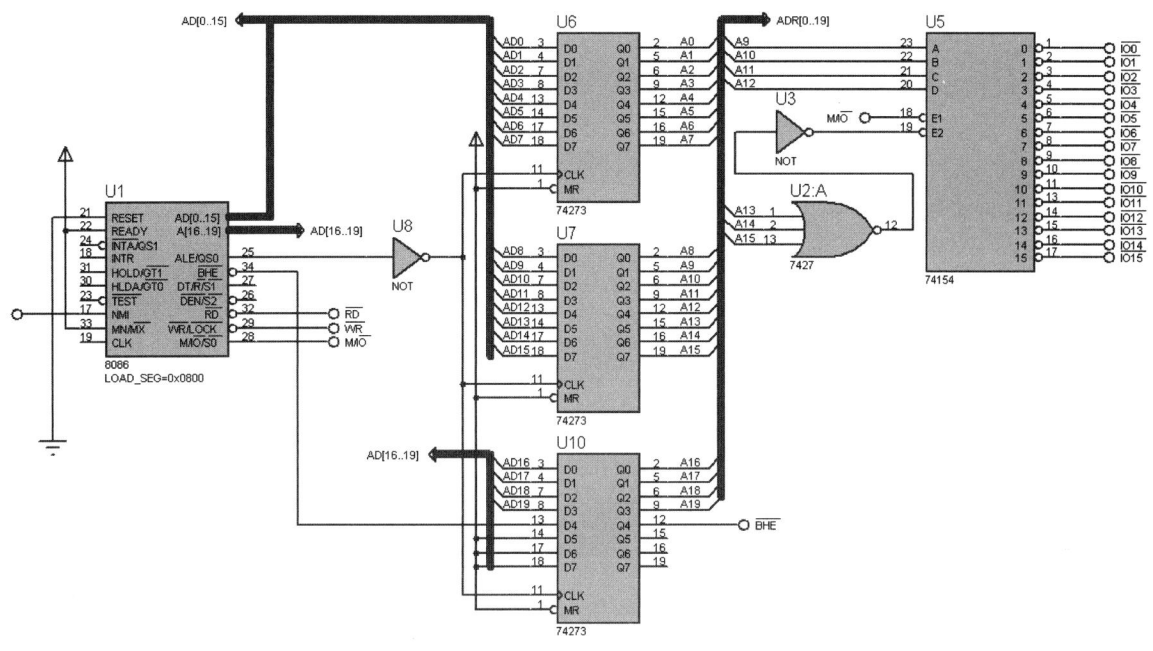

图 5-4　8086 最小模式电路

5.2.3　8086 最小模式电路绘制

图 5-4 为需要绘制的 8086 最小模式电路。电路中 8086 微处理器的 MN/MX 引脚连至电源，RESET 引脚接地，表示选择最小模式，不复位。图中 8086 的 CLK 引脚未接晶振或时钟信号源，这在仿真时是可以的，Proteus 可以默认 8086 为 5MHz 的频率。采用三片 74273 芯片作为 8086 的地址锁存器。8086 的 ALE 引脚取反后连接至 74273 的 CLK 引脚，表示在地址锁存允许信号有效时，对地址进行一次锁存。74154 芯片是一款 4 线 - 16 线译码器，对地址线 A9～A12 进行译码，生成 16 根选择信号用于选择外部 I/O 设备。

1. 将需要用到的元器件加载到对象选择器窗口

单击对象选择器按钮，如图 5-5 所示，弹出"Pick Devices"对话框，在"Category"下面找到"Mircoprocessor ICs"选项，鼠标左键单击一下，在对话框的右侧，我们会发现这里有大量常见的各种型号的单片机和微处理器。找到 8086，双击"8086"。这样在左侧的对象选择器就有了 8086 这个元件了。

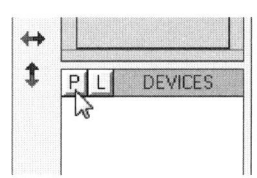

图 5-5　对象选择按钮

如果知道元件的名称或者型号，可以在"Keywords"输入 8086，系统在对象库中进行搜索查找，并将搜索结果显示在"Results"中，如图 5-6 所示。在"Results"的列表中，双击"8086"即可将 8086 加载到对象选择器窗口内。

接着在"Keywords"中输入 74273，在"Results"的列表中，双击"74273"将锁存器加载到对象选择器窗口内，如图 5-7 所示。

121

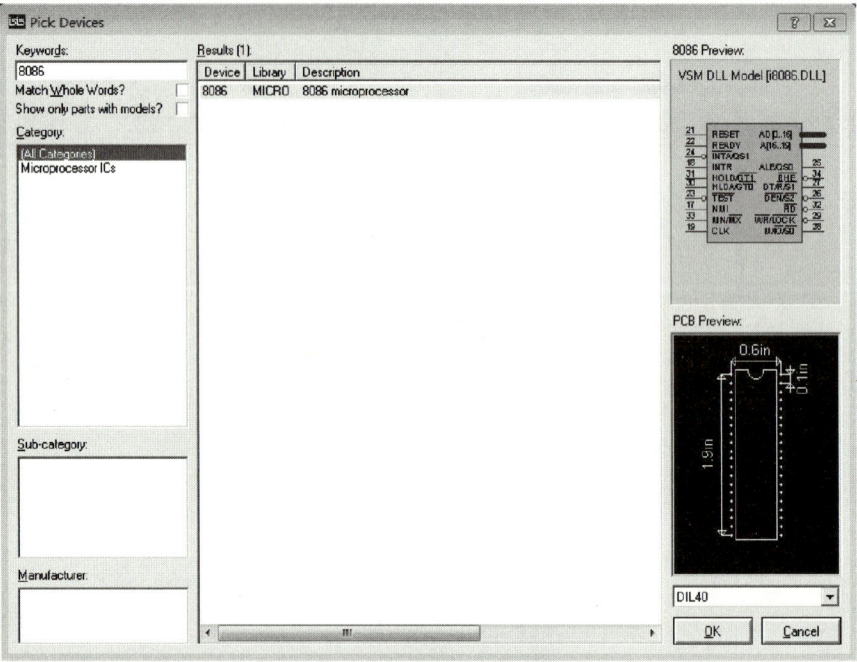

图 5-6　8086 搜索窗口

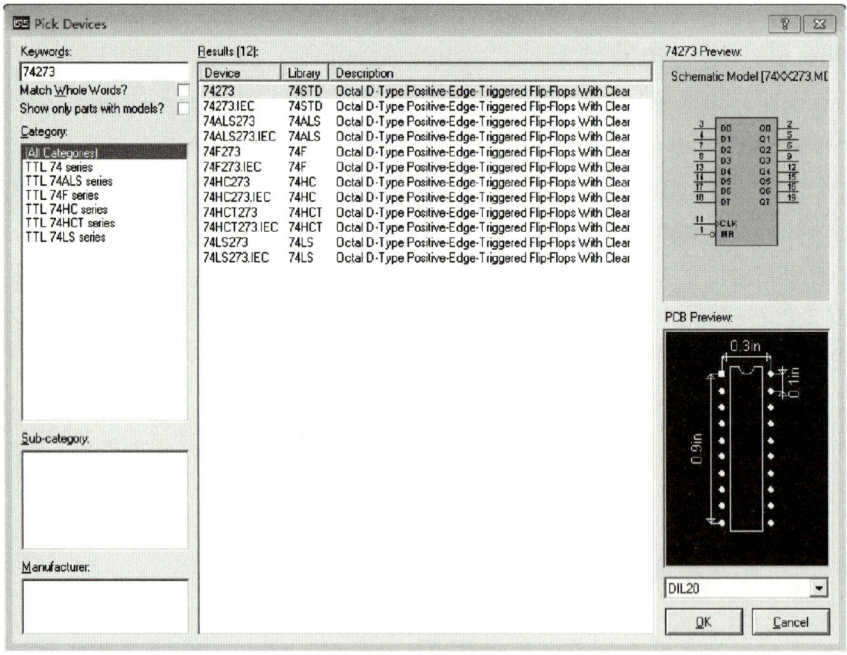

图 5-7　74273 搜索窗口

经过前面的操作我们已经将 8086 和 74273 加载到了对象选择器窗口内,现在还缺 74154、7427（或门）、NOT（非门），我们只要依次在"Keywords"中输入 74154、7427、

NOT，在"Results"的列表中，把需要用到的元件加载到对象选择器窗口内即可。

在对象选择器窗口内鼠标左键单击"8086"会发现在预览窗口看到8086的实物图，且绘图工具栏中的元器件按钮处于选中状态。再单击"74154""NOT"也能看到对应的实物图，按钮也处于选中状态，如图5-8所示。

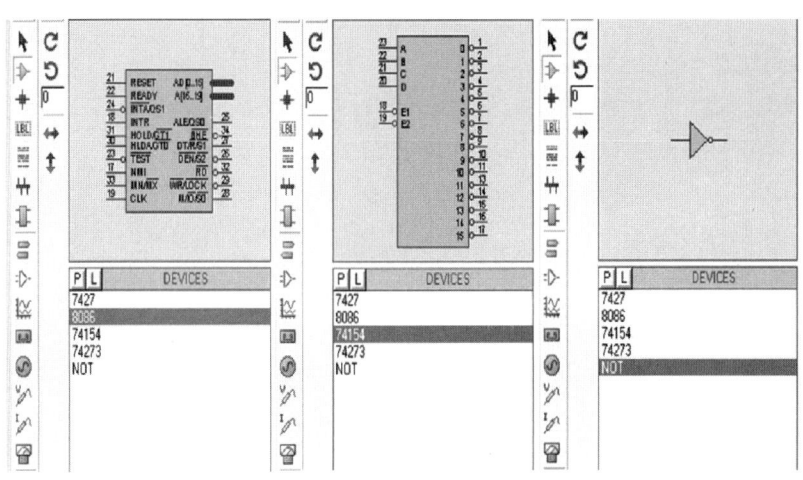

图5-8 元件预览

2. 将元器件放置到图形编辑窗口

在对象选择器窗口内，选中8086，如果元器件的方向不符合要求可使用预览对象方向控制按钮进行操作。用按钮 C 对元器件进行顺时针旋转，用按钮 ⊃ 对元器件进行逆时针旋转，用按钮 ↔ 对元器件进行左右反转，用按钮 ↕ 对元器件进行上下反转。元器件方向符合要求后，将鼠标移至图形编辑窗口元器件需要放置的位置，单击鼠标左键，出现紫红色的元器件轮廓符号（此时还可对元器件的放置位置进行调整）。再单击鼠标左键，元器件被完全放置（放置元器件后，如还需调整方向，可使用鼠标左键单击需要调整的元器件，再单击鼠标右键选择相应菜单进行调整）。同理将锁存器、译码器、非门、或门放置到图形编辑窗口，如图5-9所示。

图中我们已将元器件编好了号，如需修改编号和参数，可以在图形编辑窗口中，双击元器件，在弹出的"Edit Component"对话框中进行修改。以修改8086参数为例，如图5-10所示，可以对各项参数进行修改，修改好后单击 OK 按钮确定。

3. 元器件与元器件的电气连接

Proteus具有自动线路功能（Wire Auto Router），当鼠标移动至连接点时，鼠标指针处出现一个虚线框，如图5-11中左图所示。单击鼠标左键，移动鼠标至非门的输入端，出现虚线框时，单击鼠标左键完成连线，如图5-11中右图所示。

同理，可以完成其他连线。在此过程中，都可以按下ESC键或者单击鼠标右键放弃连线。

4. 放置电源和地

单击绘图工具栏的 按钮，使之处于选中状态。单击选中"POWER"，放置两个电源端子；单击选中"GROUND"，放置一个接地端子。放置好后完成连线，如图5-12所示。

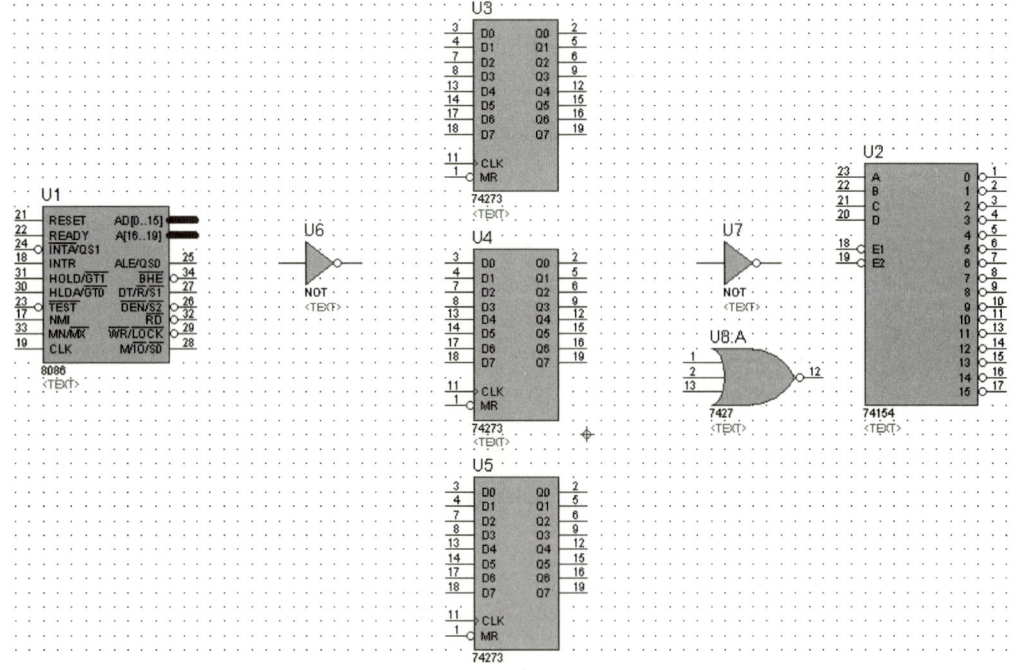

图 5-9　元件布局

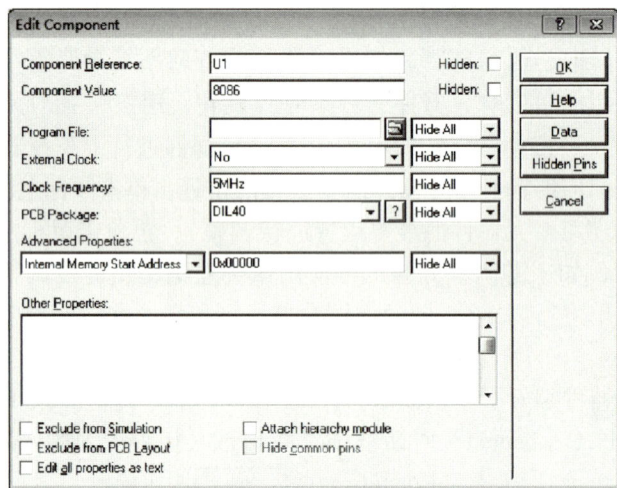

图 5-10　参数修改

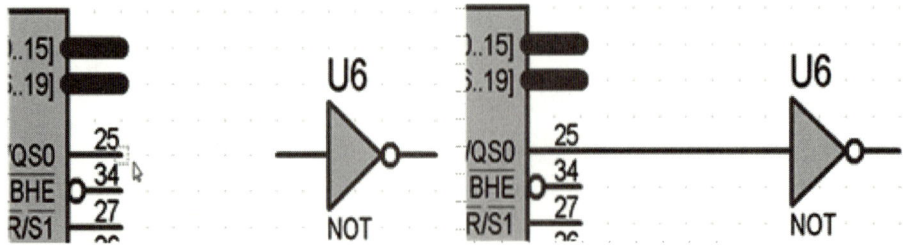

图 5-11　电气连接

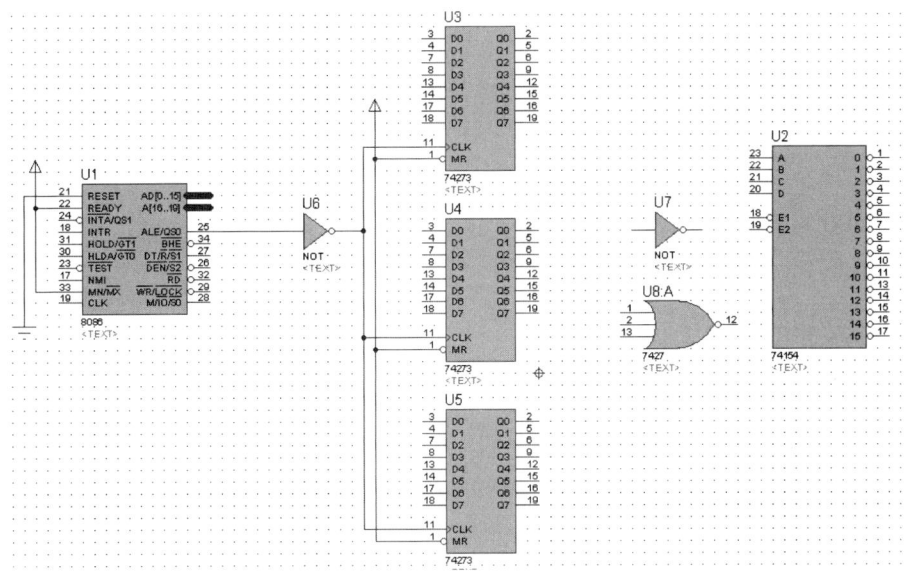

图 5-12　电源和地连接图

5. 在编辑窗口绘制总线

单击绘图工具栏的按钮 ，使之处于选中状态。将鼠标置于图形编辑窗口，单击鼠标左键，确定总线的起始位置；移动鼠标，屏幕出现一条蓝色的粗线，选择总线的终点位置，双击鼠标左键，这样一条总线就绘制好了，如图 5-13 所示。

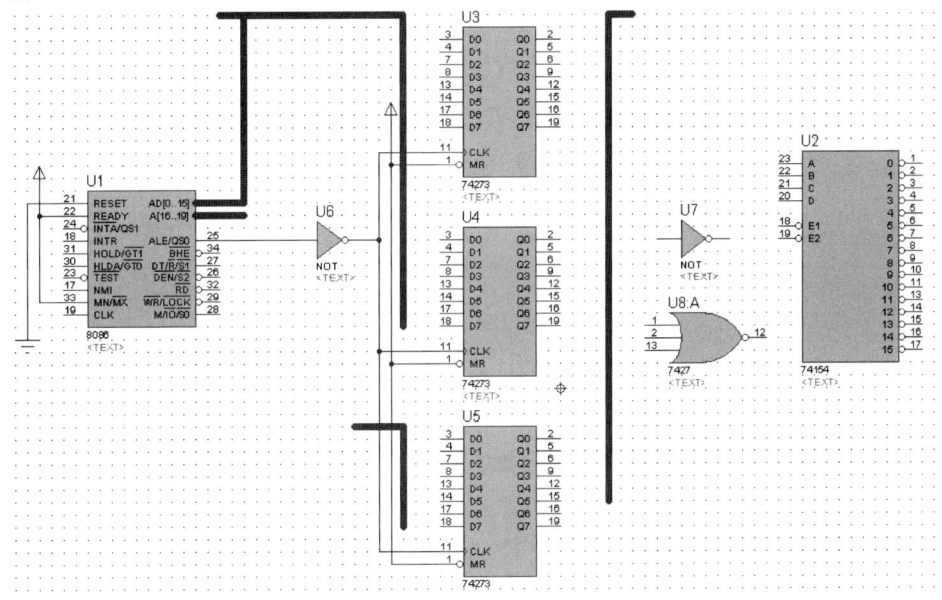

图 5-13　总线绘制图

单击绘图工具栏的按钮 ，使之处于选中状态。单击选中"BUS"，放置总线端子，然后将总线与总线端子连接起来，如图 5-14 所示。鼠标左键双击总线端子，在"String"里输入 AD［16..19］，单击"OK"，如图 5-15 所示。

利用同样的方法在其他总线处放置总线端子，需要放置总线端子的地方，如图 5-4 所示。

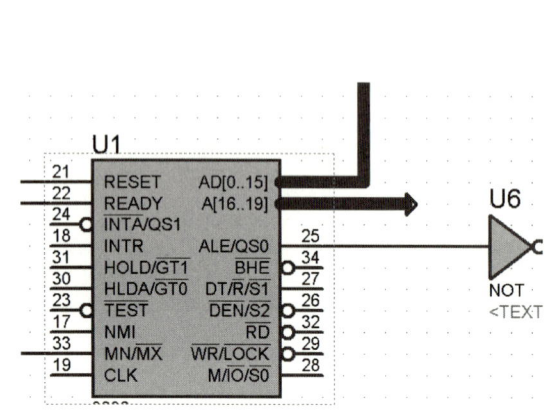

图 5-14　放置总线端子

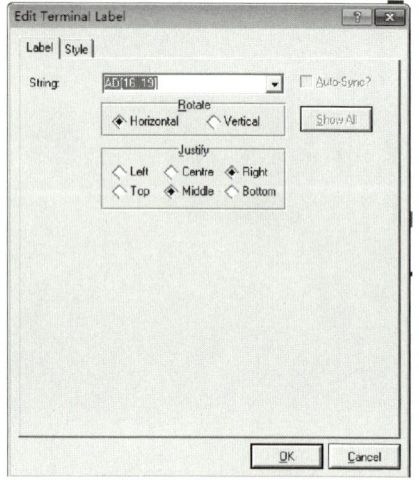

图 5-15　编辑总线端子

6. 元器件与总线的连线

绘制与总线连接导线的时候为了和一般的导线区分，一般习惯画斜线来表示分支线，如图 5-16 所示。此时需要自己决定走线路径，只需在想要拐点处单击鼠标左键即可。在绘制斜线时我们需要关闭自动线路功能（Wire Auto Router）。可通过使用工具栏里的 WAR 命令按钮 关闭。绘制完后的整体效果如图 5-4 所示。

7. 放置网络标号

网络标号（Net Label）是一个电气连接

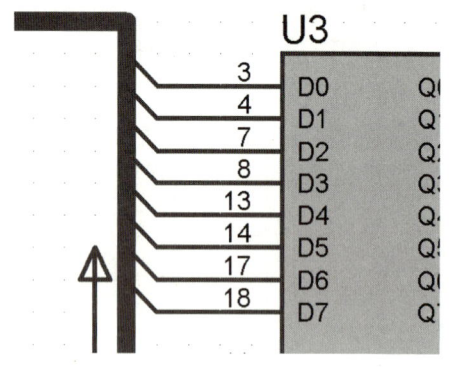

图 5-16　元器件与总线的连线

点，一般由字母或数字组成，具有相同网络标号的电气连接线、引脚及网络是连接在一起的，即标有相同网络标号的两点，相当于是用一根导线连起来的。在一个较复杂的电路图中，如果所有电气连接都用导线连接起来，将会使电路图看起来异常烦琐，不易于查错，这时我们就借助网络标号。Proteus 提供了两种常用的添加网络标号的方法，一种是直接单击网络标号按钮（Wire Label Mode）按钮 ，在导线上添加网络标号；另一种是单击终端按钮 ，选择默认端子 "DEFAULT"，在端子上添加网络标号。下面依次介绍两种方式。

单击绘图工具栏的网络标号按钮 使之处于选中状态。将鼠标置于欲放置网络标号的导线上，这时会出现一个"×"，表明该导线可以放置网络标号。单击鼠标左键，弹出 "Edit Wire Label" 对话框，在 "String" 输入网络标号名称（如 A_0），单击按钮 完成该导线的网络标号的放置。同理，可以放置其他导线的标号。注意：在放置导线网络标号的过程中，相互接通的导线必须标注相同的标号，如图 5-17 所示。

第 5 章　Proteus 仿真平台的使用

另一种是给芯片引脚添加网络标号，单击终端按钮，使之处于选中状态，单击默认端子"DEFAULT"，在需要放置端子的引脚附近单击鼠标左键放置端子，然后将该引脚与端子连接起来。鼠标左键双击端子，在"String"里输入网络标号的名字，单击"OK"。如果网络标号需要有上画线，则在需要添加上画线的字符前后加上"$"符号。例如要给 RD 加上画线，则在"String"里输入"RD"，如图 5-18 所示。添加后的网络标号如图 5-19 所示。

采用以上 7 种基本操作，大家可以完成图 5-4 中 8086 最小模式电路的绘制。

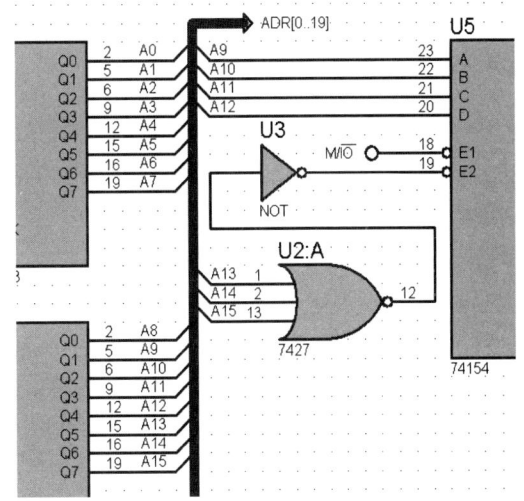

图 5-17　在导线上放置网络标号

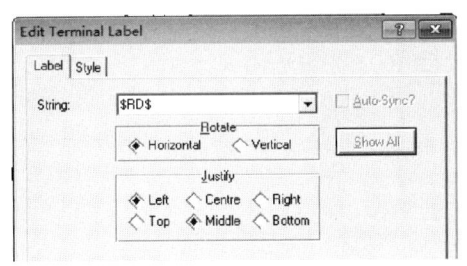

图 5-18　编辑网络标号端子

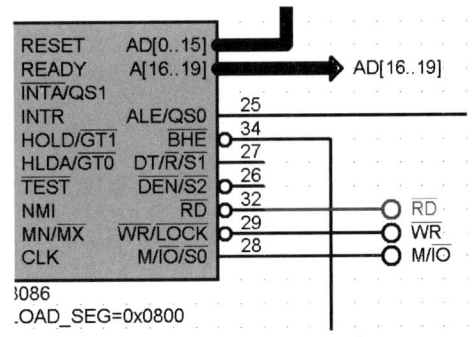

图 5-19　在引脚上放置网络标号

5.3　Proteus ISIS 下 8086 的仿真

基于 8086 微处理器的仿真是 Proteus 7.5 以上版本新增的功能。Proteus VSM 8086 是 Intel 8086 处理器的指令和总线周期仿真模型。它能通过总线驱动器和多路输出选择器电路连接 RAM 和 ROM 及不同的外围控制器。目前的模型能仿真最小模式中的所有的总线信号和器件的操作时序，但是对最大模式的支持还没有实现。此外，因为内部存储区域能被定义，所以外部总线行为的仿真不需要编程获取和数据存储读/写的操作。

8086 模型支持直接加载 BIN、COM 和 EXE 格式的文件到内部 RAM 中去，而不需要 DOS，这些文件都可以通过上一章提到的 EMU8086 软件生成。

在 Proteus 中双击 8086 元件，可以通过编辑元器件对话框对 8086 模型的多种属性进行修改，如图 5-10 所示。8086 主要的属性见表 5-1。

127

表 5-1 8086 主要的属性

属性	默认值	描述
时钟	5MHz	指定处理器的时钟频率。在外部时钟被选中的情况下此属性被忽略
外部时钟	NO	指定是否使用内部时钟模式，或是响应已经存在 CLK 引脚上的外部时钟信号。注意，使用外部时钟模式会明显的减慢仿真的速度
编程	—	指定一个程序文件并加载到模型的内部存储器中。程序文件可以是二进制文件、与 MS-DOS 兼容的 COM 文件或是 EXE 格式的程序
程序段	0x0000	决定外部程序加载到内部存储器中的位置
内部存储单元	0x0000	内部仿真存储区的位置
内部存储容量	0x0000	内部仿真存储区的大小

本节需要仿真的电路图如图 5-20 所示。该电路利用 8086 微处理器，根据读取到的开关 K0~K7 的状态，控制发光二极管 LED0~LED7 点亮。K0 控制 LED0，开关 K0 闭合时，LED0 点亮，K0 断开，LED0 熄灭。K1 控制 LED1，K2 控制 LED2，以此类推。

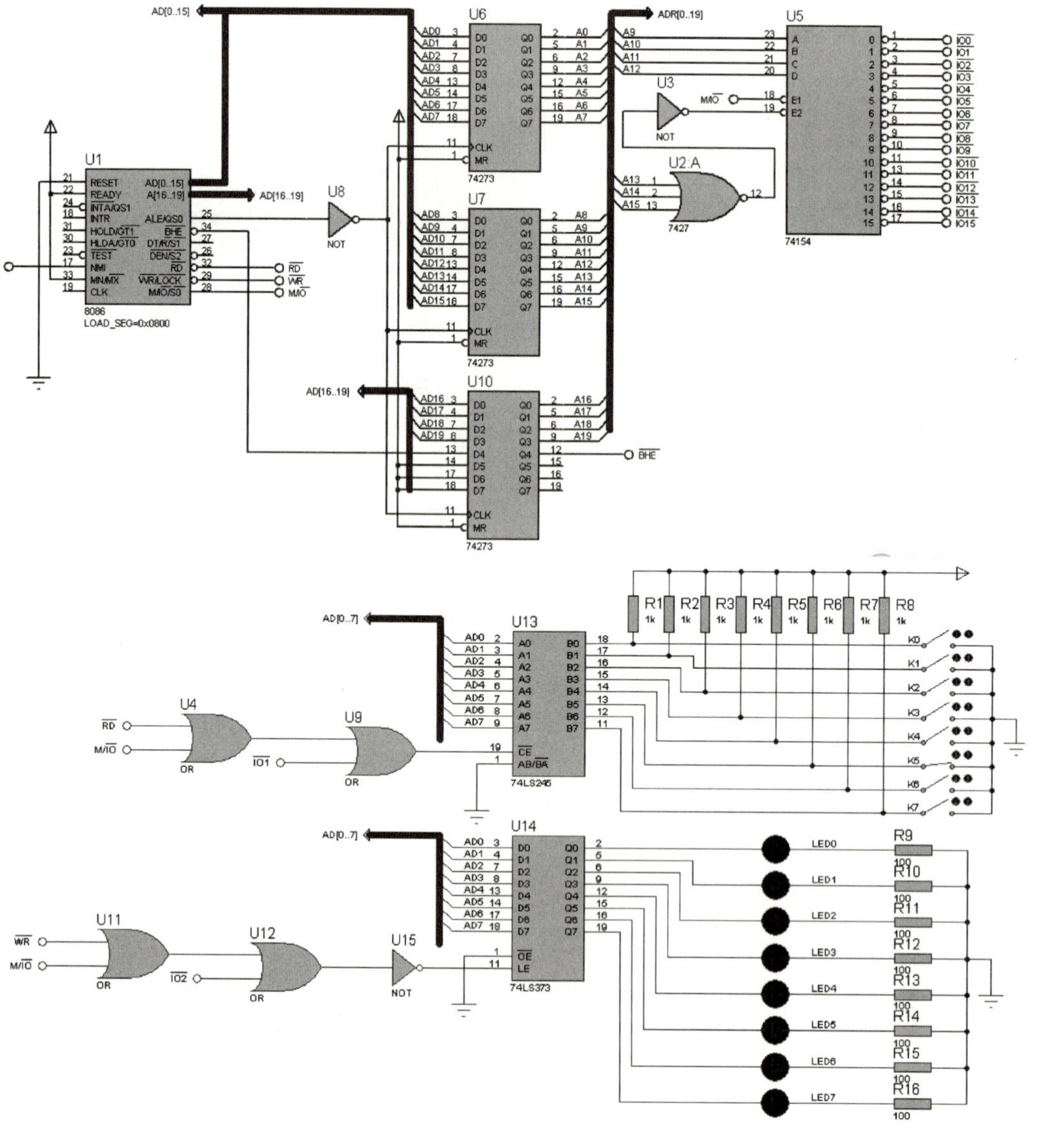

图 5-20 基于 8086 的简单 I/O 实验电路

第 5 章　Proteus 仿真平台的使用

1. 绘制电路图

根据上一节学会的 Proteus ISIS 电路绘制基本方法，绘制电路图。可以看到图 5-20 中上半部分电路即是前一节所绘制的 8086 的最小模式电路。接下来再在下面绘制 I/O 接口电路部分。两部分电路通过网络标号进行电气连接。大家可以通过前一节学的知识，完成该部分电路绘制。

2. 编写代码

打开 EMU8086 软件，编写该电路的汇编程序，如图 5-21 所示，该程序文件名为 led.asm。程序编写完成，选择【compile】进行编译，若编译成功，默认将在 MyBuild 文件夹中生成 led.exe 文件（在编译成功后提示保存时可以修改 EXE 文件保存的名称和路径）。在将 EXE 文件加载进入 Proteus 的 8086 中进行仿真前，大家最好在 EMU8086 软件中进行 DEBUG，初步确保程序运行正确。

图 5-21　在 EMU8086 中编写代码

3. 仿真调试

在 Proteus ISIS 的电路图中，鼠标左键双击 8086，弹出一个对话框，如图 5-22 所示。

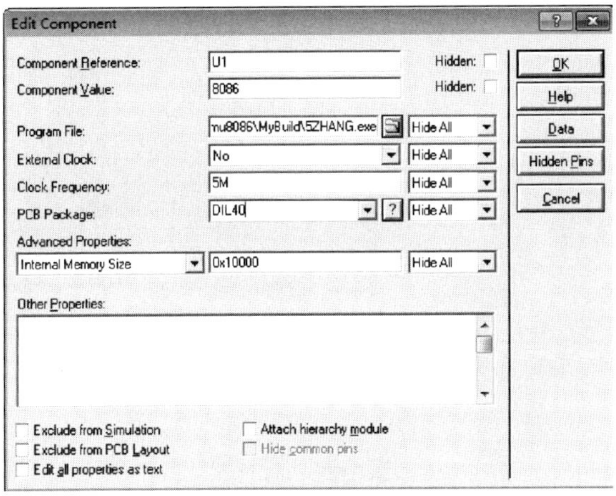

图 5-22　加载程序

在弹出的对话框里单击"Program File"的按钮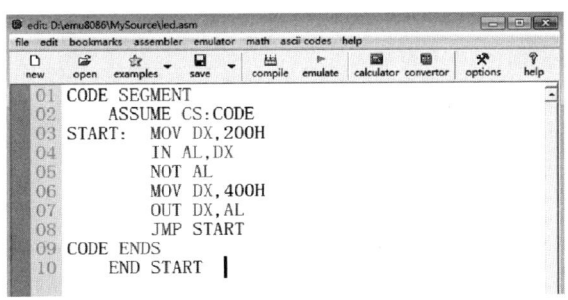，找到刚才编译得到的 EXE 文件并打开，然后单击"Advanced Properties"中的下拉箭头，将"Internal Memory Size"设置为 0x10000；然后单击按钮 OK 就可以模拟了。

单击调试控制按钮的运行按钮 ▶，进入运行状态。这时我们能清楚地看到每一个引脚电平的变化，通过控制开关的闭合可以看到对应 LED，如图 5-23 所示。引脚电平红色代表高电平，蓝色代表低电平。

在运行过程中选择暂停按钮 ❚❚，然后鼠标右键单击 8086，在菜单中选择最下方的"8086"，弹出三个选项，如图 5-24 所示，单击这三个选项可以分别打开 8086 的寄存器、变量和存储器窗口。单击单步运行按钮 ▶❙ 可以观察到窗口中寄存器或存储器单元值的变化，如图 5-25 所示。通过该方式，可以对电路进行调试。

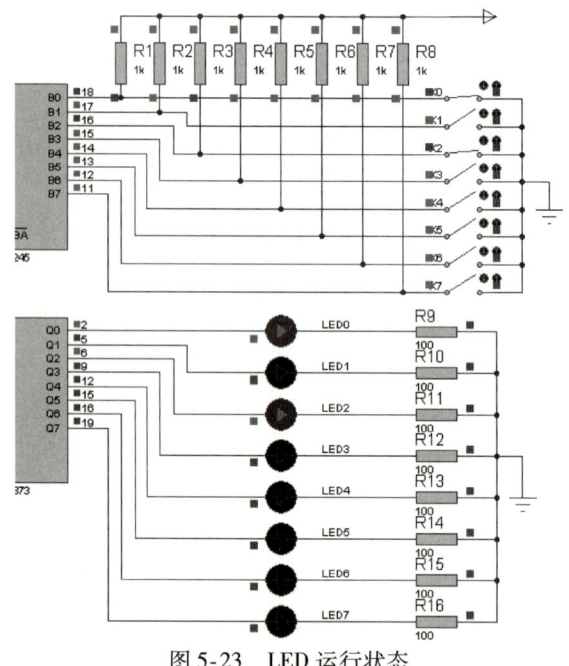

图 5-23 LED 运行状态

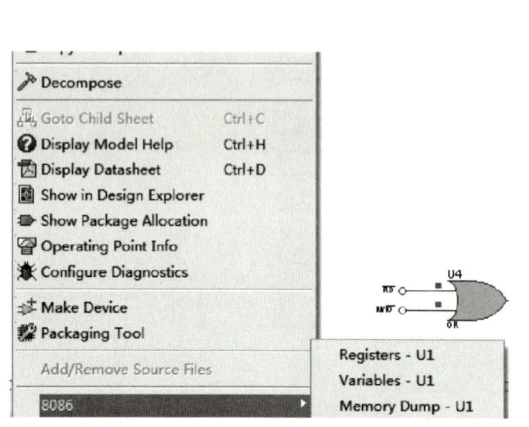

图 5-24 8086 调试窗口选择

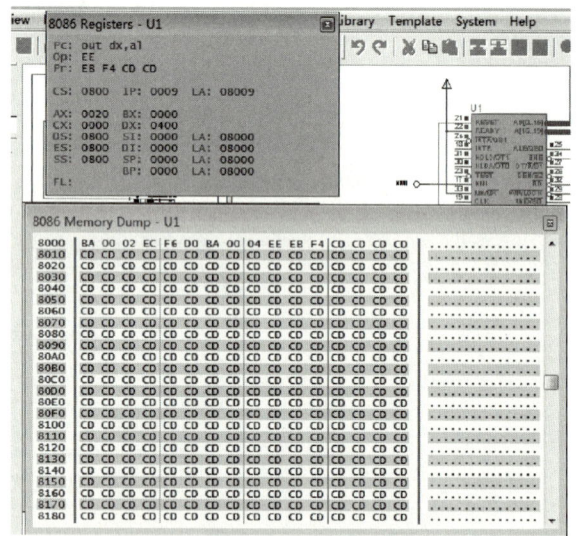

图 5-25 8086 寄存器和存储器窗口

本 章 习 题

1. 简述在 Proteus ISIS 中绘制原理图的基本操作步骤。
2. 简述在 Proteus ISIS 中进行仿真调试的过程。
3. 根据本章介绍的方法，在 Proteus ISIS 中绘制图 5-20 所示的电路图，并在 EMU8086 中编写代码，对电路进行仿真调试。

第 6 章 半导体存储器

【教学提示】 半导体存储器是用以存储二进制信息的器件，是微机系统中的重要组成部分。本章讲解了半导体存储器的分类、主要性能指标及各类存储器的特点，微机系统中存储系统的体系结构，CPU 与存储器的连接，存储器的扩展。

【教学要求】 通过本章学习，应该掌握以下内容：微机中存储系统的体系结构、CPU 与存储器的连接、存储器的扩展，了解半导体存储器分类、主要性能指标及各类存储器的特点。

6.1 概述

存储器是用以存储一系列二进制信息的器件，正是因为有了存储器，计算机才有了对信息的记忆功能，从而实现程序和数据信息的存储，使计算机能够自动高速地进行各种运算。存储器可与 CPU、输入输出设备交换信息，起存储、缓冲、传递信息的作用。衡量存储器有三个指标：容量、速度和价格/位。

存储器的分层结构是指微机的存储系统由寄存器、Cache、主存储器、磁盘、光盘等多个层次由上至下排列组成。分层结构的顶端，存储访问速度最快，单位价格最高，存储容量最小。自上而下速度越来越慢，容量越来越大，单位价格越来越低。存储器层次结构图如图 6-1 所示。

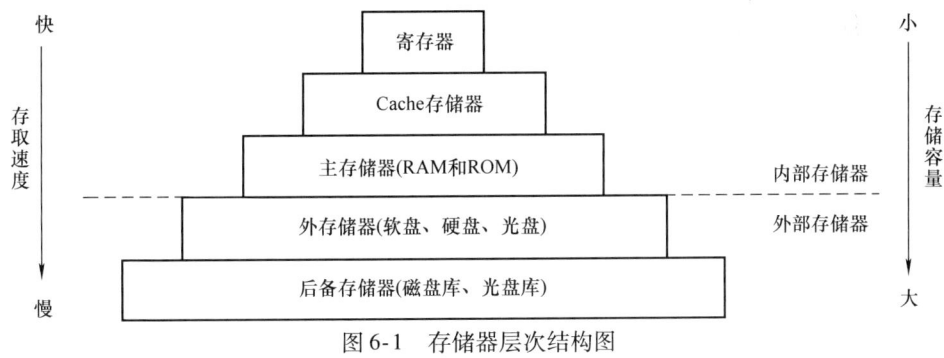

图 6-1 存储器层次结构图

6.2 半导体存储器的分类

计算机的存储器，从体系结构的观点来划分，可根据其是设在主机内还是主机外，分为内部存储器和外部存储器两大类。内部存储器（简称内存或主存）是计算机主机的组成部分之一，用来存储当前运行所需要的程序和数据，CPU 可以直接访问内存并与其交换信息。相对外部存储器（简称外存）而言，内存的容量小、存取速度快。而外存刚好相反，外存用于存放当前不参加运行的程序和数据，CPU 不能对它直接访问，而必须通过配备专门的设备才能够对它进行读写（如磁盘驱动器等），这是它与内存之间的一个本质的区别。外存容量一般都很大，但存取速度相对比较慢。

存储器按照使用的存储介质不同可分为半导体存储器、磁表面存储器（如磁盘存储器与磁带存储器）、光介质存储器；按照存取方式的不同可分为随机存储器、顺序存储器、半顺序存储器；按照信息的是否可保存可分为易失性存储器（随机存储器 RAM）和非易失性存储器（只读存储器 ROM）；按其在计算机系统中的作用不同可分为主存储器、辅助存储器、缓冲存储器和控制存储器

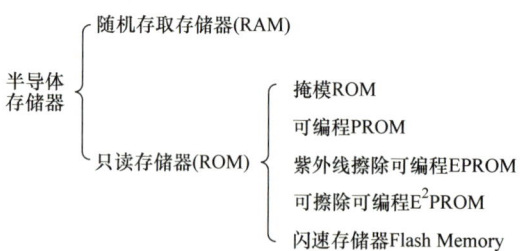

图 6-2　半导体存储器的分类

等。下面重点介绍用于构成内存的半导体存储器。内部存储器按存储信息的特性可分为随机存取存储器（Random Access Memory，RAM）和只读存储器（Read Only Memory，ROM）两类，如图 6-2 所示。

1. 随机存取存储器（RAM）的分类

随机存取存储器简称 RAM，也叫作读/写存储器。按其制造工艺可以分为双极型 RAM 和金属氧化物（MOS）型 RAM。

（1）双极型 RAM

双极型 RAM 的主要优点是存取时间短，通常为几纳秒到几十纳秒（ns）。与下面提到的 MOS 型 RAM 相比，其集成度低、功耗大，而且价格也较高。因此，双极型 RAM 主要用于要求存取时间非常短的特殊应用场合。

（2）MOS 型 RAM

用 MOS 器件构成的 RAM 又可分为静态读/写存储器 SRAM（Static RAM）和动态读/写存储器 DRAM（Dynamic RAM）。

SRAM 的存储单元由双稳态触发器构成。双稳态触发器有两个稳定状态，可用来存储一位二进制信息。只要不掉电，其存储的信息可以始终稳定地存在，故称其为"静态"RAM。SRAM 的主要特点是存取时间短（几十到几百纳秒），外部电路简单，便于使用。常见的 SRAM 芯片容量为 1～64KB。SRAM 的功耗比双极型 RAM 低，价格也比较便宜。

DRAM 的存储单元用电容来存储信息，电路简单。但电容总有漏电存在，时间长了存放的信息就会丢失或出现错误。因此需要对这些电容定时充电，这个过程称为"刷新"，即定时地将存储单元中的内容读出再写入。由于需要刷新，所以这种 RAM 称为"动态"RAM。DRAM 的存取速度与 SRAM 的存取速度差不多。其最大的特点是集成度非常高，目前 DRAM 芯片的容量已达几百兆字节，此外它的功耗低，价格比较便宜。

由于用 MOS 工艺制造的 RAM 集成度高，存取速度能满足各种类型微型机的要求，而且其价格也比较便宜，因此，现在微型计算机中的内存主要由 MOS 型 DRAM 组成。

（3）非易失性静态随机存储器 NVRAM（Non – Volatile RAM）

在静态随机存储器中集成可充电电池，可作为随机访问存储器使用，与静态存储器一样，在电源关闭后可长时间保持存储的数据不丢失。

2. 只读存储器（ROM）的分类

根据制造工艺不同，只读存储器分为 MROM、PROM、EPROM、E^2PROM、Flash Memory 几类。只读存储器在工作时只能读出，不能写入，掉电后不会丢失所存储的内容。

（1）掩模式 ROM（Mask Read-Only Memory，MROM）

掩模式 ROM 是芯片制造厂根据 ROM 要存储的信息，对芯片图形通过二次光刻生产出来的，故称为掩模式只读存储器（MROM）。其存储的内容固化在芯片内，用户可以读出，但不能改变。这种芯片存储的信息稳定，成本最低。适用于存放一些可批量生产的固定不变的程序或数据。

（2）可编程 ROM（Programmable ROM，PROM）

如果用户要根据自己的需要来确定 ROM 中的存储内容，则可使用可编程 ROM（PROM）。PROM 允许用户对其进行一次编程即写入数据或程序。一旦编程之后，信息就永久性地固定下来。用户可以读出其内容，但是再也无法改变它的内容。

（3）可擦除的 PROM（EEPROM，EPROM）

上述两种芯片存放的信息只能读出而无法修改，这给许多方面的应用带来不便。由此又出现了两类可擦除的 ROM 芯片。这类芯片允许用户通过一定的方式多次写入数据或程序，也可根据需要修改和擦除其中所存储的内容，且写入的信息不会因为掉电而丢失。由于这些特性，可擦除的 PROM 芯片在系统开发、科研等领域得到了广泛的应用。

可擦除的 PROM 芯片因其擦除的方式不同可分为两类：一是通过紫外线照射（约 20 分钟）来擦除，这种用紫外线擦除的 PROM 称为 EPROM（Erasable Programmable ROM）；另外一种是通过加电压的方法（通常是加上一定的电压）来擦除，这种 PROM 称为 E^2PROM（或 Electric Erasable Programmable ROM，EEPROM）。芯片内容擦除后仍可以重新对它进行编程，写入新的内容。擦除和重新编程都可以多次进行。但有一点要注意，尽管 EPROM（E^2PROM）芯片既可读出所存储的内容也可以对其编程写入和擦除，但它们和 RAM 还是有本质区别的。首先它们不能够像 RAM 芯片那样随机快速地写入和修改，它们的写入需要一定的条件（这一点将在后面详细介绍）；另外，RAM 中的内容在掉电之后会丢失，而 EPROM（E^2PROM）则不会，其上的内容一般可保存几十年。

（4）闪速存储器（Flash Memory）

闪速存储器是新型的非易失性的存储器，是在 FPROM 与 E^2PROM 基础上发展起来的。它与 EPROM 一样，用单管来存储一位信息，它与 E^2PROM 相同之处是用电来擦除，但是它只能擦除整个区域或整个器件。闪速存储器于 1983 年推出，1988 年商品化。它兼有 ROM 和 RAM 两者的性能，又有 DRAM 一样的高密度。目前价格已低于 DRAM，芯片容量已接近于 DRAM，是唯一具有大存储量、非易失性、低价格、可在线改写和高速度读等特性的存储器，它是近年来发展最快、最有前途的存储器。

6.3 存储器芯片的主要技术指标

衡量半导体存储器性能的主要指标有存储容量、存取时间、存取周期、可靠性、功耗等。

1. 存储容量

存储容量是存储器的一个重要指标。存储容量是指存储器所能存储二进制数码的数量，即所含存储元的总数。存储器芯片的存储容量用"存储单元个数×每个存储单元的位数"来表示。例如，SRAM 芯片 6264 的容量为 8K×8bit，即它有 8K 个存储单元（1K = 1024），每个单元存储 8 位（一个字节）二进制数据。DRAM 芯片 NMC41257 的容量为 256K×1bit，即它有 256K 个存储单元，每个单元存储 1 位二进制数据。各半导体器件生产厂家为用户提供了许多种不同容量的存储器芯片，用户在构成计算机内存系统时，可以根据要求加以选用。

随着存储器不断扩大，常采用的单位：千字节 KB（1024B）、兆字节 MB（1024KB）、千兆字节 GB（1024MB）及兆兆字节 TB（1024GB）。显然，存储容量是反映存储能力的指标。

2. 存取时间和存取周期

存取时间又称存储器访问时间，即启动一次存储器操作（读或写）到完成该操作所需要的时间。具体地讲，也就是从一次读操作命令发出到该操作完成，将数据读入数据缓冲寄存器为止所经历的时间，即为存储器存取时间；CPU 在读/写存储器时，其读/写时间必须大于存储器芯片的额定存取时间。如果不能满足这一点，微型机则无法正常工作。

存取周期是连续启动两次独立的存储器操作所需间隔的最小时间。通常，存储周期略大于存取时间，其时间单位为纳秒（ns）。通常手册上给出存取时间的上限值，称为最大存取时间。显然，存取时间和存储周期是反映主存工作速度的重要指标。

3. 可靠性

可靠性则是指存储器对电磁场的抗干扰性和对温度变化的抗干扰性。一般用平均无故障时间来表示。计算机要正确地运行，必然要求存储器系统具有很高的可靠性。内存发生的任何错误会使计算机不能正常工作。而存储器的可靠性直接与构成它的芯片有关。

4. 功耗

功耗通常是指每个存储元消耗功率的大小，单位为微瓦/位（μW/bit）或者毫瓦/位（mW/bit）。使用功耗低的存储器芯片构成存储系统，不仅可以减少对电源容量的要求，而且还可以提高存储系统的可靠性。

5. 集成度

集成度指在一块存储芯片内，能集成多少个基本存储电路，每个基本存储电路存放一位二进制信息，所以集成度常用位/片来表示。

6. 性能/价格比

性能/价格比（简称性价比）是衡量存储器经济性能好坏的综合指标，它关系到存储器的实用价值。其中性能包括前述的各项指标，而价格是指存储单元本身和外围电路的总价格。

7. 其他指标

体积小、重量轻、价格便宜、使用灵活是微型计算机的主要特点及优点，所以存储器的体积大小、工作温度范围、成本高低等也成为人们关注的性能指标。

6.4 典型存储器芯片介绍

1. SRAM 芯片 Intel 2114

Intel 2114 是一种 1K×4bit 的 SRAM 存储芯片，其最基本的存储单元采用六管存储元电路,单一+5V电源供电。所有的引脚都与TTL电平兼容,其引脚排列如图6-3所示。图中 $A_0 \sim A_9$ 为10根地址线,因此可寻址空间为 $2^{10} = 1024$ (1K) 个存储单元。$I/O_1 \sim I/O_4$ 为4根输入输出数据线,三态控制。$\overline{WE}$ 为写允许信号引脚,当 $\overline{WE} = 0$ 时执行写操作;当 $\overline{WE} = 1$ 时执行读操作。$\overline{CS}$ 为片选信号引脚,当 $\overline{CS} = 0$ 时该芯片被选中。

2. SRAM芯片 Intel 6264

Intel 6264 是 $8K \times 8bit$ 的 SRAM 存储器芯片,采用 $0.8\mu mCMOS$ 工艺制造,单一的 +5V 电源供电,具有速度高、功耗低等特点。该芯片的存取时间为 $45 \sim 85ns$,待机功耗为 $1.0\mu W$,操作时功耗为 25mW。该芯片是全静态,无须时钟和定时选通信号,I/O 端口是双向、三态控制,与 TTL 电平兼容。Intel 6264 具有多种封装形式,DIP 封装的引脚排列如图6-4所示。它共有28条引出线,包括13根地址线 $A_0 \sim A_{12}$、8根数据线 $D_0 \sim D_7$、4根控制信号线及其他引线。当 $\overline{CS}_1 = 0$、$CS_2 = 1$,且写允许信号 $\overline{WE} = 0$、输出使能信号 $\overline{OE} = 1$ 时,执行数据写入操作;当 $\overline{WE} = 1$、$\overline{OE} = 0$ 时,执行数据输出操作。当片选信号无效时,数据线 $D_0 \sim D_7$ 为高阻态。Intel 62 系列存储器型号与容量见表6-1。

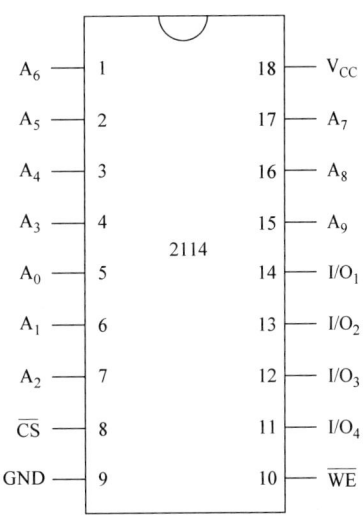

图 6-3 Intel 2114 引脚图

表 6-1 Intel 62 系列存储器型号与容量

型号	容量
6264	$8K \times 8bit$
62128	$16K \times 8bit$
62256	$32K \times 8bit$
62512	$64K \times 8bit$

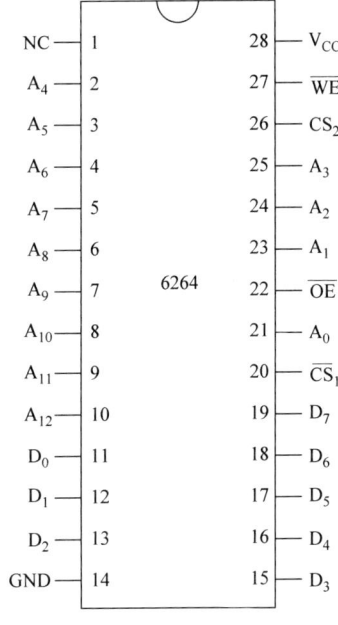

图 6-4 Intel 6264 引脚图

3. SRAM芯片 Intel 51256

Intel 51256 是容量为 $32K \times 8bit$ 的 SRAM,共有 28 条引脚,其中 $A_0 \sim A_{14}$ 为地址线,寻址范围为 $2^{15} = 32KB$。$D_0 \sim D_7$ 为双向三态数据线。双列直插式封装,单一 +5V 电源供电,引脚分布如图6-5所示。

Intel 51256 工作方式见表6-2,当片选信号 $\overline{CE} = 0$ 时,$R/\overline{W} = 1$ 且 $\overline{OE} = 0$ 则执行读操作;$R/\overline{W} = 0$ 则执行写操作;$R/\overline{W} = 1$ 且 $\overline{OE} = 1$ 则数据线输出高阻态。

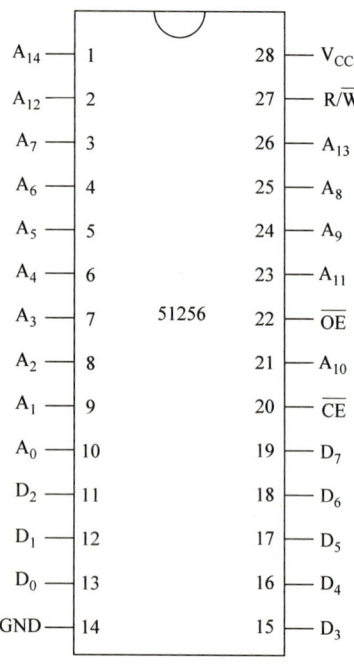

表 6-2 Intel 51256 工作方式

$\overline{CE}$	$R/\overline{W}$	$\overline{OE}$	工作方式
0	1	0	读操作
0	0	×	写操作
0	1	1	高组态
1	×	×	未选

图 6-5 Intel 51256 引脚图

4. DRAM 芯片 Intel 2164

Intel 21 系列是一组存储容量不同的 DRAM，常见的芯片型号及容量见表 6-3。

Intel 2164 是 64K×1bit 的 DRAM，是 Intel 公司的早期产品，其引脚排列如图 6-6 所示。地址线只有 8 位，16 位的地址信号分为行地址和列地址，分两次送入芯片。

表 6-3 Intel 21 系列存储器型号与容量

型号	容量
2164	64K×1bit
21256	256K×1bit
21464	64K×4bit

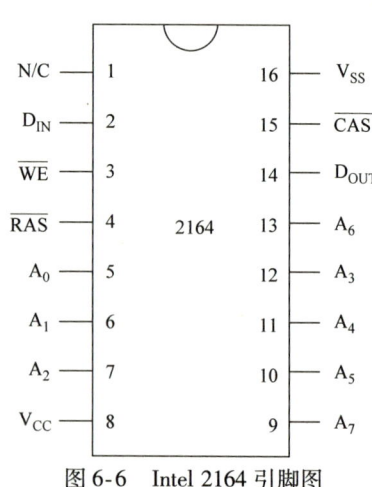

图 6-6 Intel 2164 引脚图

进行读/写操作时，先由 $\overline{RAS}$ 信号将地址线输入的 8 位行地址（$A_7 \sim A_0$）锁存到内部行地址寄存器，再由 $\overline{CAS}$ 信号将地址线输入的 8 位列地址（$A_{15} \sim A_8$）锁存到内部列地址寄存器,选中一个存储单元,由$\overline{WE}$决定读或者写操作。由于动态存储器读出时须预充电,因此每次读/写操作均可进行一次刷新。

刷新操作时,$\overline{RAS}$信号为低,动态存储器对部分单元进行刷新操作。2164内部由4个128×128的矩阵组成,刷新操作时A_7不用,行地址由$A_6 \sim A_0$送入,4个矩阵中的128×4位同时刷新。

5. DRAM 芯片 Intel 41256

Intel 41256是容量为256K×1bit的DRAM芯片,存取时间200~300ns,引脚排列如图6-7所示,引脚功能见表6-4。

该芯片的地址线只有一半的位数,行地址和列地址分两次输入,由行地址选通信号$\overline{RAS}$和列地址选通信号$\overline{CAS}$控制,通过地址译码选中一个存储元。

表6-4　Intel 41256 的引脚功能

引脚	功能
$A_8 \sim A_0$	地址线
D	数据输入
Q	数据输出
$\overline{W}$	读写信号
$\overline{RAS}$	行地址选通信号
$\overline{CAS}$	列地址选通信号
V_{CC}	电源(+5V)
V_{SS}	地

图6-7　Intel 41256引脚图

6. EPROM 芯片 Intel 27128

Intel 27128是一个128Kbit(16K×8bit)的EPROM,它需要14条地址输入线,经过译码在16K地址中选中一个单元。最大访问时间250ns,与高速8MHz的iPAX186兼容。Intel 27128的引脚排列如图6-8所示。

输出和编程以及各种工作方式有3条控制线,分别是:片选信号$\overline{CE}$、编程控制信号$\overline{PGM}$和输出允许信号$\overline{OE}$。Intel 27128有8种工作方式,这些工作方式的选择见表6-5。

读模式:$\overline{CE} = 0$、$\overline{OE} = 0$、$\overline{PGM} = 1$、$V_{PP} = V_{CC}$,根据地址线选中的单元内容被送到数据线$D_7 \sim D_0$上。

输出禁止:$\overline{OE} = 1$,输出端$D_7 \sim D_0$高阻。

备用模式:$\overline{CE} = 1$,芯片未选中,输出端$D_7 \sim D_0$高阻。

编程禁止:V_{PP}端加了编程电压,但是$\overline{CE} = 1$,芯片未被选中,输出端$D_7 \sim D_0$高阻。

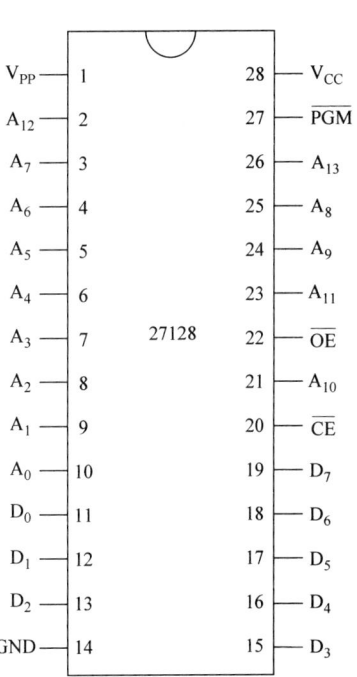

图6-8　Intel 27128引脚图

编程模式：$\overline{CE}=0$、$\overline{OE}=1$、$\overline{PGM}=0$、$V_{PP}=V_{CC}$，CPU 中的数据通过数据线 $D_7 \sim D_0$ 写入由地址线选中的单元中。编程需要持续 50ms。

Intel 编程：这是 Intel 公司提出的一种快速编程方法。控制信号与编程模式相同，但是采用了边写入边校验的方法，使编程时间大大降低。

校验模式：在 $V_{PP}=V_{PP}$ 情况下进行读操作，以便于与写入的数据进行比较。

电子标识符：$\overline{CE}=0$、$\overline{OE}=0$、$\overline{PGM}=1$、$V_{PP}=V_{CC}$，这与读操作一样，但是 $A_9=V_{ID}$，器件将工作于电子标识符模式。电子标识符为 2 字节，包括制造商信息和器件类型编码。读取电子标识符模式，$A_0=0$，其他位为低，读出的是制造商信息；$A_0=1$，其他位为低，读出的是器件类型编码。

其中，V_{CC} 是 +5V 电源电压，V_{PP} 是编程电压，编程电压随不同的厂商有所区别，一般为 +12V 左右。V_{ID} 为加在 A_9 引脚上的电子标识符识别电压，电压值与编程电压相同。

表 6-5　Intel 27128 的工作模式

引脚 模式	$\overline{CE}$	$\overline{OE}$	$\overline{PGM}$	A_9	V_{PP}	V_{CC}	$D_7 \sim D_0$
读模式	L	L	H	×	V_{CC}	V_{CC}	数据输出
输出禁止	L	H	H	×	V_{CC}	V_{CC}	高阻
备用模式	H	×	×	×	V_{CC}	V_{CC}	高阻
编程禁止	H	×	×	×	V_{PP}	V_{CC}	高阻
编程模式	L	H	L	×	V_{PP}	V_{CC}	数据输入
Intel 编程	L	H	L	×	V_{PP}	V_{CC}	数据输入
校验模式	L	L	H	×	V_{PP}	V_{CC}	数据输出
电子标识符	L	L	H	V_{ID}	V_{CC}	V_{CC}	标识符输出

6.5　存储器与系统的连接

6.5.1　存储器扩展

实际应用中，由于一块存储芯片的容量有限，很难满足实际存储容量的要求，因此需要将若干个存储芯片和系统进行连接扩展，通常有三种连接扩展方式：位扩展、字扩展和字位扩展。

CPU 对存储器进行读/写操作时，首先由地址总线给出地址信号，然后要对存储器发出读操作或写操作的控制信号，最后在数据总线上进行信息交换。所以，存储器与系统之间通过地址总线（AB）、数据总线（DB）及有关的控制信号线相连接，设计系统的存储器体系时需要将这三类信号线正确连接。

1. 位扩展

位扩展指用多个存储器器件对字长进行扩充。一个地址同时控制多个存储器芯片。位扩展的连接方式是将多片存储器的地址、片选信号 $\overline{CS}$、读/写控制 $R/\overline{W}$ 对应相并联，数据线分别引出，如图 6-9 所示。

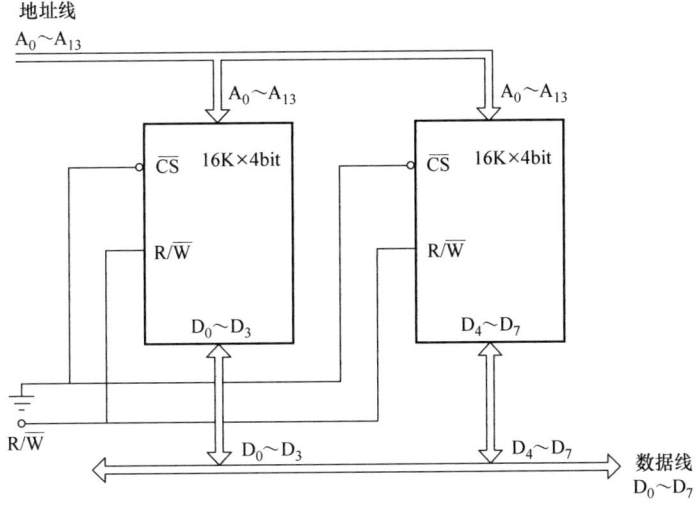

图 6-9 位扩展图

2. 字扩展

字扩展指的是增加存储器中字的数量。进行字扩展时,将各芯片的地址线、数据线和读/写控制线相应并联,由片选信号来区分各芯片的地址范围,如图 6-10 所示。

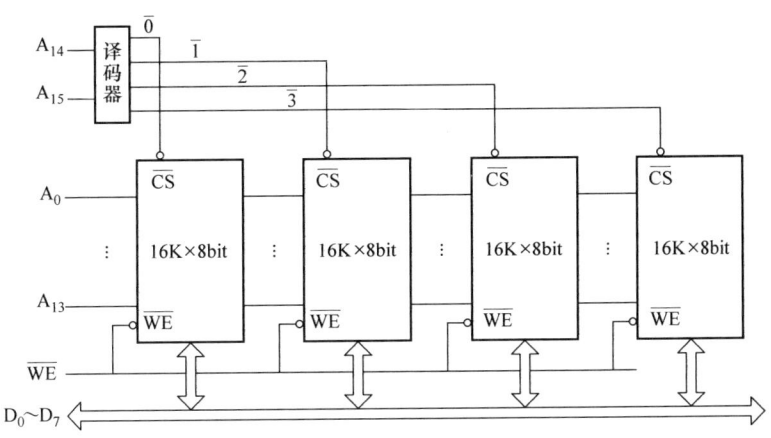

图 6-10 字扩展图

3. 字位扩展

实际存储器往往需要向字和向位同时扩展,这种情况叫作字位扩展。一个存储器的容量如果为 M×N 位,若使用 L×K 位存储器芯片,那么,这个存储器共需要(M/L)×(N/K)个存储器芯片。

6.5.2 存储器的片选信号产生方法

一个存储器通常由多个存储器芯片组成,CPU 要实现对存储器单元的访问,首先要选择存储芯片,然后再从选中芯片中按照地址码选择相应的存储单元来读/写数据。通常由 CPU 的低位地址码作为片内寻址,来选择片内具体的存储单元;而芯片的片选信号则由

CPU 的高位地址译码产生或直接产生。由此可见，存储单元的地址由片内地址信号线和片选信号线的状态共同决定。常用的片选信号产生方法有以下三种。

（1）线选择译码

线选择译码是指用除存储器芯片内寻址的低位地址线以外的高位地址线中的某一条作为存储器芯片的片选控制信号的译码方式。片选的地址线每次寻址时只能有一位地址线有效，不允许多位有效，保证每次只选中一个芯片或一个芯片组。

线选择译码的优点：选择芯片不需要外加逻辑电路，译码线路简单。线选择译码的缺点：地址重叠区域多，不能充分利用系统的存储空间，适用于扩展容量较小的系统。

（2）全地址译码

全地址译码是指片选信号由地址线中所有不在存储器上的地址线译码产生，存储器芯片中的每一个存储单元只对应内存空间的一个地址。

全地址译码的特点：寻址范围大，地址连续，不会发生因高位地址不确定而产生的地址重复现象。

（3）部分地址译码

部分地址译码也称局部地址译码。它是指片选信号不是由地址线中所有不在存储器上的地址线译码产生，而是只有部分高位地址线被送入译码电路产生片选信号。

部分地址译码的特点：某些高位地址线被省略而不参加地址译码，简化了地址译码电路，但地址空间有重叠。这种译码方式在小型微机系统中应用较为广泛。

6.5.3　8086 CPU 与存储器的连接

8086 CPU 可寻址空间为 1MB，而其寻址空间实际上被划分成两个 512KB 的存储体，分别为奇存储体和偶存储体。奇存储体与数据总线 $D_{15} \sim D_8$ 连接，奇存储体中每一个单元地址为奇数；偶存储体与数据线 $D_7 \sim D_0$ 连接，偶存储体中每一个单元的地址为偶数。地址线 A_0 和控制线 $\overline{BHE}$ 用于存储体的选择，分别连接到每一个存储体片选信号端。地址线 $A_{19} \sim A_1$ 同时连接到两个存储体的芯片中，以寻址每一个存储单元。8086 与存储系统的总线连接如图 6-11 所示。

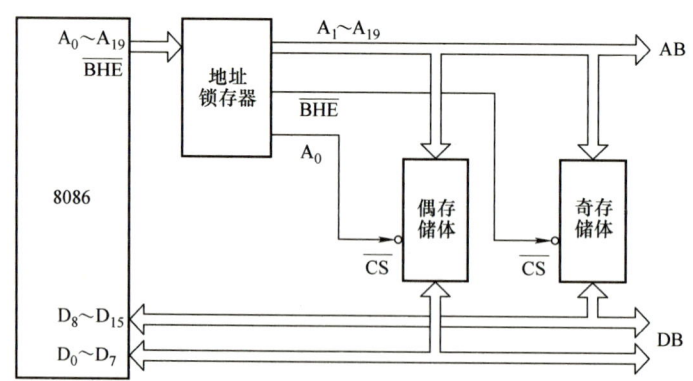

图 6-11　8086 与存储系统的总线连接

1. CPU 与存储器的接口

8086 CPU 有最小与最大两种工作模式。最小工作模式的控制信号仅由 8086 产生；最大工作模式需用总线控制器 8288 协同产生控制信号。

（1）最小工作模式下 CPU 与存储器的连接

当引脚 MN/$\overline{\text{MX}}$ 接高电平时，8086 工作于最小工作模式。在最小工作模式中，存储器所需要的接口信号全部由 CPU 提供。包括 16 位数据/地址信号 $AD_{15} \sim AD_0$，地址线 $A_{19} \sim A_{16}$，控制信号 ALE、$\overline{\text{BHE}}$、$\overline{\text{RD}}$、$\overline{\text{WR}}$、$M/\overline{\text{IO}}$、$DT/\overline{R}$ 和 $\overline{\text{DEN}}$。8086 最小工作模式下的存储器接口电路如图 6-12 所示。

（2）最大工作模式下 CPU 与存储器的连接

当引脚 MN/$\overline{\text{MX}}$ 接低电平时，8086 工作于最大工作模式。在最大工作模式中，存储器所需要的接口信号不再由 CPU 提供，而是由总线控制器 8288 产生控制信号，8086 向 8288 提供总线状态信号 $\overline{S}_2$、$\overline{S}_1$ 和 $\overline{S}_0$，8288 根据这三个状态信号产生相应的控制信号 $\overline{\text{MRDC}}$、$\overline{\text{MWTC}}$、$\overline{\text{AMWC}}$、ALE、$DT/\overline{R}$ 和 $\overline{\text{DEN}}$。8086 最大工作模式下的存储器接口电路如图 6-13 所示。

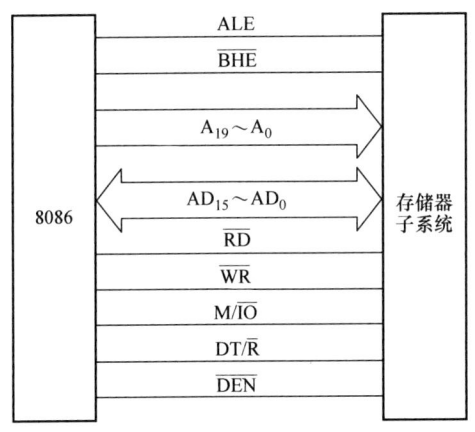

图 6-12 8086 最小工作模式下的存储器接口

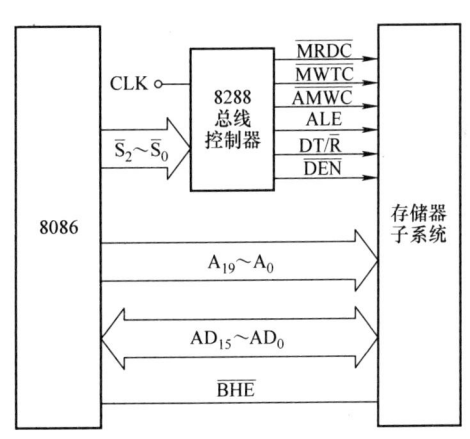

图 6-13 8086 最大工作模式下的存储器接口

2. 存储器接口分析

不同类型的存储器引脚信号都很相似，在此只讨论两种存储器的连接，只读存储器 ROM 和随机存储器 RAM。

（1）ROM 接口电路

只读存储器在计算机系统中的功能主要是存储程序、常数和系统参数等。目前，常用的有 27 系列和 28 系列 EPROM 芯片。

【例 6-1】 设计一 ROM 扩展电路，容量为 32K 字，地址从 00000H 开始。EPROM 芯片采用 27256（32K×8bit）。

1）确定存储芯片数量：（32K/32K）×（16bit/8bit）= 2 片，其中一片的 $D_7 \sim D_0$ 接 8086 的 $D_7 \sim D_0$，另一片的 $D_7 \sim D_0$ 接 8086 的 $D_{15} \sim D_8$。

2）计算地址范围：片选信号的产生如图 6-14 所示，片选信号由 $A_{19} \sim A_{16}$ 产生，当为 0000 时，片选信号有效。其地址范围为：00000H~0FFFFH，见表 6-6。

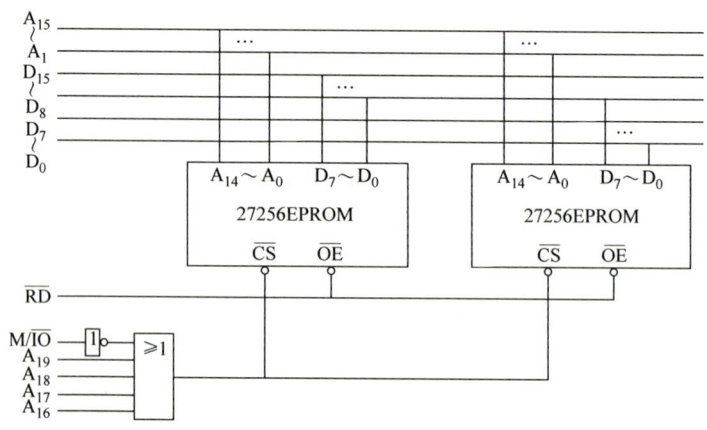

图 6-14　32K 字 EPROM 扩展电路

表 6-6　32K 字 EPROM 的地址范围表

	A_{19}	A_{18}	A_{17}	A_{16}	A_{15}	A_{14}	A_{13}	A_{12}	A_{11}	A_{10}	A_9	A_8	A_7	A_6	A_5	A_4	A_3	A_2	A_1	A_0
最小地址	0	0	0	0	0	0	0	0	0	0	0	0	0	0	0	0	0	0	0	0
最大地址	0	0	0	0	1	1	1	1	1	1	1	1	1	1	1	1	1	1	1	1

（2）RAM 接口电路

随机读写存储器在计算机系统中的功能主要是：存储程序和变量等。常用的有 61 和 62 系列 SRAM 芯片。与 ROM 接口电路不同，CPU 对 RAM 不仅要进行 16 位读操作，还要进行写操作。写操作有 3 种类型：写 16 位数据、写低 8 位数据和写高 8 位数据。$\overline{BHE}$、A_0 与总线使用情况见表 6-7。

表 6-7　$\overline{BHE}$、A_0 与总线使用情况表

$\overline{BHE}$	A_0	总线使用情况
0	0	16 位数据进行字节传送
0	1	高 8 位数据进行字节传送
1	0	低 8 位数据进行字节传送
1	1	无效

【例 6-2】 设计一 RAM 扩展电路，容量为 32K 字，地址从 10000H 开始。芯片采用 62256（32K×8bit）。

1) 确定存储芯片数量：(32K/32K)×(16bit/8bit) = 2 片，其中一片的 $D_7 \sim D_0$ 接 8086 的 $D_7 \sim D_0$，构成偶存储体；另一片的 $D_7 \sim D_0$ 接 8086 的 $D_{15} \sim D_8$，构成奇存储体。

2) 计算地址范围：片选信号的产生如图 6-15 所示，片选信号由 $A_{19} \sim A_{16}$ 产生，当为 0001 时，片选信号有效；系统总线的 $A_{15} \sim A_0$ 作为 RAM 的片内单元译码线，其中 $A_{15} \sim A_1$ 直接与 62256 的地址线 $A_{14} \sim A_0$ 相连。其地址范围为：10000H~1FFFFH，见表 6-8。

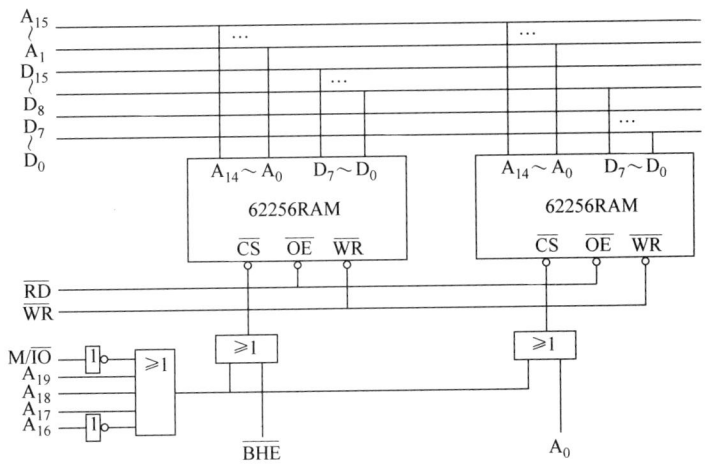

图 6-15 32K 字 RAM 扩展电路

表 6-8 32K 字 RAM 的地址范围表

	A_{19}	A_{18}	A_{17}	A_{16}	A_{15}	A_{14}	A_{13}	A_{12}	A_{11}	A_{10}	A_9	A_8	A_7	A_6	A_5	A_4	A_3	A_2	A_1	A_0
最小地址	0	0	0	1	0	0	0	0	0	0	0	0	0	0	0	0	0	0	0	0
最大地址	0	0	0	1	1	1	1	1	1	1	1	1	1	1	1	1	1	1	1	1

（3）存储器系统设计举例

【例 6-3】 8086 最大工作模式下的存储器系统如图 6-16 所示。图 6-16 中 8086 CPU 芯片上的地址、数据信号线经锁存、驱动后成为地址总线 $A_{19} \sim A_0$、数据总线 $D_{15} \sim D_0$，两片 ROM 芯片为 27256，两片 RAM 芯片为 62256。74LS138 通过对高位地址译码产生片选信号。

两片 62256 芯片由 $\overline{Y_0}$ 作为片选信号，片选信号由 $A_{19} \sim A_{16}$ 产生，当为 1000 时，两片 62256 芯片片选信号有效；系统总线的 $A_{15} \sim A_0$ 作为 RAM 的片内单元译码线，其中 $A_{15} \sim A_1$ 直接与 62256 的地址线 $A_{14} \sim A_0$ 相连接。其地址范围为：80000H ~ 8FFFFH，见表 6-9。

表 6-9 32K 字 RAM 的地址范围表

	A_{19}	A_{18}	A_{17}	A_{16}	A_{15}	A_{14}	A_{13}	A_{12}	A_{11}	A_{10}	A_9	A_8	A_7	A_6	A_5	A_4	A_3	A_2	A_1	A_0
最小地址	1	0	0	0	0	0	0	0	0	0	0	0	0	0	0	0	0	0	0	0
最大地址	1	0	0	0	1	1	1	1	1	1	1	1	1	1	1	1	1	1	1	1

两片 27256 芯片由 $\overline{Y_7}$ 作为片选信号，片选信号由 $A_{19} \sim A_{16}$ 产生，当为 1111 时，两片 27256 芯片片选信号有效；系统总线的 $A_{15} \sim A_0$ 作为 RAM 的片内单元译码线，其中 $A_{15} \sim A_1$ 直接与 27256 的地址线 $A_{14} \sim A_0$ 相连接。其地址范围为：80000H ~ 8FFFFH。

【例 6-4】 在 Proteus ISIS 中，利用 62256 存储芯片设计 RAM 存储器，实现以起始地址为 1000H:0000H 的 100 个存储单元中存放 0 ~ 99（即 00H ~ 63H）这 100 个数值。

1）在 Proteus 中设计的电路如图 6-17 所示。
2）实现对 RAM 区写入 0 ~ 99 的源程序代码如下：

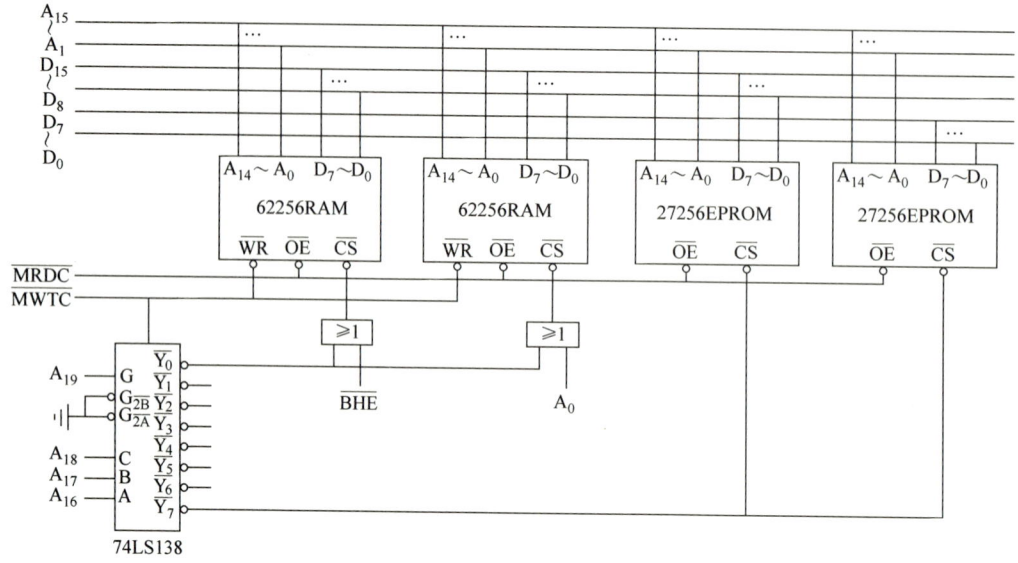

图 6-16 8086 最大工作模式下存储系统设计

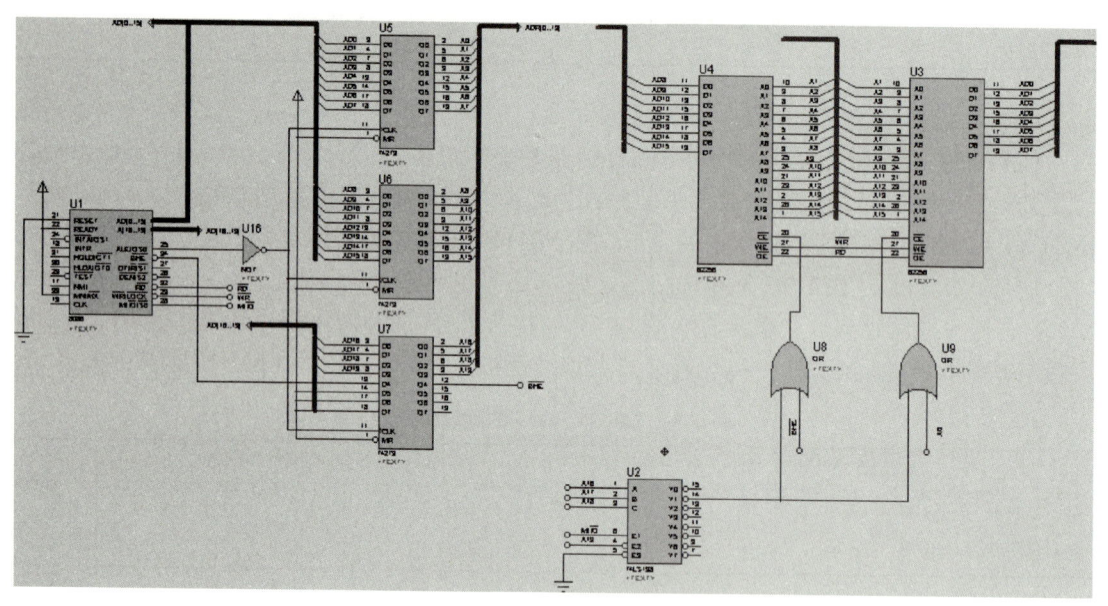

图 6-17 RAM 存储器扩展电路图

```
CODE    SEGMENT
        ASSUME   CS：CODE
STATR： MOV   AX, 1000H
        MOV   DS, AX
        MOV   SI, 0
        MOV   CX, 100
```

```
                MOV   DL, 0
LL1：           MOV   [SI], DL
                INC   DL
                INC   SI
                LOOP  LL1
                HLT
CODE  ENDS
        END   START
```

3）在 emu8086 中仿真结果如图 6-18 所示。

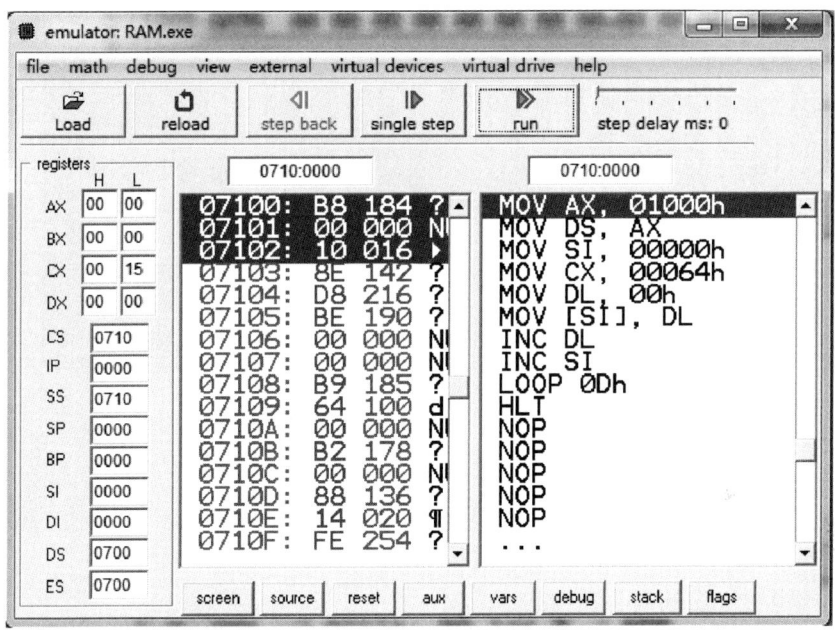

图 6-18　emu8086 中仿真结果

本例实现了往 1000H：0000H 开始的 100 个存储单元中写入 100 个数，并分为奇存储体和偶存储体，奇存储体存入 1、3、5、7、9、11 等，偶存储体存入 0、2、4、6、8、10、12 等，存储情况如图 6-19 和图 6-20 所示。

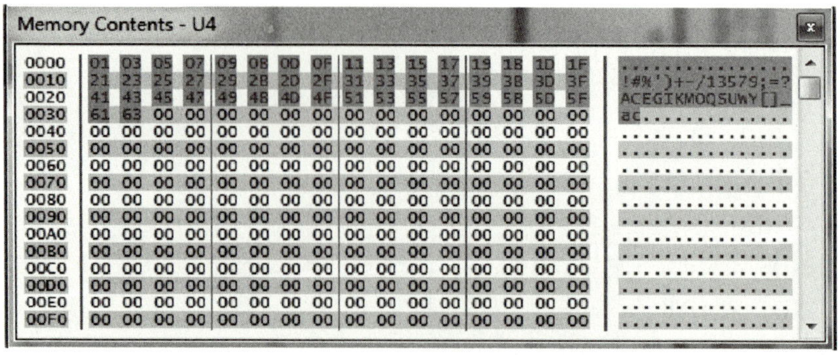

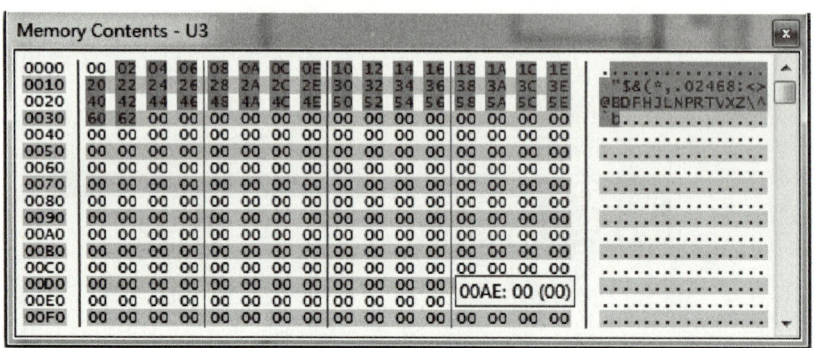

图 6-19　RAM 存储器奇存储体的值

图 6-20　RAM 存储器奇存储体的值

本 章 习 题

1. 试说明半导体存储器的分类有哪些？
2. 半导体存储器的主要技术指标有哪些？
3. 存储器芯片与 8086 CPU 进行连接时主要考虑哪些方面的因素？
4. 常用的片选信号的译码方式有哪些？各有什么特点？
5. 在 8086 系统中，如果用 1K×1bit 的 RAM 芯片组成 8K×8bit 的存储器，需要多少块芯片？试画出电路图。
6. 按照例 6-4 所示，在 Proteus ISIS 中画出电路图，实现 26 个大写英文字母在 RAM 中的存储。

第 7 章 输入/输出接口

【教学提示】 把外围设备同微机连接起来实现数据传送的电路称为输入/输出（I/O）接口电路。本章主要介绍 I/O 接口电路的基本概念、基本功能、CPU 与 I/O 设备之间的接口信息、I/O 端口的编址方式、常用 I/O 接口芯片、CPU 与外设之间的数据传送控制方式。

【教学要求】 通过本章学习，应该掌握以下内容：I/O 接口电路的基本概念、基本功能、I/O 端口的编址方式及 CPU 与外设之间的数据传送控制方式。

7.1 I/O 接口的概念与功能

组成微机最核心的硬件是 CPU 和存储器，最基本的语言是汇编语言。但是还必须配上各种外围设备进行人机交互，才能使微机进行工作。把外围设备同微机连接起来实现数据传送的电路称为 I/O 接口电路。各种外围设备通过 I/O 接口电路与系统相连，并在接口电路的支持下实现数据传输和操作控制。

7.1.1 概述

计算机通过外围设备同外部世界通信或交换数据称为"输入/输出"。在微机系统中，常用的外围设备有键盘、显示器、软/硬盘驱动器、鼠标、打印机、扫描仪、绘图仪、调制解调器（MODEM）、网络适配器。随着计算机性能的不断提高，输入/输出设备也更加复杂多样，如影视、音频识别系统等。当计算机用于监测与过程控制中时，还需要模/数转换器（ADC）和数/模转换器（DAC），以及 I/O 通道中一些专用设备。当要把这些外设与主机相连时，就需要配上相应的电路。通常把这种介于主机和外设之间的一种缓冲电路称为 I/O 接口电路（Interface）。CPU 与外设之间交换数据的框图如图 7-1 所示，对于主机，接口提供外围设备的工作状态和数据；对于外围设备，接口电路寄存了主机发送给外围设备的命令和数据，使主机和外围设备之间协调一致地工作。

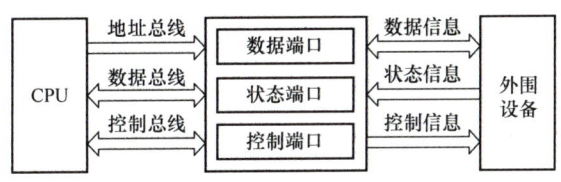

图 7-1 I/O 接口结构示意图

7.1.2 I/O 接口电路的基本功能

主机与外围设备之间交换数据为什么需要通过接口电路？接口电路应具备哪些功能才能实现数据传送呢？下面进行具体介绍。

1. 对输入/输出数据进行缓冲、隔离和锁存

外设品种繁多，其工作原理、工作速度、信息格式、驱动方式都有差异。它不能直接和

CPU 总线相连，要借助于接口电路使外设与总线隔离，起缓冲、暂存数据的作用。在众多外设中，在某一时段仅允许被 CPU 选中的设备通过接口享用总线与 CPU 交换信息，而没有选中的设备由于接口的隔离作用不能享用总线。

对输入接口，其内部都有起缓冲和隔离作用的三态门电路，只有当 CPU 选中此接口，三态门选通时，才允许选定的输入设备将数据送至系统数据总线，而其他没有被选中的输入设备，此时相应的接口三态门"关闭"，从而达到与数据总线隔离的目的。

对于输出设备，由于 CPU 输出的数据仅在输出指令周期中的短暂时间内存在于数据总线上，故需在接口电路中设置数据锁存器，暂时锁存 CPU 送至外设的数据，以便使工作速度慢的外设有足够的时间准备接收数据及进行相应的数据处理，从而解决了主机的"快"和外设的"慢"之间的矛盾。所以，根据输入/输出数据进行缓冲、隔离、锁存的要求，外设经接口与总线相连，其连接方法必须遵循"输入要三态、输出要锁存"的原则。

2. 对信号的形式和数据格式进行交换与匹配

CPU 只能处理数字信号，信号的电平一般在 0～5V 之间，而且提供的功率很小。而外围设备的信号形式多种多样，有数字量、模拟量（电压、电流、频率、相位）、开关量等。所以，在输入/输出时，必须将信号转变为适合对方需要的形式。例如，将电压信号变为电流信号，弱电信号变为强电信号，数字信号与模拟信号的相互转换，并行数据与串行数据的相互转换，配备校验位等。

3. 提供信息相互交换的应答联络信号

计算机执行指令时所完成的各种操作都是在规定的时钟信号下完成的，并有一定的时序。而外围设备也有自己的定时与逻辑控制，但通常与 CPU 的时序是不相同的。外设接口就需将外设的工作状态（如"忙""就绪""中断请求"等）信号及时通知 CPU，CPU 根据外设的工作状态经接口发出各种控制信号、命令及传递数据。接口不仅控制 CPU 送给外设的信息，也能缓存外设送给 CPU 的信息，以实现 CPU 与外设间信息符合时序的要求，协调工作。

4. 根据寻址信息选择相应的外设

一个计算机系统往往有多种外围设备，但 CPU 在某一段时间只能与一台外设交换信息，因此需要通过接口地址译码对外设进行寻址，以选定所需的外设，只有选中的设备才能与 CPU 交换信息；当同时有多个外设需要与 CPU 交换数据时，也需要通过外设接口来安排其优先顺序。

7.1.3 CPU 与 I/O 设备之间的接口信息

CPU 与 I/O 接口交换的信息有数据信息、状态信息和控制信息。

1. 数据信息

数据通常为 8 位或 16 位，可分为三种基本形式：数字量、开关量和模拟量。由键盘、光电输入机等提供的二进制形式的信息为数字量。只有两个状态的量，如电动机的起停、开关的开合等，只需用一位二进制数即可表示，称为开关量。由传感器等提供的信号往往是模拟量（连续变化的信号），它需要先经过模/数（A/D）转换后，才能输入到计算机中去，如温度、电压等。

2. 状态信息

指 I/O 接口反映 I/O 设备工作状态的信息，如表示输入装置是否已准备好的信息

（READY 信号），表示输出装置是否忙的信息（BUSY 信号）等。

3. 控制信息

指 CPU 向接口内部控制寄存器发出的各种控制命令，用于改变接口的工作方式及功能，如选通信号、起停信号等。

这三类信息的性质是不同的，必须分别传送。通常是采用分配不同的端口地址的方法进行区别，所以一个外设往往要占几个端口地址。一般状态信息和控制信息往往只有一位或二位，故状态和控制信息常常共用一个端口地址。

7.1.4 I/O 端口的概念与编址方式

1. 端口地址的概念

CPU 既能够与内存交换数据，也能与外设交换数据，其工作原理是相似的。内存单元都进行了编址，每一个字节的存储单元占一个地址，CPU 通过在地址线上发送地址信号来通知存储器要与哪一个存储单元交换数据；同样，计算机对外设接口也进行了编址，叫作端口地址。在与 I/O 接口交换数据时，CPU 通过在地址线上发出要访问外设接口的端口地址来指出要与哪个 I/O 接口交换数据。

2. I/O 端口的编址方式

CPU 对外设的访问，实质上是对外设接口电路中相应的端口进行访问。I/O 端口的编址方式有两种：一种是 I/O 设备独立编址；另一种是 I/O 设备与存储器统一编址。

（1）I/O 设备独立编址

这种方式中存储器与 I/O 设备各有自己独立的地址空间，各自单独编址，互不相关。I/O 端口的读、写操作由 CPU 的引脚信号 IDR 和 IOW 来实现；访问 I/O 端口用专用的 IN 指令和 OUT 指令。此方式的优点是 I/O 设备不占存储器地址空间；缺点是需要专门的 I/O 指令。

（2）I/O 设备与存储器统一编址

这种方式中存储器和 I/O 端口共用统一的地址空间。在这种编址方式下，CPU 将 I/O 设备与存储器同样看待，因此不需要专门的 I/O 指令，CPU 对存储器的全部操作指令均可用于 I/O 操作，故指令多，系统编程比较灵活，I/O 端口的地址空间可大可小，从而使外设的数目几乎不受限制。统一编址的缺点是 I/O 设备占用了部分存储器地址空间，从而减少了存储器可用地址空间的大小，影响了系统内存的容量。例如，整个地址空间为 1MB，地址范围为 00000H～FFFFFH，如果 I/O 端口占有 00000H～0FFFFH 这 64KB 的地址，那么存储器的地址空间只有从 10000H～FFFFFH 的 960KB 个地址。

计算机的 I/O 设备采用哪种编址方式，取决于 CPU 的硬件设计。IBM PC 系列机（Intel 系列 CPU）采用独立编址方式，存储器用 20 位二进制数编址，范围是 00000H～FFFFFH，共 1MB；I/O 设备用 16 位二进制数编址，范围是 0000H～FFFFH，共 64KB，但实际系统只用了 0～3FFH 这 1024 个地址。

7.2 简单 I/O 接口芯片

在外设接口电路中，经常需要对传输过程中的信息进行锁存或缓冲，锁存器、缓冲器、数据收发器等就是能实现这些功能的简单接口芯片。下面介绍两种常用的芯片。

7.2.1 锁存器 74LS373

74LS373 是由 8 个 D 触发器组成的具有三态输出和驱动的锁存器,逻辑电路与引脚如图 7-2 所示。当使能端 G 有效时,即高电平时,将输入端(D 端)数据输入锁存器;当输出使能端 $\overline{OE}$ 有效时,将锁存器中锁存的数据送到输出端 Q;当 $\overline{OE}$ = 1 时,输出高阻态。常用的锁存器还有 74LS273、Intel 8282 等,其工作原理与 74LS373 类似。

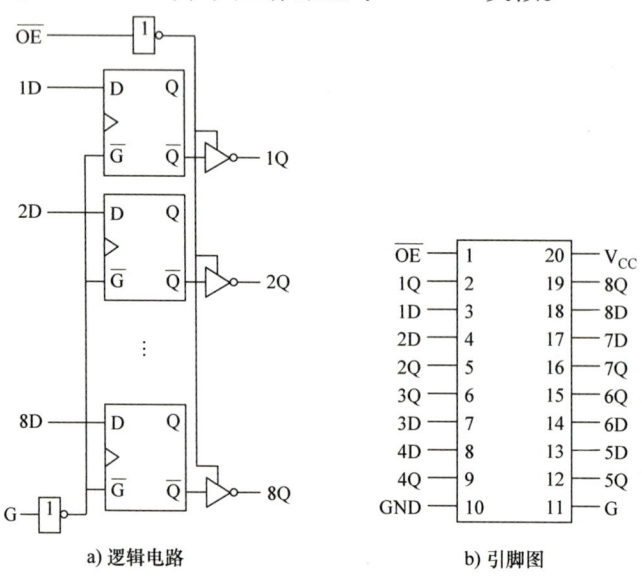

图 7-2 74LS373 锁存器

7.2.2 缓冲器 74LS244

74LS244 是一种三态输出的缓冲器,或称为单向线驱动器,其逻辑电路与引脚如图 7-3 所示。74LS244 内部驱动器分为两组,分别有 4 个输入端:$1A_1 \sim 1A_4$,$2A_1 \sim 2A_4$ 和对应分别有 4 个输出端:$1Y_1 \sim 1Y_4$,$2Y_1 \sim 2Y_4$,分别由使能端 $\overline{1G}$ 和 $\overline{2G}$ 控制。当 $\overline{1G}$ 为低电平时,输出端 $1Y_1 \sim 1Y_4$ 与输入端 $1A_1 \sim 1A_4$ 的电平相同;当 $\overline{2G}$ 为低电平时,输出端 $2Y_1 \sim 2Y_4$ 与输入端 $2A_1 \sim 2A_4$ 的电平相同;当 $\overline{1G}$(或 $\overline{2G}$)为高电平时,输出端 $1Y_1 \sim 1Y_4$(或 $2Y_1 \sim 2Y_4$)为高阻态。常用的缓冲器还有 74LS240、74LS241 等。

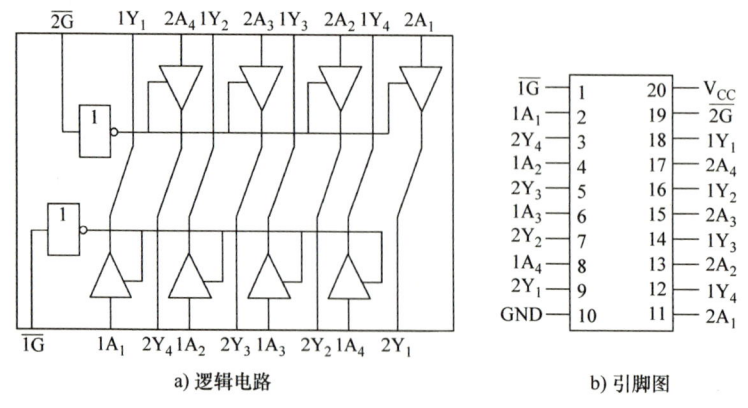

图 7-3 74LS244 缓冲器

7.3 CPU 与外设之间的数据传送控制方式

在计算机的操作过程中,最基本和使用最多的操作是数据传送。在微机系统中,数据主要在 CPU、存储器和 I/O 接口之间传送。CPU 与 I/O 接口之间的数据传送方式一般有:程序控制方式、中断方式、直接存储器存取方式、通道控制方式。在微型计算机系统中,针对不同的外设,可以采用不同的数据传送方式。

7.3.1 程序控制传送方式

程序控制的数据传送方式分为无条件传送方式和查询传送方式。

1. 无条件传送方式

CPU 不需要了解外设状态,直接与外设传输数据,适用于按钮开关、发光二极管等简单外设与 CPU 的数据传送过程。这种传输方式的特点是硬件电路和程序设计都比较简单,一般用于能够确信外设已经准备就绪的场合。通常采用的办法是:把 I/O 指令插入到程序中,当程序执行到该 I/O 指令时,外设必须已为传送的数据做好准备,在此指令时间内完成数据的传送任务。

【例 7-1】 硬件电路如图 7-4 所示,已知地址为 200H($\overline{Y}$ 为低电平)。编程不断扫描开关 K_i。当开关闭合时,点亮相应的 LED_i。程序编写如下:

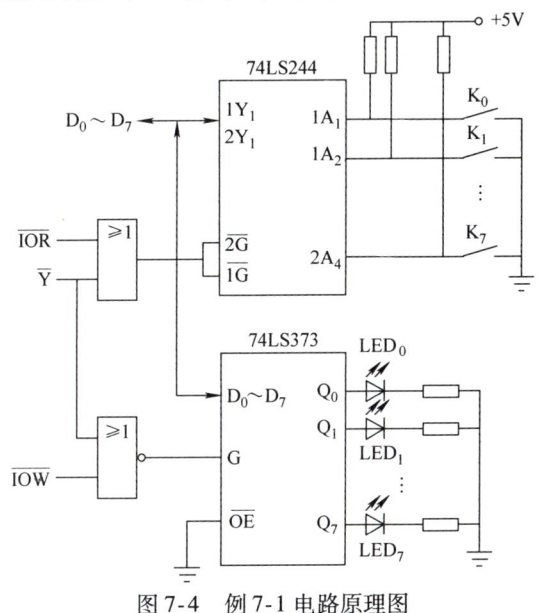

图 7-4 例 7-1 电路原理图

```
CODE    SEGMENT
    ASSUME  CS:CODE
MAIN  PROC  FAR
START: PUSH  DS
       MOV   AX, 0
       PUSH  AX
AGAIN: MOV   DX, 200H
```

```
            IN   AL, DX              ;读取开关状态
            NOT  AL                  ;取反
            OUT  DX, AL              ;输出控制 LED
            JMP  AGAIN
            RET                      ;返回 DOS
MAIN   ENDP
CODE   ENDS
       END  START
```

【例 7-2】 硬件连接如图 7-5 电路原理图所示，编程实现 $LED_0 \sim LED_7$ 循环点亮，如果按键盘上的 ESC 键，则结束程序，LED 退出循环。程序编写如下：

```
CODE   SEGMENT
       ASSUME   CS：CODE
MAIN   PROC   FAR
START：PUSH   DS
       MOV   AX, 0
       PUSH   AX
       MOV   DX, 800H          ;设置 I/O 端口
       MOV   CL, 01H           ;设置输出初值
AGAIN：MOV   AH, 01H            ;读键盘缓冲区字符（BIOS 功能调用）
       INT   16H               ;仿真时屏蔽掉这条指令
       CMP   AL, 1BH           ;若为"ESC"键，则退出
       JZ    EXIT
       MOV   AL, CL
       OUT   DX, AL            ;输出控制 LED
       MOV   BX, 100           ;向子程序传递参数，实现 1s 软延时
       CALL  DELAY             ;子程序 DELAY 实现 10ms 延时
       ROL   CL, 1             ;循环左移 1 位
       JMP   AGAIN
EXIT： RET
MAIN ENDP
DELAY  PROC  NEAR              ;延时子程序 DELAY
       PUSH BX
       PUSH CX
WAIT0：MOV CX, 2801
WAIT1：LOOP  WAIT1
       DEC BX
       JNZ WAIT0
       POP CX
       POP BX
```

```
        RET
DELAY ENDP
    CODE  ENDS
        END START
```

在 Proteus 平台上进行仿真：

1）在 Proteus 平台上画出原理图，如图 7-5 所示。注意此处的原理图与本例中的原理图稍有变化，通过此原理图可以算出 74LS373（U14）的端口地址为 400H。

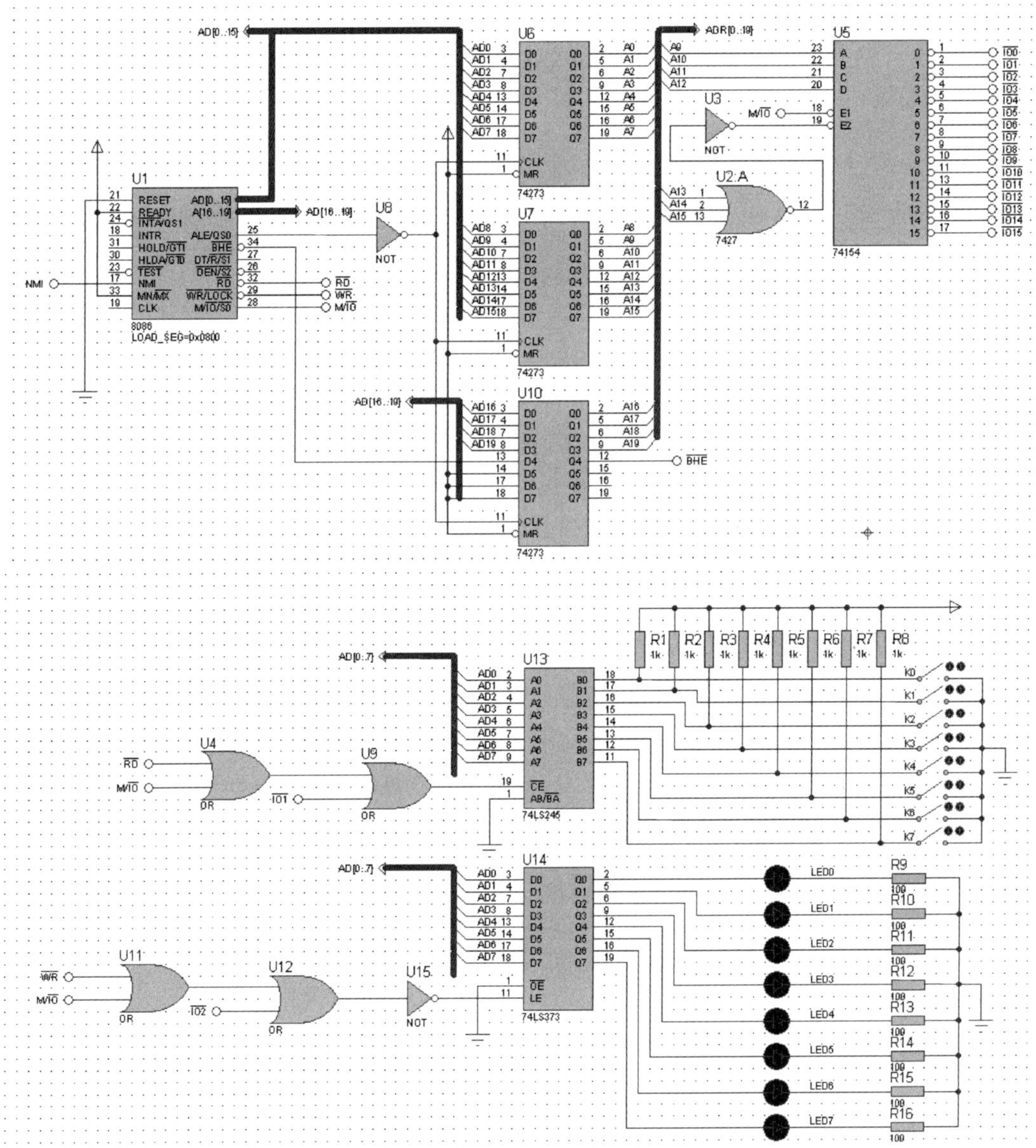

图 7-5　例 7-2 电路原理图

2）在 EMU8086 中编写源程序，并生成 EXE 文件，加载到 8086 中，仿真如图 7-6 所示。

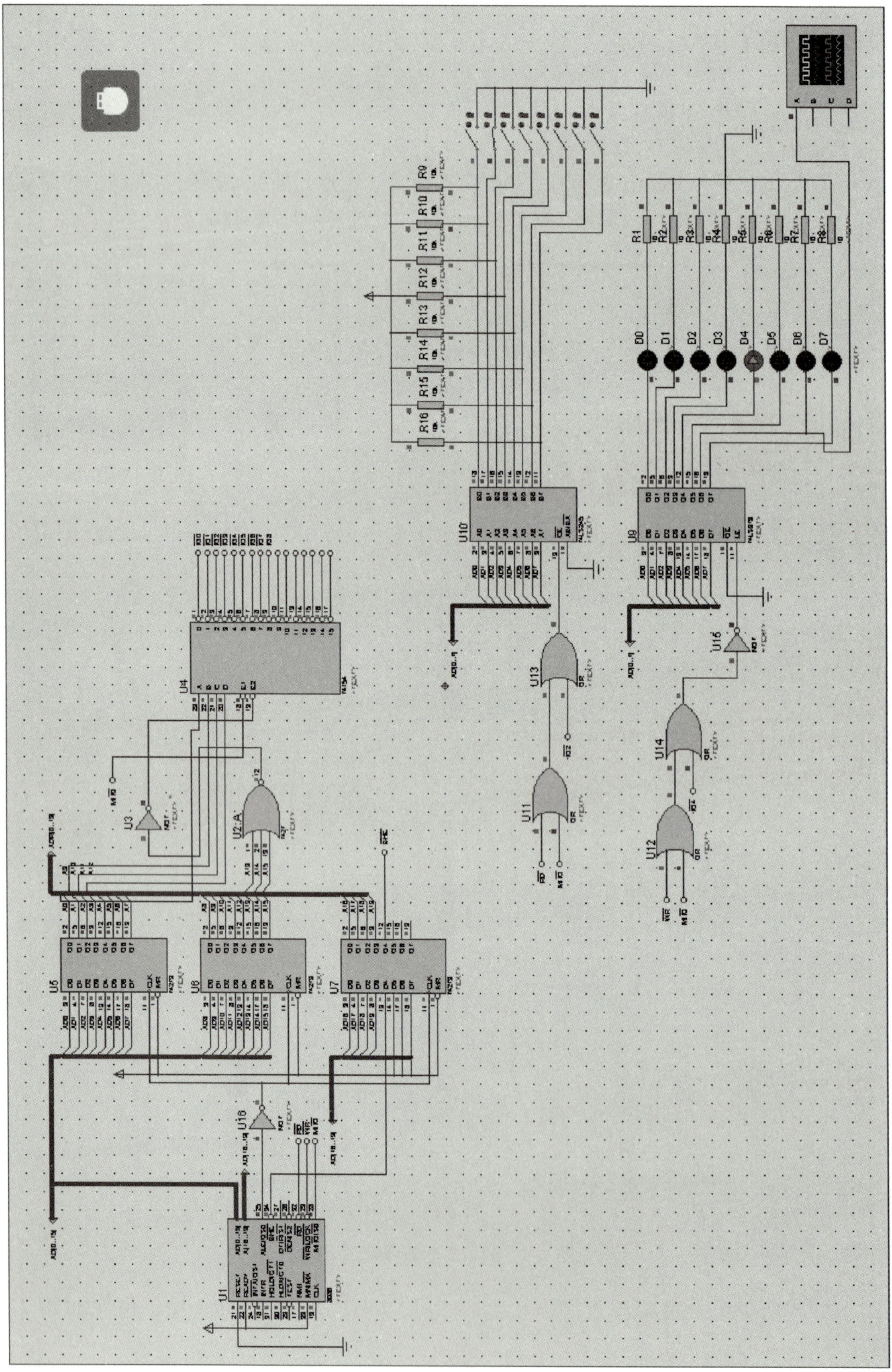

图 7-6　Proteus 仿真图

2. 程序查询传送方式

程序查询传送方式也称为条件传输方式，常用于慢速设备与 CPU 交换数据。CPU 与外设传输数据之前，先检查外设状态，如果外设处于"准备好"状态（输入设备）或"空闲"状态（输出设备），才可以传输数据。为此，接口电路中除了数据端口外，还必须有状态端口。

程序查询方式的一般过程为：

1）通过执行一条输入指令，读取所选外设当前的状态。

2）根据该设备的状态决定程序的去向，如果外设正处于"忙"或"未准备就绪"，则程序转回重复检测外设的状态；如果外设处于"空"或"准备就绪"，则发出一条输入/输出指令，进行一次数据传送。

程序查询传送方式流程图如图 7-7 所示。

程序查询传送方式的优点：①安全可靠；②接口的硬件较简单。缺点：CPU 循环等待外设准备就绪，导致 CPU 效率较低。

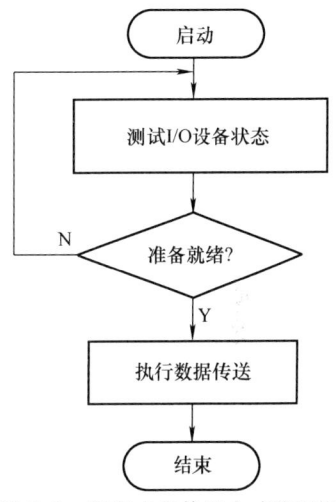

图 7-7 程序查询传送方式流程图

【例 7-3】 假设外设的 BUSY 信号为低电平表示外设忙，不能接收数据，BUSY 为高电平表示外设不忙，可以接收 1B 的数据。该外设与 8086 总线的接口如图 7-8 所示，图中 74LS273 为锁存器，其内部包含 8 个上升沿触发的 D 触发器。

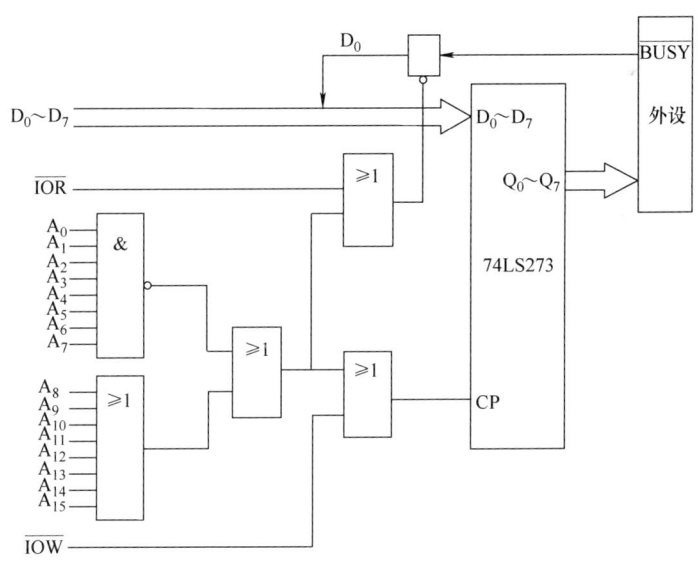

图 7-8 例 7-3 电路原理图

下面的一段程序将 BL 的内容输出到外设上去。

```
        MOV  DX, 00FFH
LOOP1:  IN   AL, DX
```

```
        AND   AL, 01H
        JZ    LOOP1
        MOV   AL, BL
        OUT   DX, AL
```

7.3.2 中断方式

不让 CPU 主动去查询外设的状态，而是让外设在数据准备好之后再通知 CPU。这样，CPU 在没接到外设通知前只管做自己的事情，只有接到通知时才执行与外设的数据传输工作，从而大大提高 CPU 的利用率。中断处理程序的执行流程如图 7-9 所示，主要包含了中断请求、中断响应、中断服务、中断返回几个过程。关于中断方式的内容将在第 9 章详细介绍。

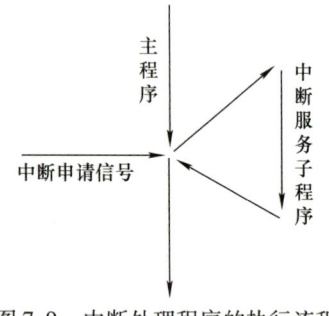

图 7-9　中断处理程序的执行流程

7.3.3 直接存储器存取（DMA）传送方式

以上三种方法可完成一般的数据交换问题，但当外设与内存间需要进行大批数据传输时，以上任何一种方法的速度都不够理想。在上面的方法中，要从外设传送一个字节的数据到内存，须先由 CPU 进行一次总线读操作，读取外设数据到其内部寄存器中，然后再由 CPU 进行一次总线写操作，将数据写入内存，这一过程至少需要 8 个时钟周期。当数据较多时，显然耗时太长。为了解决外设与内存之间大块数据交换时的速度问题，人们又提出了 DMA 方式。DMA 方式是一种让数据在外设和内存之间（或者内存到内存之间）直接传送的方式，其基本特点是 CPU 不参与数据传送。在 DMA 传送期间，CPU 自己挂起，把总线控制权让出来，在 DMA 控制器的管理下，提供给外设和内存使用。DMA 传送的关键是 DMA 控制器，它可像 CPU 那样取得总线控制权。为了实现 DMA 传输，DMA 控制器必须将内存地址送到地址总线上，并且能够发送和接收联络信号。

一个 DMA 控制器通常可以连接一个或几个输入/输出接口，每个接口通过一组连线和 DMA 控制器相连。习惯上，将 DMA 控制器中和某个接口有联系的部分称为一个通道。这就是说，一个 DMA 控制器一般由几个通道组成。

图 7-10 所示是一个单通道 DMA 控制器的编程结构和外部连线图。外设与系统总线之间只进行数据总线的连接，它工作与否受到 DMA 控制器的控制。DMA 控制器的连接比较复杂，一方面它要与外设连接，接受 DMA 请求和控制外设动作；另一方面它还要与 CPU 联系，请求取得总线控制权；最后它还必须与系统总线上各种总线相接，进行总线的控制。

下面说明一种典型的 DMA 操作过程。

（1）外设提出 DMA 传送请求

由外设或外设控制电路向 DMA 控制器发出 DMA 请求信号 DREQ，表示请求进行一次 DMA 传送。

（2）DMA 控制器响应请求

DMA 控制器接到请求后，经控制电路向 CPU 提出保持请求信号 HOLD，并等待 CPU 的回答。如果控制器接有多个 DMA 设备，就要对各设备的请求进行排队，选择优先级别最高的请求输出，作为向 CPU 发出的保持请求。

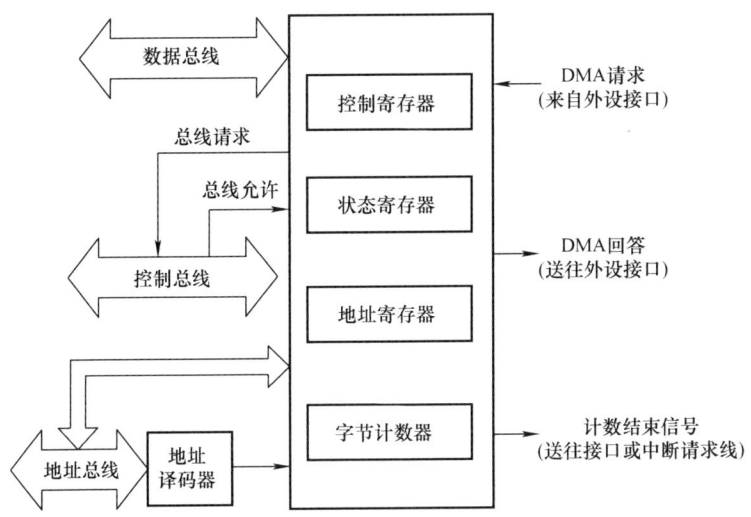

图 7-10　DMA 控制器编程结构和外部连线

（3）CPU 响应

CPU 在每个时钟上升沿都检测有无 HOLD 请求，若有此请求，且自身正处在总线空闲周期中，CPU 就立即响应保持请求。如果 CPU 正在执行某个总线周期，那么要到这个总线周期结束后再响应此保持请求。CPU 对保持请求有两个动作：第一个是从 HLDA 引脚端送出一个响应信号，告诉 DMA 控制器可以开始占用总线；第二个是将 CPU 与总线相连接的引脚置为高阻态，即释放总线。

（4）DMA 控制器的动作

DMA 控制器在收到 HLDA 回答后，即开始对直接存储器存取的过程控制。它向外设送出 DACK 作为对 DMA 请求的响应，同时也作为外设的数据选通。还向系统总线送出控制信号和地址信号，以选择合适的存储单元。在一次 DMA 结束后，控制器撤除 HOLD 信号，CPU 也消除 HLDA，并重新开始对总线的使用。现代计算机中 DMA 技术应用广泛，DMA 控制器也已经集成在一个可编程的大规模集成电路上。PC 机中 DMA 控制器使用的是 Intel 公司的 8237A 芯片。

7.3.4　通道控制方式和 I/O 处理器

在大、中型计算机系统中，配置的 I/O 设备很多，输入/输出操作十分频繁，如果仅用 DMA 控制器，则需要 CPU 不断地对各个 DMA 控制器进行设置，影响 CPU 的正常工作。将 DMA 控制器的功能增强，使其能够按 CPU 的意图自行设置操作方式，控制数据传送。于是，DMA 控制器发展成了通道控制器。

1. I/O 通道（I/O Channel）

早期的"通道"是由一些简单的、主要用于数据输入输出的 CPU 构成，可配置简单的输入/输出程序。主 CPU 只需使用简单的通道命令启动通道，二者即可并行工作。输入/输出程序可以在主存中，也可以在通道的局部存储器中。主 CPU 一旦启动通道工作，通道控制器即从主存或通道存储器中取出相应的程序，控制数据的输入/输出。

2. I/O 处理器（I/O Processor，IOP）

通道控制器发展成 I/O 处理器，主要由一个进行 I/O 操作的 CPU、内部寄存器、局部存

储器和设备控制器组成。在一个 I/O 处理器中可有多个通道，分别与多个设备控制器连接；而一个设备控制器可控制多台外设工作。在实际使用中，I/O 处理器与主 CPU 构成多处理器（或称多处理机）系统，相互并行工作。

3. 外围处理机（Peripheral Processor Unit，PPU）

I/O 处理器的功能不断增强，又出现了外围处理器。除了完成 I/O 通道所要完成的 I/O 控制之外，还增强了路由选择、数码转换、格式处理、数据块检错/纠错等功能。它的算术逻辑处理功能增强，缓冲寄存器增多，基本上独立于主机完成所有的输入/输出操作。

本 章 习 题

1. 简述 I/O 接口电路的基本功能。
2. 简述 I/O 接口电路的信号分类。
3. 简述 I/O 接口电路的编址方式。
4. CPU 与接口电路之间数据传送的控制方式有几种？试比较它们各自的优缺点及适用场合。

第 8 章 可编程接口芯片

【教学提示】 为了扩展每个芯片的功能，设计出了可编程芯片，可编程芯片具有多种功能或多种工作方式，具体使用哪种功能和哪种工作方式，可以通过软件编程来进行选择，称为编程控制，提高了芯片使用的灵活性。本章主要介绍可编程定时器/计数器 8253、可编程并行接口芯片 8255A 的内部结构、外引脚及功能应用。

【教学要求】 通过本章学习，应该掌握以下内容：可编程定时器/计数器 8253、可编程并行接口芯片 8255A 的电路功能，并能根据不同应用、不同的外围设备，正确地选择接口电路，以组成特定的微机应用系统。

8.1 概述

一个计算机系统由硬件和软件两部分组成，要想增加计算机系统的功能，可以通过增加硬件的功能或通过软件升级来完成。目前大多数计算机的硬件系统都是由超大规模集成电路芯片组成，硬件电路一旦设计完成，其功能也就基本确定了。要想改变其功能，如果只从硬件方面着手，就需要重新设计芯片，这样就会耗时费力，提高芯片成本，也会使每一个芯片的利用率相对较低。为了扩展每个芯片的功能，就设计出了可编程芯片，可编程芯片具有多种功能或多种工作方式，具体使用哪种功能和哪种工作方式，可以通过软件编程来进行选择，称为编程控制，提高了芯片使用的灵活性。

在众多的接口芯片中，可编程通用接口芯片因其突出的适应性和灵活性获得了广泛的应用。本章主要介绍可编程定时器/计数器 8253 和可编程并行接口芯片 8255A 的使用方法。

8.2 可编程定时器/计数器 8253

8.2.1 定时/计数概述

人类最早使用结绳、石头和贝壳等工具进行计数，利用太阳的位置进行计时和定时。后来人类学会了采用沙漏或水漏进行定时，在钟表诞生发展成熟之后，人们开始尝试使用这种全新的计时工具来改进定时器，达到准确控制时间的目的。现在，在微型计算机系统或智能化仪器仪表的工作过程中，经常需要使系统处于定时工作状态或者对外部过程进行计数。例如，在微型计算机系统中，定时扫描、定时中断、动态存储器的定时刷新、系统时钟日历的计时计数以及喇叭的声源等，都是用定时或计数信号来产生的。定时或者计数的工作实质均体现为对脉冲信号的计数。

微型计算机系统的定时可分为内部定时和外部定时两类。内部定时是计算机本身运行的时间基准或时序关系，计算机的每个操作都是按照严格的时间节拍来执行；外部定时是外围设备实现某种功能时，本身所需要的一种时序关系，如打印机接口标准就规定了打印机与 CPU 之间传送的信息应遵守的工作时序。

定时信号可以用软件和硬件两种方法获得。

软件定时一般根据所需要的时间常数来设计一个延时程序，延时程序中包含一定的指令或循环语句，通过调整指令的数量或者循环的次数来控制定时时间的长短。软件定时的优点是不需增加硬件设备，只需编制相应的延时程序并调用即可；其缺点是 CPU 执行延时程序时增加了 CPU 的时间开销，延时时间越长，CPU 的时间开销就越大，降低了 CPU 的效率，浪费了 CPU 的资源。

硬件定时是采用通用的定时/计数器或单稳延时电路来产生定时或延时。其特点是定时时间长、使用灵活并且不占用 CPU 的时间，因此在微机系统中得到了广泛的应用。

本节所要介绍的 8253 是 Intel 公司生产的通用可编程定时器/计数器，属于微机系统的外部硬件定时器/计数器，定时时间和计数次数由用户事先设定。由于 8253 的读/写操作对系统时钟没有特殊要求，因此它几乎可以应用在任何一种微处理器系统中，可作为可编程的方波频率发生器、分频器、实时时钟、事件计数器或单脉冲发生器等。在最初的 IBM PC 机中就使用了 Intel 8253 定时器/计数器。

8.2.2 8253 的外部特性与内部结构

1. 外部特性

可编程定时/计数器 8253 是 24 脚芯片，+5V 供电，所有输入输出都与 TTL 电平兼容。每片 8253 有 3 个独立的 16 位减 1 计数器（计数通道），每个计数器有 6 种工作方式，能进行二进制或十进制计数和定时操作，每个计数器都有自己的时钟输入 CLK、计数输出 OUT 和门控信号 GATE。定时和计数在工作原理上是相同的，都是对输入时钟 CLK 进行计数，最高时钟频率可达 2.6MHz。可通过编程选择 8253 的计数通道和相应的工作方式。

2. 内部结构

8253 的内部有 6 个模块，分别是数据总线缓冲器、读/写控制逻辑、控制字寄存器和三个结构相同的计数器，其结构框图如图 8-1 所示。

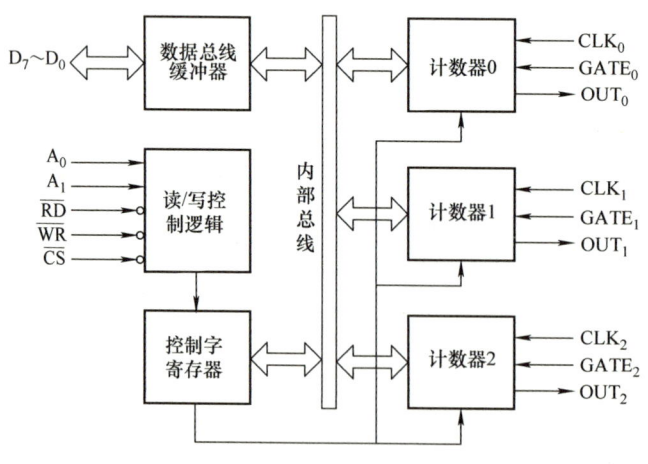

图 8-1　8253 内部逻辑结构图

（1）数据总线缓冲器

数据总线缓冲器是一个 8 位的双向三态缓冲器，它直接与 CPU 的数据总线相连。CPU 通过数据总线缓冲器向 8253 写入数据、命令或从 8253 中读取数据和状态信息。

(2) 读/写控制逻辑

读/写控制逻辑用来控制 8253 的内部操作。它根据 CPU 发出来的读/写信号、地址信号以及信号的高低进行计数器的选择和数据传送方向的控制。当 A_1A_0 为 00 时，选中计数器 0；当 A_1A_0 为 01 时，选中计数器 1；当 A_1A_0 为 10 时，选中计数器 2；当 A_1A_0 为 11 时，选中控制字寄存器。

(3) 控制字寄存器

在 8253 初始化编程时，由 CPU 向控制字寄存器写入控制字，以决定每个计数器的工作方式。此寄存器只能写入而不能读出。

(4) 计数器

计数器 0、计数器 1 和计数器 2 这三个计数器的结构完全相同，操作完全独立，每个都能以不同的方式工作。每个计数器内部都包含 1 个 16 位计数初值寄存器、1 个 16 位减 1 计数寄存器和 1 个 16 位当前计数输出寄存器。当前计数输出寄存器的值跟随减 1 计数寄存器内容变化。当收到锁存命令后，当前计数输出寄存器将锁定当前计数值，直到其值被 CPU 读走之后，才又随减 1 计数寄存器的变化而变化。

当用 8253 作为外部事件计数器时，在 CLK 脚上所加的计数脉冲是由外部事件产生的，这些脉冲的间隔可以是不相等的。如果要用它作定时器，则 CLK 引脚上应输入精准的时钟脉冲，这时所能实现的定时时间取决于计数脉冲的频率和计数器的初值，即

定时时间 = 时钟周期 T × 计数初值 N

例如，当 CLK 引脚输入的计数脉冲频率为 1MHz，即时钟周期 T = 1μs，如果给 8253 的计数器设置的初值为 N = 1000，当减 1 计数器计到 0 时，定时时间 t = 1μs × 1000 = 1ms。

8.2.3 8253 的引脚功能

8253 共有 24 个引脚，其引脚分配如图 8-2 所示。

$D_0 \sim D_7$：三态输入输出数据总线，用于将 8253 与系统数据总线相连，供 CPU 向 8253 读写数据、命令和状态信息。

$\overline{CS}$：片选信号，输入信号，低电平有效。

$\overline{RD}$：读信号，输入信号，低电平有效。

$\overline{WR}$：写信号，输入信号，低电平有效。

A_1A_0：地址选择信号线，输入信号。这两位地址与 $\overline{CS}$、$\overline{RD}$ 和 $\overline{WR}$ 信号配合用来选择三个计数器端口和控制寄存器端口的读/写操作，见表 8-1。

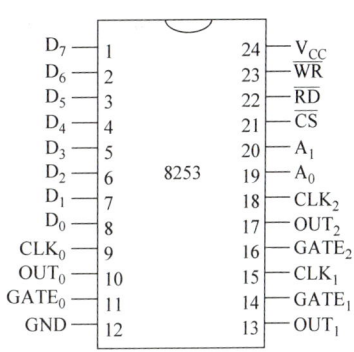

图 8-2 8253 引脚图

表 8-1 8253 计数器地址分配及寄存器读/写操作

$\overline{CS}$	$\overline{RD}$	$\overline{WR}$	A_1A_0	执行的操作
0	1	0	0 0	写计数器 0 计数初值
0	1	0	0 1	写计数器 1 计数初值
0	1	0	1 0	写计数器 2 计数初值
0	1	0	1 1	写控制字
0	0	1	0 0	读计数器 0 当前计数值
0	0	1	0 1	读计数器 1 当前计数值
0	0	1	1 0	读计数器 2 当前计数值

CLK：输入时钟信号。三个计数器各自有一个独立的时钟输入信号，分别为 CLK_0、CLK_1 和 CLK_2。8253 工作时，每收到一个时钟脉冲，计数值就减 1。

GATE：门控输入信号，是用于控制计数器工作的一个外部信号。在不同的工作方式下，GATE 信号的控制作用不同。三个计数器各自有一个独立的门控输入信号，分别为 $GATE_0$、$GATE_1$ 和 $GATE_2$。

OUT：输出信号，当定时或者计数值减为 0 时，根据方式不同，该引脚输出方波或脉冲，用以指示定时或计数已到。三个计数器各自有一个独立的输出信号，分别为 OUT_0、OUT_1 和 OUT_2。

8.2.4 8253 的工作方式

8253 的每个计数器都有 6 种工作方式：方式 0 ~ 方式 5。不同的方式，启动计数器的触发方式不同、输出波形不同、计数过程中 GATE 信号对计数过程的影响不同。

1. 方式 0（低电平输出）

该方式又称中断信号发生器，其波形如图 8-3 所示。

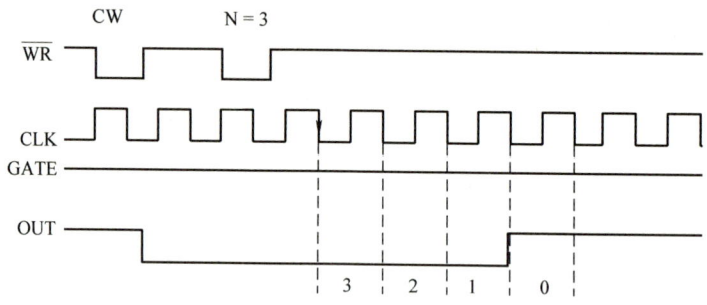

图 8-3 8253 方式 0 的波形

当对 8253 写入控制字选定某一计数器工作在方式 0 时，该计数器的输出端 OUT 变为低电平。当计数初值写入该计数器后（图 8-3 中写入的计数初值 N = 3），下一个 CLK 脉冲的下降沿，计数初值寄存器内容装入减 1 计数寄存器，开始计数，输出端 OUT 维持低电平。

当减 1 计数寄存器的计数值减到 0 时，停止计数，OUT 输出端变为高电平，此信号可作为中断请求信号，并可保持到重新写入新的控制字或新的计数值为止。

计数过程中，若 GATE 信号变为低电平，暂停计数，减 1 计数寄存器值保持不变；若 GATE 信号重新变高，则计数器从暂停值开始继续计数；若重新写入新的计数初值，则在下一个 CLK 脉冲的下降沿，减 1 计数寄存器以新的计数初值重新开始计数。

2. 方式 1（低电平输出）

该方式又称硬件触发单稳态方式，输出单个负脉冲信号，其波形如图 8-4 所示。脉冲的宽度可通过编程来设定。

当对 8253 写入控制字选定某一计数器工作在方式 1 时，该计数器的输出端 OUT 变为高电平，并保持。写入计数初值后，在 GATE 信号的上升沿之后的下一个 CLK 脉冲的下降沿，计数初值装入减 1 计数寄存器，同时 OUT 端变为低电平，开始计数。

当减 1 计数寄存器的计数值减到 0 时，输出端 OUT 变为高电平。如果此时再来一个 GATE 脉冲，按原计数初值重新开始计数，OUT 变低电平。

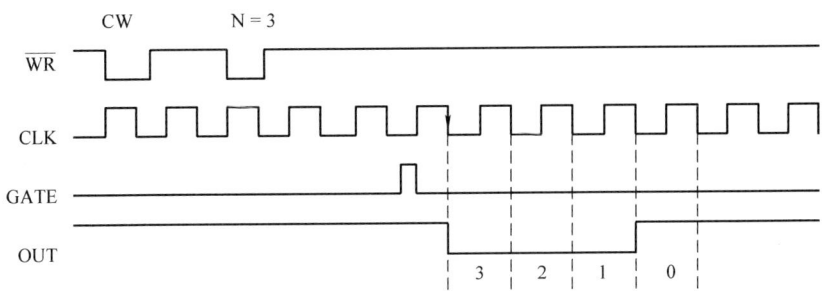

图 8-4　8253 方式 1 的波形

计数过程中，如果 CPU 又送来新的计数初值，不影响当前计数过程。等到计数器计数到 0，OUT 端输出高电平且出现新的一次 GATE 信号的触发时，才会将新的计数初值装入，并计数。如果在输出端 OUT 输出低电平期间，又来一个门控信号上升沿触发，则在下一个 CLK 脉冲的下降沿，将计数初值寄存器内容重新装入减 1 计数寄存器，并计数。

3. 方式 2（周期性负脉冲输出）

方式 2 可产生连续的负脉冲信号，可用作频率发生器。负脉冲的宽度为一个时钟周期。其波形如图 8-5 所示。

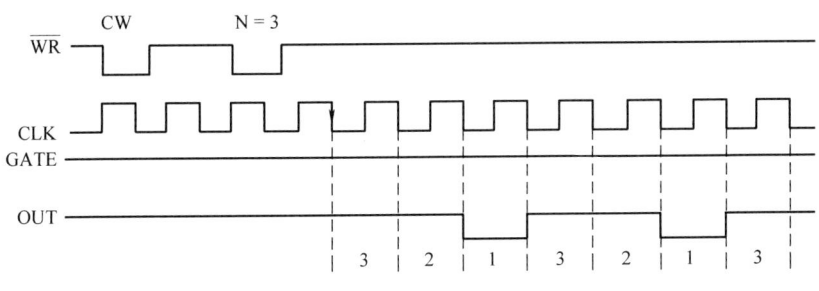

图 8-5　8253 方式 2 的波形

当对 8253 写入控制字选定某一计数器工作在方式 2 时，该计数器的输出端 OUT 变为高电平。若 GATE 为高电平，那么写入计数初值后，在下一个 CLK 的下降沿将计数初值寄存器的内容装入到减 1 计数寄存器中，开始减 1 计数。当减 1 计数寄存器的值为 1 时，OUT 端输出低电平，经过一个 CLK 时钟周期，OUT 端输出高电平，并自动开始一个新的计数过程。

在计数过程中，如果减 1 计数寄存器未减到 1 时 GATE 信号由高变低，则停止计数。但当 GATE 由低变高时，重新将计数初值寄存器的内容装入减 1 计数寄存器，并重新开始计数。

如果 GATE 信号保持高电平时，在计数过程中重新写入计数初值后，要等正在计数的一轮结束并输出一个 CLK 周期的负脉冲后，才以新的初值进行计数。

4. 方式 3（周期性方波输出）

方式 3 可产生连续的方波信号，可用作方波发生器，其波形如图 8-6 所示。计数初值为偶数时，输出对称方波；计数初值为奇数时，输出不对称方波。

当对 8253 写入控制字选定某一计数器工作在方式 3 时，该计数器的输出端 OUT 输出高电平。当写入计数初值后，在下一个 CLK 的下降沿，计数初值装入减 1 计数寄存器，开始

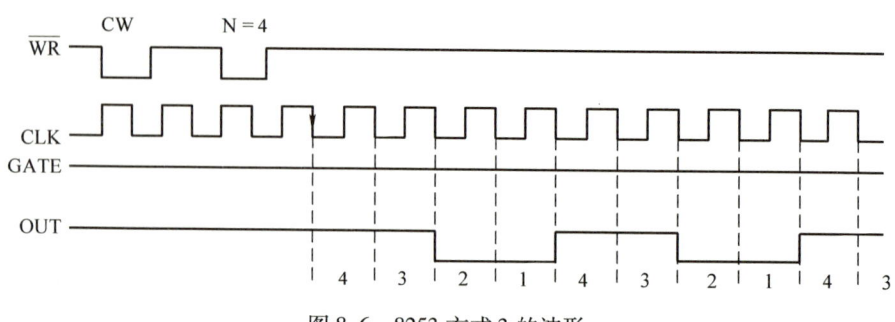

图 8-6　8253 方式 3 的波形

计数。计数到一半时，输出端 OUT 变为低电平。此时，继续计数，到 0 时，OUT 端变为高电平。之后，自动开始一个新的计数过程。

计数过程中，若 GATE 变为低电平，则停止计数；当 GATE 由低变高时，则重新启动计数过程。如果在输出端 OUT 为低电平时，GATE 变为低电平，则减 1 计数器停止，同时，输出端 OUT 立即变为高电平。在 GATE 又变成高电平后的下一个时钟脉冲的下降沿，减 1 计数器重新得到计数初值，并计数。

计数过程中，如果写入新的计数值，不影响当前输出周期。但如果在写入新的计数值后，又受到门控上升沿的触发，则结束当前输出周期，而在下一个时钟脉冲的下降沿，减 1 计数器重新得到计数初值，并计数。

5. 方式 4（软件触发的单次负脉冲输出）

方式 4 是软件触发的选通方式。采用方式 4 可产生单个负脉冲信号，负脉冲宽度为一个时钟周期，其波形如图 8-7 所示。

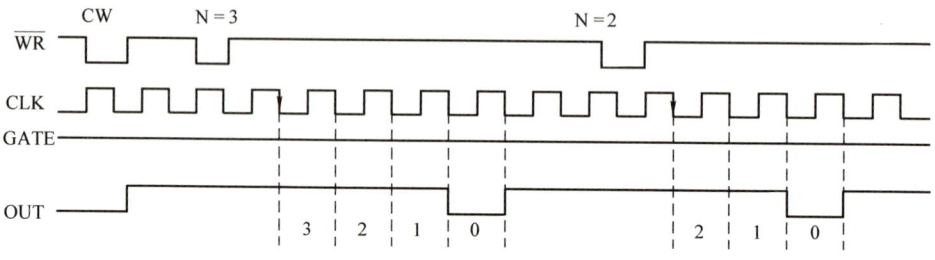

图 8-7　8253 方式 4 的波形

当对 8253 写入控制字选定某一计数器工作在方式 4 时，该计数器的输出端 OUT 变为高电平，若 GATE 为高电平，则在写入计数初值后下一个 CLK 的下降沿将计数初值寄存器的内容装入减 1 计数寄存器，开始减 1 计数。当减 1 计数寄存器的值为 0 时，输出端 OUT 变为低电平，经过一个 CLK 时钟周期，输出端 OUT 变为高电平。

如果在计数时，又写入新的计数值，则在下一个 CLK 的下降沿此计数初值被写入减 1 计数寄存器，并以新的计数值做减 1 计数。

6. 方式 5（硬件触发的单次负脉冲输出）

该方式是硬软件触发的选通方式。采用方式 5 可产生单个负脉冲信号，负脉冲宽度为一个时钟周期，其波形如图 8-8 所示。

当对 8253 写入控制字选定某一计数器工作在方式 5 时，该计数器的输出端 OUT 输出高

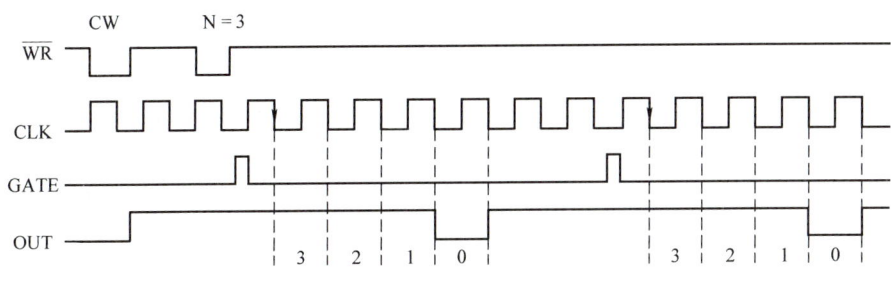

图 8-8　8253 方式 5 的波形

电平,并保持。写入计数初值后,只有在 GATE 信号的上升沿之后的下一个 CLK 脉冲的下降沿,计数初值装入减 1 计数寄存器,开始计数。当计数到 0 时,输出端 OUT 变为低电平,并持续一个 CLK 周期,然后自动变为高电平。

计数过程中,若 GATE 端又来一个上升沿触发,则在下一个 CLK 脉冲的下降沿,减 1 计数寄存器将重新获得计数初值,并计数。

计数过程中,若写入新的计数值,但没有触发脉冲,则当前输出周期不受影响,当前周期结束后,在再次触发的情况下,才将按新的计数初值开始计数;若写入新的计数值,并在当前周期结束前又受到触发,则在下一个 CLK 脉冲的下降沿,减 1 计数寄存器将获得新的计数初值,并计数。

7. 8253 的工作方式小结

方式 0 在写入控制字后,输出端马上变低电平,计数结束后,输出端马上变高电平,常用该输出信号作为中断源,可用来实现定时或者对外部事件进行计数。其余 5 种方式在写入控制字后,输出均变高。

方式 1 与方式 0 的区别在于方式 1 在 GATE 信号脉冲之后输出才变为低电平。可用于产生单个负脉冲。

方式 2 用来产生周期性的负脉冲,每个负脉冲的宽度与 CLK 脉冲的周期相同。方式 2 的输出可用作非方波时钟信号。

方式 3 用于产生连续的方波信号,可用作时钟信号。方式 2 与方式 3 都实现了对时钟脉冲的 n 分频。

方式 4 和方式 5 产生的波形相同,都在计数器回 0 后,从 OUT 端输出一个负脉冲,其宽度等于一个 CLK 周期。但方式 4 由软件触发(重新写入计数值)下一次计数,而方式 5 由硬件触发(门控信号 GATE)下一次计数。

8.2.5　8253 的初始化

8253 是一个可编程接口芯片,有 3 个独立的计数器,每个计数器可以工作在 6 种工作方式下。用户在使用该芯片时,须先进行初始化编程,即通过写入控制字的方式选择特定的计数器、工作方式和计数方式。一旦初始化完成,8253 将按编程所设定的方式进行工作。

1. 8253 控制字的格式

8253 的控制字格式如图 8-9 所示。

SC_1、SC_0:计数器选择位,这两位表示这个控制字是对哪一个计数器设置的。

RL_1、RL_0:数据读/写格式控制位。$RL_1 RL_0 = 00$ 时,表示锁存计数值,这时可以读取

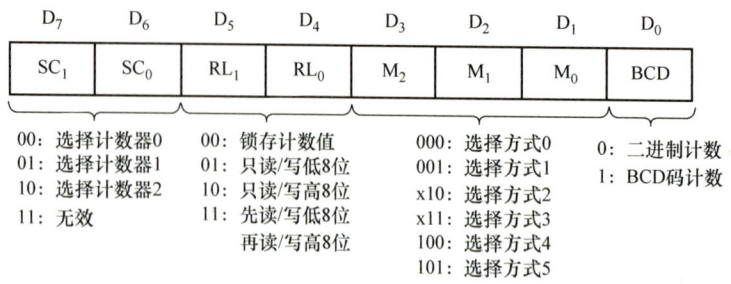

图 8-9 8253 的控制字格式

计数器来查看现行计数器的计数情况,但锁存计数值并不会使计数器停止计数,只是将当前计数值锁存起来,计数器照常做减法计数;$RL_1 RL_0 = 01$ 时,只读/写计数器的低字节;$RL_1 RL_0 = 10$ 时,只读/写计数器的高字节;$RL_1 RL_0 = 11$ 时,可以读写 16 位计数器,但必须是先读/写计数器的低字节,再读/写计数器的高字节。

M_2、M_1、M_0:计数器工作方式选择位。

BCD:计数进制选择位。8253 的每个计数器有两种数制:二进制和 BCD 码计数,由这一位决定选择哪一种。BCD = 0 时表示采用二进制计数,写入的初值范围为 0000H ~ FFFFH,其中 0000H 是最大值,代表计数 65536;BCD = 1 时表示采用 BCD 码计数,写入的初值范围为 0000 ~ 9999,其中 0000 是最大值,代表计数 10000。

2. 8253 初始化编程

要使用 8253,必须先进行初始化编程。初始化编程包括设置方式选择控制字和写计数初值两方面,即包含两步:

1)写入方式选择控制字,选择计数器、工作方式、数据读/写格式和计数进制。

2)写入第一步中选择的计数器所要计数的值。如只写低 8 位,则高 8 位自动置 0,如只写高 8 位,则低 8 位自动置 0。若写 16 位,则先写低 8 位后高 8 位。

需要注意的是:步骤 1 中写入的控制字必须写到控制端口。8253 端口的地址由芯片引脚 $A_1 A_0$ 来决定,见表 8-1。$A_1 A_0 = 11$ 是控制端口的地址,$A_1 A_0 = 00$ 是计数器 0 的计数值端口地址,$A_1 A_0 = 01$ 是计数器 1 的计数值端口地址,$A_1 A_0 = 10$ 是计数器 2 的计数值端口地址。

【例 8-1】 8086 系统中,设 8253 的端口地址 80H ~ 83H,编写初始化程序,使计数器 0 工作在方式 1,BCD 计数,计数初值为 10,计数器 1 工作在方式 4,二进制计数,计数初值为 1000。

由题意根据图 8-9 可以得出,计数器 0 的控制字为 00010011B = 13H;计数器 1 的计数初值 1000 > 256,所以要写入 16 位的计数值,即 $RL_1 RL_0 = 11$,得到计数器 1 的控制字为 01111000B = 78H。题目中告知了 8253 的端口地址为 80H ~ 83H,由此可推断出 8253 的 $A_1 A_0$ 引脚与 8086 的 $AD_1 AD_0$ 引脚相连。由表 8-1 中 $A_1 A_0$ 的搭配可知计数器 0 的端口地址为 80H,计数器 1 的端口地址为 81H,计数器 2 的端口地址为 82H,控制字的端口地址为 83H。

8253 的初始化程序如下:

```
MOV    AL, 13H           ;计数器0的方式控制字13H
OUT    83H, AL           ;将计数器0的方式控制字送入控制端口
MOV    AL, 10H           ;计数初值送AL寄存器,BCD码计数,所以为10H
OUT    80H, AL           ;将初值送计数器0中
MOV    AL, 78H           ;计数器1的方式控制字78H
OUT    83H, AL           ;将计数器1的方式控制字送入控制端口
MOV    AX, 1000          ;计数初值送AX寄存器
OUT    81H, AL           ;将初值低8位送计数器1中
MOV    AL, AH            ;将计数初值高8位送AL寄存器
OUT    81H, AL           ;将初值高8位送计数器1中
```

在使用8253过程中,有时需要读取计数器中当前的计数值以查看计数情况,以便根据这个值做计数判断。当要读取计数器当前的计数值时,需要先写入控制字,选择需要读取的计数器,并且使控制字中的 $RL_1RL_0 = 00$,将计数器的当前值输出到锁存寄存器中锁住,再使用读命令将该计数器中锁住的计数值读出。

【例8-2】 8086系统中,设8253的端口地址80H~86H,编写程序读取计数器1的当前16位计数值。

因为是要读取计数器1的当前计数值,在读取之前需要将计数值进行锁存,则控制字为01000000B=40H。题目中告知了8253的端口地址为80H~86H,由此可推断出8253的A_1A_0引脚与8086的地址线A_2A_1引脚相连。由表8-1中A_1A_0的搭配可知计数器0的端口地址为80H,计数器1的端口地址为82H,计数器2的端口地址为84H,控制字的端口地址为86H。

编程如下:
```
MOV    AL, 40H           ;计数器1的方式控制字40H
OUT    86H, AL           ;将计数器1的控制字送入控制端口,锁存计数值
IN     AL, 82H           ;读取计数器1当前计数值的低8位
MOV    CL, AL            ;将计数值的低8位送CL寄存器
IN     AL, 82H           ;读取计数器1当前计数值的高8位
MOV    CH, AL            ;将计数值的高8位送CH寄存器
```

8.2.6 8253的应用

【例8-3】 在Proteus环境下,利用8253设计一个简单扬声器发声电路。假设8253的计数器0的输入时钟为2MHz,要求扬声器发声频率为500Hz,8253的端口地址为400H~406H。

扬声器的发声频率为500Hz,所以扬声器的输入端应是500Hz的方波信号,将8253的计数器0的OUT端与扬声器相连,计数器0应工作在方式3,计数初值为2MHz/500Hz = 2000000/500 = 4000。由于题目中给出8253的端口地址为400H~406H,所以由此可推断出8253的A_1A_0引脚与8086的地址线A_2A_1引脚相连。8086的最小模式电路采用第5章中图5-4的电路,8253的$\overline{CS}$引脚应与$\overline{IO2}$引脚相连。硬件电路图如图8-10所示。

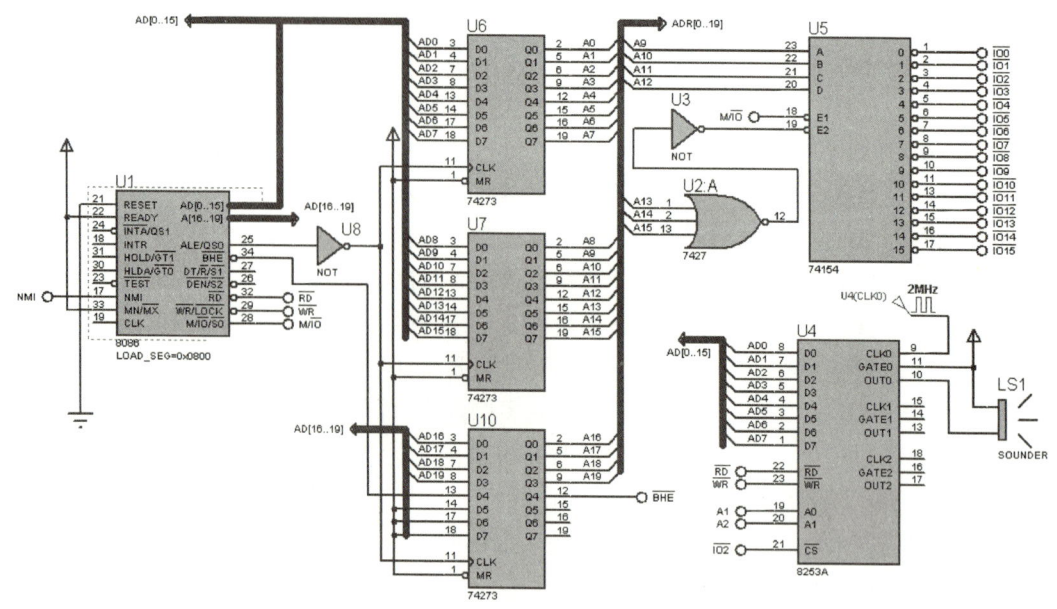

图 8-10 例 8-3 的硬件电路图

源程序如下：
```
CODE    SEGMENT
        ASSUME  CS：CODE
START： MOV   AL, 36H        ;8253 控制字 00110110B
        MOV   DX, 406H
        OUT   DX, AL         ;写 8253 计数器 0 的方式控制字
        MOV   AX, 4000       ;计数初值 4000
        MOV   DX, 400H
        OUT   DX, AL
        MOV   AL, AH
        OUT   DX, AL
CODE    ENDS
        END   START
```

【例 8-4】 在 Proteus 环境下，利用 8253 控制一个发光二极管按 0.5s 点亮、0.5s 熄灭的方式点亮。假设 8253 的计数器 0 的输入时钟为 1MHz，8253 的端口地址为 600H～606H。

要求发光二极管按 0.5s 点亮、0.5s 熄灭的方式点亮，即发光二极管的驱动信号为 1Hz 的方波。利用 8253 做一个分频电路，将 1MHz 的输入信号分频为 1Hz，则计数初值为 1MHz/1Hz = 1000000/1 = 1000000。

因为 8253 中的计数器为 16 位计数器，每个计数器的最大计数次数为 65536 次，要想计数为 1000000 次，需要两个计数器级联。先用计数器 0 对 1MHz 的信号进行分频，将计数器 0 的输出信号作为计数器 1 的时钟信号，然后利用计数器 1 继续分频，计数器 1 输出得到 1Hz 的信号。从前面学到的知识可知，方式 2 与方式 3 都可以实现对时钟脉冲的 n 分频。这里计数器 0 的第一级分频对时钟信号的占空比没有要求，所要计数器 0 可以采用方式 2 或者方式 3，而计数器 1 的第二级分频必须为方波 1Hz 的方波信号，所以只能采用方式 3。要想计数 1000000 次，只需计数器 0 的计数初值 × 计数器 1 的计数初值 = 1000000 即可，这里采用计数器 0 的计数初值 = 10000，计数器 1 的计数初值 = 100。8253 的硬件电路如图 8-11 所示。

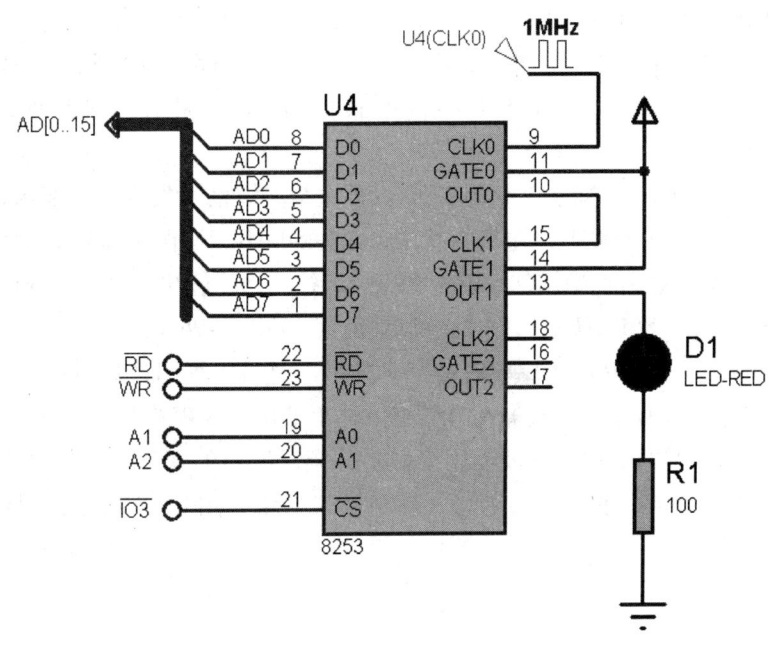

图 8-11　例 8-4 的硬件电路图

源程序如下：
```
CODE   SEGMENT
       ASSUME   CS：CODE
START：MOV    AL, 34H         ；或 36H
       MOV    DX, 606H
       OUT    DX, AL          ；写计数器 0 方式控制字
       MOV    DX, 600H
       MOV    AX, 10000
       OUT    DX, AL          ；写计数器 0 计数初值低 8 位
       MOV    AL, AH
       OUT    DX, AL          ；写计数器 0 计数初值高 8 位
       MOV    AL, 56H
       MOV    DX, 606H
       OUT    DX, AL          ；写计数器 1 方式控制字
       MOV    DX, 602H
```

```
        MOV   AL, 100
        OUT   DX, AL              ;写计数器1计数初值低8位
CODE  ENDS
      END  START
```

注：图 8-11 只画出了 8253 的硬件电路图，8086 的最小模式电路与图 8-10 以及图 5-4 完全一样，所以就不再给出了。由于 8253 的端口地址为 600H～606H 开始，只需将 8253 的 $\overline{CS}$ 引脚与 $\overline{IO3}$ 引脚相连即可，不需更改图 8-10 的最小模式电路。若 8253 的端口地址为其他值（如 60H～66H），则还需更改图 8-10 中与译码器 74154 相连的地址线，请读者自行思考。

【例 8-5】 在 Proteus 环境下，利用 8253 设计一个方波信号发生器，要求该信号发生器输出的频率范围为 100～1000Hz，输出的默认频率为 500Hz，有两个按键开关控制频率的增减，按键 K0 按一次，输出频率增加 50Hz，按键 K1 按一次，输出频率减少 50Hz。假设 8253 的计数器 0 的输入时钟为 1MHz，8253 的端口地址为 400H～406H。

因为输出频率范围为 100～1000Hz，输入时钟为 1MHz，得到计数范围为 1000～10000，用一个计数器进行分频就行了。我们在计数器的输出端接上扬声器和示波器，扬声器用来感受频率变化带来的声调的变化，示波器用来显示分频后波形的变化，硬件电路如图 8-12 所示，同样图中省略了 8086 最小模式电路，最小模式电路如图 8-10 所示。示波器界面如图 8-13 所示。

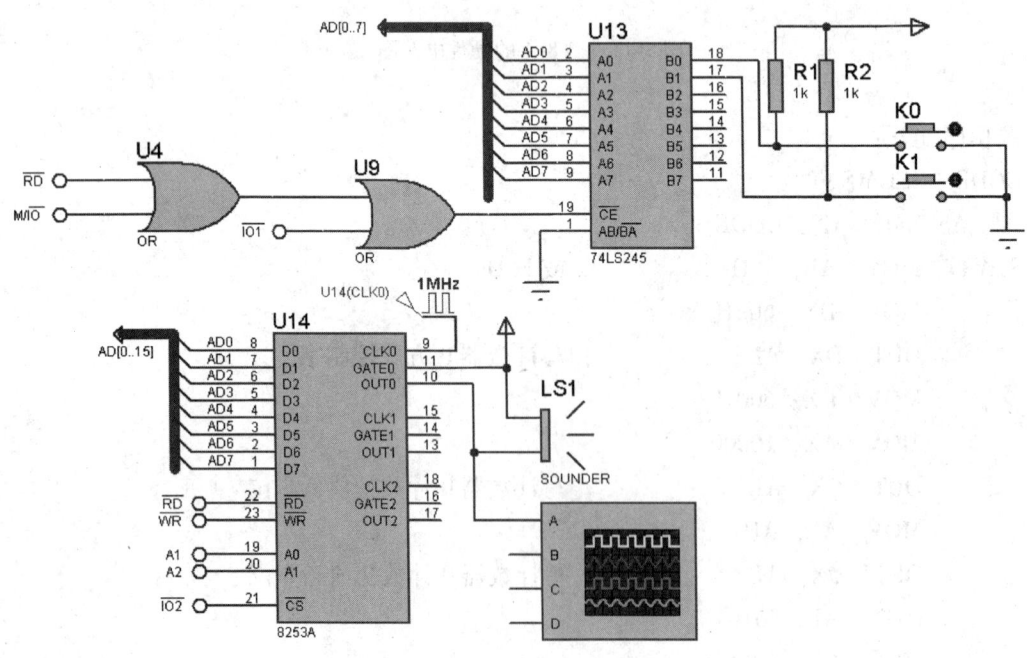

图 8-12 例 8-5 的硬件电路图

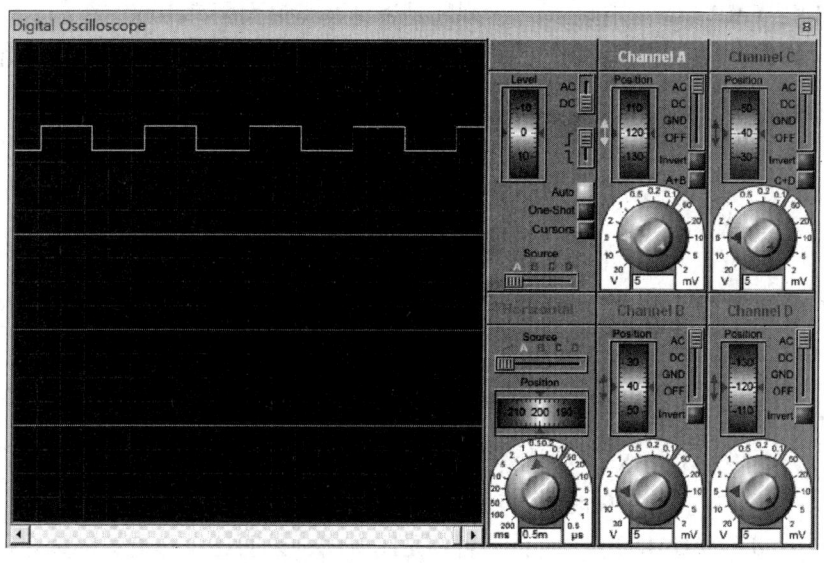

图 8-13 例 8-5 的波形图

源程序如下:
```
CODE    SEGMENT
        ASSUME  CS:CODE
START:  MOV   CX, 500          ;初始频率 500Hz
        MOV   DX, 000FH        ;被除数 1000000 的高 16 位
        MOV   AX, 4240H        ;被除数 1000000 的低 16 位
        DIV   CX               ;1000000/500
        MOV   BX, AX
        MOV   AL, 36H          ;8253 控制字 00110110B
        MOV   DX, 406H
        OUT   DX, AL           ;写 8253 计数器 0 的方式控制字
        MOV   AX, BX
        MOV   DX, 400H
        OUT   DX, AL           ;送计数值的低 8 位
        MOV   AL, AH
        OUT   DX, AL           ;送计数值的高 8 位
AGAIN:  MOV   DX, 200H
        IN    AL, DX           ;获取开关值
        TEST  AL, 01H          ;判断开关 K0 是否闭合
        JZ    ADD_CLK          ;若闭合,跳转到频率增加程序段
        TEST  AL, 02H          ;判断开关 K1 是否闭合
        JZ    SUB_CLK          ;若闭合,跳转到频率减小程序段
        JMP   AGAIN            ;否则继续获取开关值
```

```
        ADD_CLK: CMP   CX, 1000     ; 判断是否已经是最大频率1000Hz
                 JZ    AGAIN0       ; 若已达最大频率,跳到AGAIN0程序段等待开关弹起
                 ADD   CX, 50       ; 频率增加50Hz
                 MOV   DX, 000FH
                 MOV   AX, 4240H
                 DIV   CX           ; 1000000/(CX+50)
                 MOV   DX, 400H
                 OUT   DX, AL       ; 送计数值的低8位
                 MOV   AL, AH
                 OUT   DX, AL       ; 送计数值的高8位
        AGAIN0:  MOV   DX, 200H
                 IN    AL, DX       ; 继续获取开关值
                 TEST  AL, 01H      ; 判断开关K0是否弹起
                 JZ    AGAIN0       ; 若还是闭合的,说明还没弹起,继续等待
                 JMP   AGAIN        ; 若已弹起,进行下一轮判断
        SUB_CLK: CMP   CX, 100      ; 判断是否已经是最小频率100Hz
                 JZ    AGAIN1       ; 若已达最小频率,跳到AGAIN1程序段等待开关弹起
                 SUB   CX, 50       ; 频率减小50Hz
                 MOV   DX, 000FH
                 MOV   AX, 4240H
                 DIV   CX           ; 1000000/(CX-50)
                 MOV   DX, 400H
                 OUT   DX, AL       ; 送计数值的低8位
                 MOV   AL, AH
                 OUT   DX, AL       ; 送计数值的高8位
        AGAIN1:  MOV   DX, 200H
                 IN    AL, DX       ; 继续获取开关值
                 TEST  AL, 02H      ; 判断开关K1是否弹起
                 JZ    AGAIN1       ; 若还是闭合的,说明还没弹起,继续等待
                 JMP   AGAIN        ; 若已弹起,进行下一轮判断
        CODE ENDS
            END START
```

8.3 可编程并行接口芯片8255A

8.3.1 并行接口概述

　　计算机与外围设备之间通过数据传输进行通信。在数据通信中,按每次传送的数据位数不同,通信方式可分为并行通信和串行通信,所对应的接口电路称为并行接口和串行接口。并行通信是以微型计算机的字长,通常是8位、16位、32位或64位为传输单位,一次传输

一个字长的数据，适合于外围设备与微型计算机之间进行近距离、大量和快速的信息交换，例如计算机与内存、硬盘、光盘等设备之间的通信。实现并行通信的接口称为并行接口，一个并行接口可设计为只作为输入接口或只作为输出接口，还可设计为既作为输入接口又作为输出接口，即双向输入/输出接口。

由于 CPU 芯片本身总是以并行方式接收和发送数据，因此并行接口是微型计算机系统中最常用的接口之一。并行接口的特点是可以在多根数据线上同时传送以字节或字为单位的数据，与串行接口相比具有传送速度快、效率高等优点，但由于所用电缆多，在长距离传输时，电缆的损耗、成本及相互之间的干扰就会成为突出的问题。所以，并行接口一般适用于数据传送速率较高而传输距离较短的场合。

本节主要介绍 Intel 公司生产的可编程并行接口芯片 8255A，用户可通过程序写入控制字选择该芯片中的某一个或某几个数据端口与外设相连，可配置端口的输入和输出方式及工作方式，因此该芯片具有广泛的适应性和灵活性，在微机系统中得到广泛的应用。

8.3.2 8255A 的外部特性与内部结构

1. 外部特性

可编程并行接口芯片 8255A 是 40 脚芯片，采用 +5V 供电，所有输入输出都与 TTL 电平兼容。每片 8255A 有 3 个独立的 8 位并行输入/输出接口，即端口 A、端口 B 和端口 C。8255A 一共有 3 种工作方式，即方式 0、方式 1 和方式 2，其中端口 A 可以工作在这 3 种不同的方式下，端口 B 只能工作在方式 0 和方式 1 下，端口 C 只能工作于方式 0。具体使用哪个端口和端口使用哪种工作方式，用户可以通过编程进行设定。

2. 内部结构

8255A 的内部结构如图 8-14 所示，它由 4 部分组成：数据总线缓冲器、读/写控制逻辑、数据端口和 A 组 B 组控制电路。

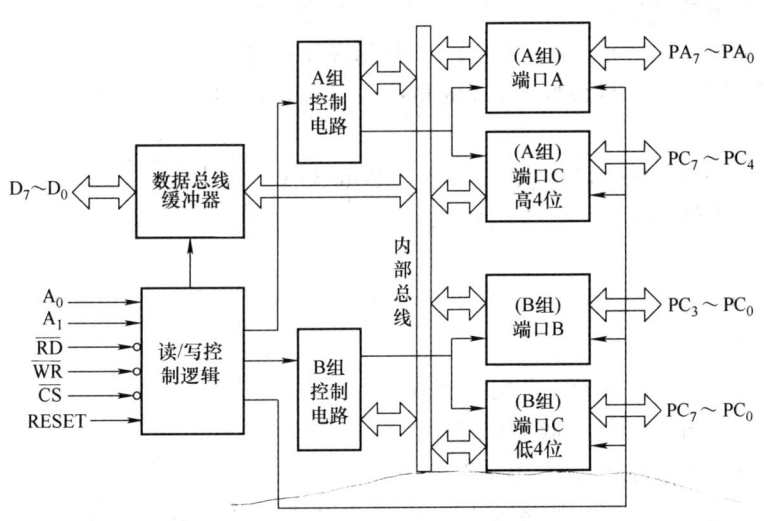

图 8-14　8255A 内部结构

（1）数据总线缓冲器

数据总线缓冲器是一个 8 位的双向三态缓冲器，它直接与 CPU 的数据总线相连。CPU 通过数据总线缓冲器向 8255A 写入数据、控制字或从 8255A 中读取数据。

（2）读/写控制逻辑

读/写控制逻辑用来控制 8255A 的内部操作。它根据 CPU 发出来的读/写信号、地址信号以及信号的高低进行数据端口的选择和数据传送方向的控制。当 A_1A_0 为 00 时，选中端口 A；当 A_1A_0 为 01 时，选中端口 B；当 A_1A_0 为 10 时，选中端口 C；当 A_1A_0 为 11 时，选中控制字寄存器。

（3）数据端口

共有 3 个 8 位数据端口，即端口 A、端口 B 和端口 C。每个端口都可选择作为输入或输出。

（4）A 组和 B 组控制电路

A 组和 B 组控制电路用于控制 A、B、C 3 个端口的工作方式。8255A 把 3 个端口分为 A 组和 B 组。A 组控制电路用于控制端口 A 和端口 C 高 4 位的工作方式和输入输出，B 组控制电路用于控制端口 B 和端口 C 低 4 位的工作方式和输入输出。A 组和 B 组控制电路还接收 CPU 的按位控制命令，以实现对端口 C 的按位置位和复位操作。

8.3.3 8255A 的引脚功能

8255A 共有 40 个引脚，引脚排列如图 8-15 所示。

$PA_0 \sim PA_7$：端口 A 的数据总线，用来连接外设，可通过编程设定 8 位全部作为输入或全部作为输出。

$PB_0 \sim PB_7$：端口 B 的数据总线，用来连接外设，可通过编程设定 8 位全部作为输入或全部作为输出。

$PC_0 \sim PC_7$：端口 C 的数据总线，用来连接外设或作为端口 A 和端口 B 的控制信号，可通过编程设定 8 位全部作为输入或全部作为输出，也可以分别设定端口 C 的高 4 位和低 4 位作为输入和输出，也可以对端口 C 的每一位分别置位和复位。

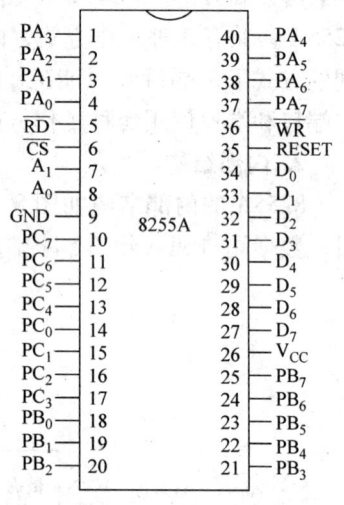

图 8-15 8255A 引脚图

$D_0 \sim D_7$：三态输入输出数据总线，用于将 8255A 与系统数据总线相连，供 CPU 向 8255A 读写数据、命令和状态信息。

RESET：复位信号，输入信号，高电平有效。复位时 8255A 清除控制字寄存器，端口 A、B、C 均为输入方式。

$\overline{CS}$：片选信号，输入信号，低电平有效。

$\overline{RD}$：读信号，输入信号，低电平有效。

$\overline{WR}$：写信号，输入信号，低电平有效。

A_1A_0：地址选择信号线，输入信号。这两位地址与 $\overline{CS}$、$\overline{RD}$ 和 $\overline{WR}$ 信号配合用来选择 3 个数据端口和控制寄存器端口的读/写操作，见表 8-2。

表 8-2　8255A 端口地址分配及寄存器读/写操作

$\overline{CS}$	$\overline{RD}$	$\overline{WR}$	$A_1\ A_0$	执行的操作
0	1	0	0　0	写数据端口 A
0	1	0	0　1	写数据端口 B
0	1	0	1　0	写数据端口 C
0	1	0	1　1	写控制字端口
0	0	1	0　0	读数据端口 A
0	0	1	0　1	读数据端口 B
0	0	1	1　0	读数据端口 C

8.3.4　8255A 的工作方式

8255A 共有 3 种工作方式，即方式 0、方式 1 和方式 2，3 个数据端口的工作方式不完全相同。端口 A 可工作于方式 0、方式 1 和方式 2，端口 B 可工作于方式 0 和方式 1，端口 C 只能工作于方式 0。3 种方式所涉及的部分引脚功能不一样，工作时序不一样，硬件连接和软件编程也不一样。下面对 3 种工作方式进行介绍。

1. 方式 0

方式 0 是一种简单的输入/输出方式，没有规定固定的应答联络信号，可用 A，B，C 3 个端口的任一位充当查询信号，其余 I/O 口仍可作为独立的端口和外设相连。

方式 0 的应用场合有两种：一种是同步传送；一种是查询传送。

2. 方式 1

方式 1 是一种单向选通输入/输出方式，A 口和 B 口仍作为两个独立的 8 位 I/O 数据通道，可单独连接外设，通过编程分别设置它们为输入或输出。而 C 口则要有 6 位（分成两个 3 位）分别作为 A 口和 B 口的应答联络线，其余 2 位仍可工作在方式 0，可通过编程设置为输入或输出。

（1）方式 1 的输入组态和应答信号的功能

图 8-16 给出了 8255A 的 A 口和 B 口方式 1 的输入组态。

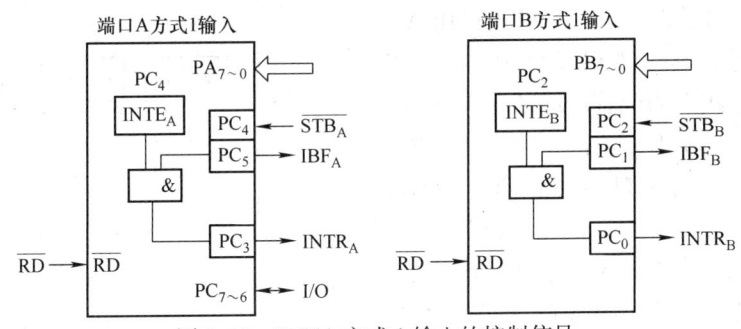

图 8-16　8255A 方式 1 输入的控制信号

从图中可以看到，C 口的 $PC_3 \sim PC_5$ 用作 A 口的应答联络线，$PC_0 \sim PC_2$ 则用作 B 口的应答联络线，余下的 $PC_6 \sim PC_7$ 则可作为方式 0 使用。应答联络线的功能如下：

$\overline{STB}$：选通输入信号。用来将外设输入的数据打入 8255A 的输入缓冲器。

IBF：输入缓冲器满信号。作为 $\overline{STB}$ 的应答信号。

INTR：中断请求信号。INTR 置位的条件是 $\overline{STB}$ 为高且 IBF 为高且 INTE 为高。

INTE：中断允许信号。对 A 口来讲，是由 PC_4 置位来实现，对 B 口来讲，则是由 PC_2 置位来实现。使用前事先通过控制字将其置位。

(2) 方式 1 的输出组态和应答信号功能

图 8-17 给出了 8255A 的 A 口和 B 口方式 1 的输出组态。

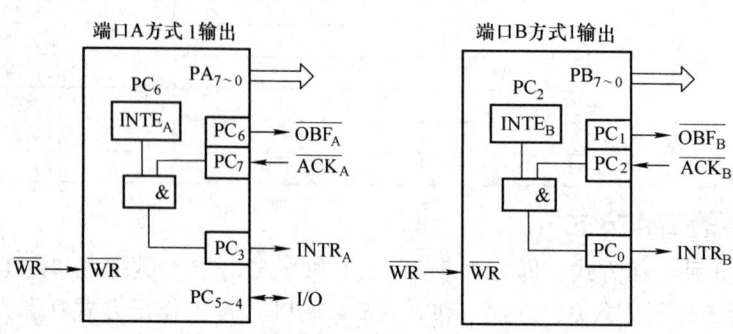

图 8-17 8255A 方式 1 输出的控制信号

从图中可以看到，C 口的 PC_3、PC_6、PC_7 用作 A 口的应答联络线，$PC_0 \sim PC_2$ 则用作 B 口的应答联络线，余下的 $PC_4 \sim PC_5$ 则可作为方式 0 使用。应答联络线的功能如下：

$\overline{OBF}$：输出缓冲器满信号。当 CPU 已将要输出的数据送入 8255A 时有效，用来通知外设可以从 8255A 取数。

$\overline{ACK}$：响应信号。作为对 OBF 的响应信号，表示外设已将数据从 8255A 的输出缓冲器中取走。

INTR：中断请求信号。INTR 置位的条件是 ACK 为高且 OBF 为高且 INTE 为高。

INTE：中断允许信号。对 A 口来讲，由 PC6 的置位来实现，对 B 口仍是由 PC2 的置位来实现。

3. 方式 2

方式 2 为双向选通输入/输出方式，只有 A 口才有此方式。这时，C 口有 5 根线用作 A 口的应答联络信号，其余 3 根线可用作方式 0，也可用作 B 口方式 1 的应答联络线。方式 2 就是方式 1 的输入与输出方式的组合，各应答信号的功能也相同。而 C 口余下的 $PC_0 \sim PC_2$ 正好可以充当 B 口方式 1 的应答线，若 B 口不用或工作于方式 0，则这三条线也可工作于方式 0。图 8-18 给出了 8255A 的 A 口方式 2 的输出组态。

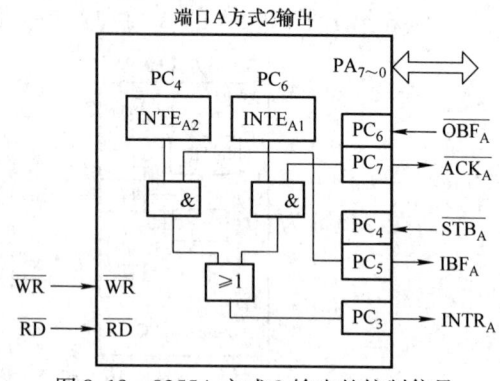

图 8-18 8255A 方式 2 输出的控制信号

8.3.5 8255A 的初始化

8255A 是一个可编程接口芯片，用户在使用该芯片时，须先进行初始化编程，以决定使用各个数据端口的工作方式。

1. 8255A 的控制字

8255A 工作方式是通过 CPU 向 8255A 中控制端口写入相应的控制字来决定。8255A 的控制字分为两类：一类是方式选择控制字，该控制字决定了 8255A 中 3 个端口是输入还是输出以及选择哪种工作方式；另一类是端口 C 按位置 1/清 0 控制字，它可以对端口 C 中的任何一位进行置位或复位。

（1）方式选择控制字

方式选择控制字如图 8-19 所示。D_7 位为标志位，必须使 $D_7=1$；D_6D_5 位用于选择 A 口的工作方式；D_2 位用于选择 B 口的工作方式；其余 4 位分别用于选择 A 口、B 口、C 口高 4 位和 C 口低 4 位输入/输出功能，置 1 时表示输入，清 0 时表示输出。

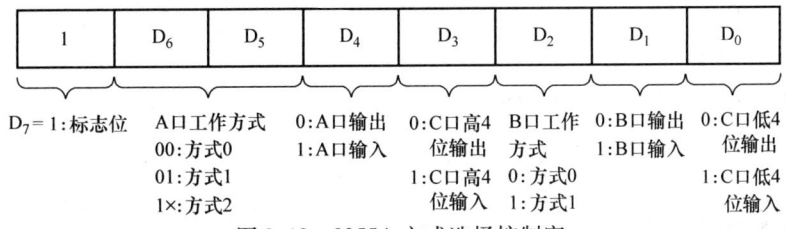

图 8-19　8255A 方式选择控制字

（2）端口 C 按位置 1/清 0 控制字

端口 C 按位置 1/清 0 控制字如图 8-20 所示。D_7 位为标志位，必须使 $D_7=0$；$D_3D_2D_1$ 位用于选择 C 口的某一位进行操作；D_0 位指出对选中位是置 1 还是清 0。$D_0=1$ 时，使选中位置 1；$D_0=0$ 时，使选中位清 0。

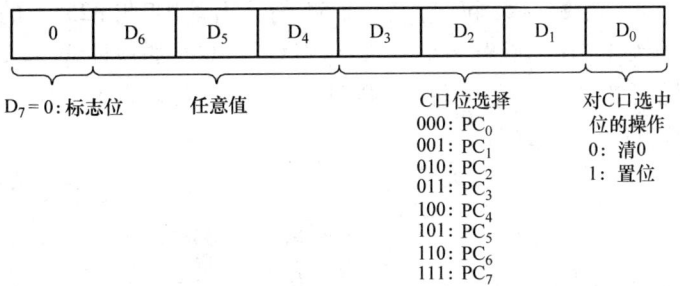

图 8-20　8255A 端口 C 按位置 1/清 0 控制字

2. 8255A 的初始化编程

【例 8-6】　某系统要求使用 8255A 的端口 A 采用方式 0 输入，B 口采用方式 0 输出，C 口的高 4 位采用方式 0 输出，低 4 位采用方式 0 输入，编写 8255A 的初始化程序段。假设 8255A 的端口地址为 40H～46H。

根据题意，参照图 8-19 得出 8255A 的控制字为 10010001B，即 91H。题目中告知了 8255A 的端口地址为 40H～46H，由此可推断出 8255A 的 A_1A_0 引脚与 8086 的地址线 A_2A_1 引脚相连。由表 8-2 中 A_1A_0 的搭配可知端口 A 的地址为 40H，端口 B 的地址为 42H，端口 C 的地址为 44H，控制字的端口地址为 46H。

初始化程序如下：
MOV　AL，91H
OUT　46H，AL

【例 8-7】　假如 8255A 的 PC_3 引脚当前为低电平，要求编写程序段使 PC_3 引脚输出一个正脉冲。假设 8255A 的端口地址为 200H～206H。

可以用程序先将 PC_3 置 1，输出一个高电平，再将 PC_3 清 0，输出一个低电平，结果 PC_3

引脚便输出一个正脉冲。参照图 8-20 得出 PC_3 置 1 时的控制字为 00000111B = 07H，PC_3 清零时的控制字为 00000110B = 06H。题目中告知了 8255A 的端口地址为 200H ~ 206H，由此可推断出 8255A 的 A_1A_0 引脚与 8086 的地址线 A_2A_1 引脚相连。由表 8-2 中 A_1A_0 的搭配可知端口 A 的地址为 200H，端口 B 的地址为 202H，端口 C 的地址为 204H，控制字的端口地址为 206H。

程序如下：
MOV   AL，07H
MOV   DX，206H
OUT   DX，AL   ；PC3 置 1
MOV   AL，06H
OUT   DX，AL   ；PC3 清 0

8.3.6　8255A 的应用

【例 8-8】　设计一个检测开关通断状态的电路，并用发光二极管显示出来。假如 8255A 的端口 A 接 8 个开关 $K_0 \sim K_7$，端口 C 接 8 个发光二极管 $LED_0 \sim LED_7$。当开关 K_i 闭合时，对应的 LED_i 才点亮，$i = 0 \sim 7$。在 Proteus 中设计电路并编程实现。

Proteus 硬件电路图如图 8-21 所示。图中没有将 8086 最小模式电路显示出来，读者可参考图 8-10 以及图 5-4。由图 8-21 可看到，74154 的输出端 $\overline{IO2}$ 与 8255A 的 $\overline{CS}$ 端相连，可知 8255A 的 $\overline{CS}$ 端地址为 400H，而 8255A 的 A_1A_0 引脚与 8086 的地址线 A_2A_1 引脚相连。由表 8-2 中 A_1A_0 的搭配可知端口 A 的地址为 400H，端口 B 的地址为 402H，端口 C 的地址为 404H，控制字的端口地址为 406H。

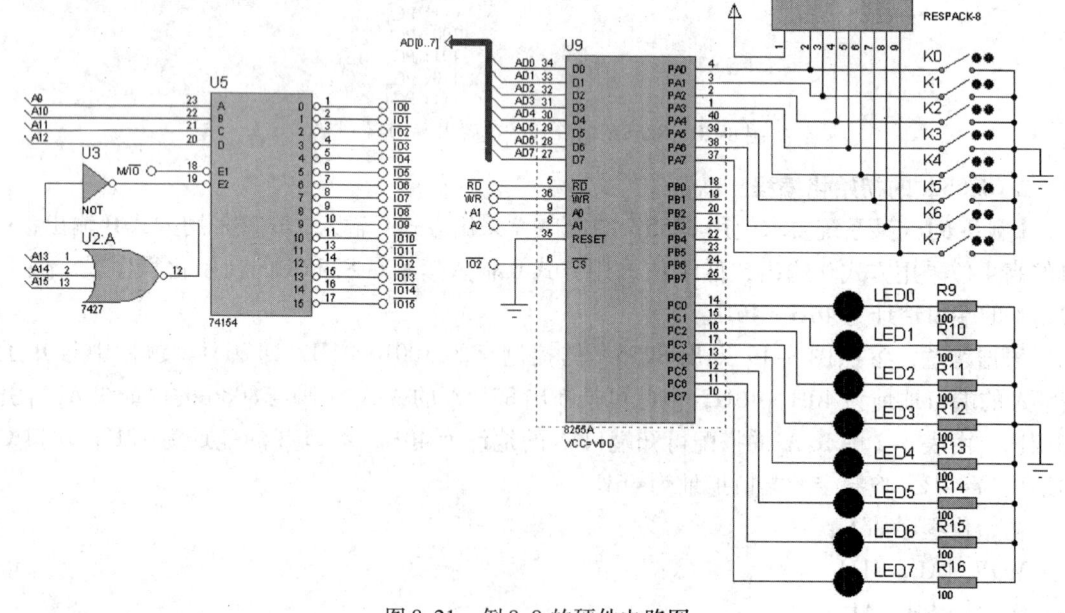

图 8-21　例 8-8 的硬件电路图

程序如下：
CODE   SEGMENT
　　ASSUME   CS：CODE

```
START: MOV   AL, 90H          ;8255 控制字=10010000B
       MOV   DX, 406H
       OUT   DX, AL
NEXT:  MOV   DX, 400H
       IN    AL, DX            ;读取开关状态
       NOT   AL
       MOV   DX, 404H
       OUT   DX, AL            ;点亮对应 LED
       JMP   NEXT
CODE   ENDS
       END   START
```

【**例 8-9**】 在 8086 系统中，利用 8255 设计一个 3×3 的矩阵开关显示电路。由 9 个开关组成一个 3 行×3 列的开关阵列，一次只能有一个开关被按下。这 9 个开关的编号分别是 1～9，用一个 LED 数码管显示被按下的开关的编号，当没有开关按下时数码管显示 0。在 Proteus 中设计电路并编程实现。

补充知识：矩阵开关也称矩阵键盘，其典型电路如图 8-22 所示。在无按键被按下时，由于 +5V 的上拉电阻的作用，列先被置成高电平。按下某一开关后，该开关所在的行线和列线接通。这时如果向被按下开关所在的行线上输出一个低电平信号，则对应的列线也呈低电平。

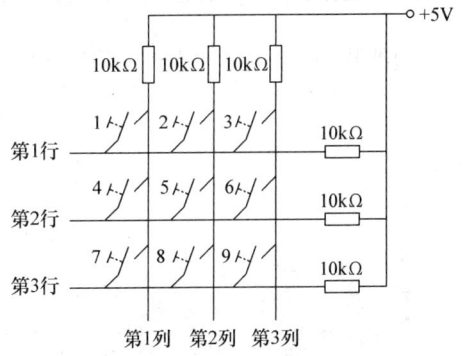

图 8-22 3×3 矩阵开关结构

识别矩阵键盘上哪个开关被按下的过程称为键盘扫描，本题中采用行扫描法进行按键的识别，识别的过程如下：

1）使所有行线为低电平，然后检查列线，如果有一列线为 0，即低电平，进入第 2 步。

2）为了消除键抖动，继续采用第一步的方法，使所有行线为低电平，然后检查列线，如果仍有一列线为 0，说明确实有按键按下，则进入步骤 3 检测到底是哪个按键被按下，否则返回步骤 1。

3）从第 1 行开始逐行进行扫描，即逐行输出 0。每扫描一行，读入列线数据，若列线中有一列为 0，则表示该列与当前扫描行的交叉点处的开关被按下。

在本例中，采用 8255A 的端口 C 与矩阵开关相连，其中 $PC_0 \sim PC_2$ 接行线，$PC_4 \sim PC_6$ 接列线。需要将 C 口的高 4 位设置为输入，低 4 位设置为输出。

LED 数码管由 7～8 个发光二极管组成。如图 8-23 所示的是八段数码管，该八段发光管按顺时针分别称为 a、b、c、d、e、f、g 和小数点 h，分别是 8 个发光二极管。有的数码管不带小数点，这种数码管称为七段数码管。

LED 数码管有共阴极和共阳极两种结构。将内部所有发光二极管的阴极接在一起的称为共阴型，需要靠分别控制发光二极管的正极来点亮数码管；将内部所有发光二极管的阳极接在一起的称为共阳型，靠分别控制发光二极管的负极来点亮数码管。通过发光二极管点亮的不同组合，可显示数字 0～9、部分英文字母及某些特殊字符。如显示字符"1"，只需使 b 和 c 两个段亮，其他段不点亮。

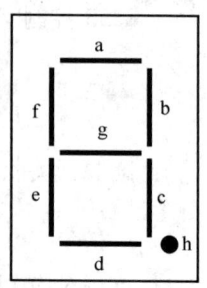

图 8-23 LED 数码管示意图

本例采用的八段 LED 数码管是共阴极的结构。该数码管与 8255A 的端口 A 相连，A 口需配置为输出，工作于方式 0。共阴极 LED 八段数码管显示的字符 0~F 的段码见表 8-3。

表 8-3 数码管段码

显示字符	0	1	2	3	4	5	6	7	8	9	A	B	C	D	E	F
段码（H）	3F	06	5B	4F	66	6D	7D	07	7F	6F	77	7C	39	5E	79	71

Proteus 中 8255A 部分的硬件电路如图 8-24 所示。

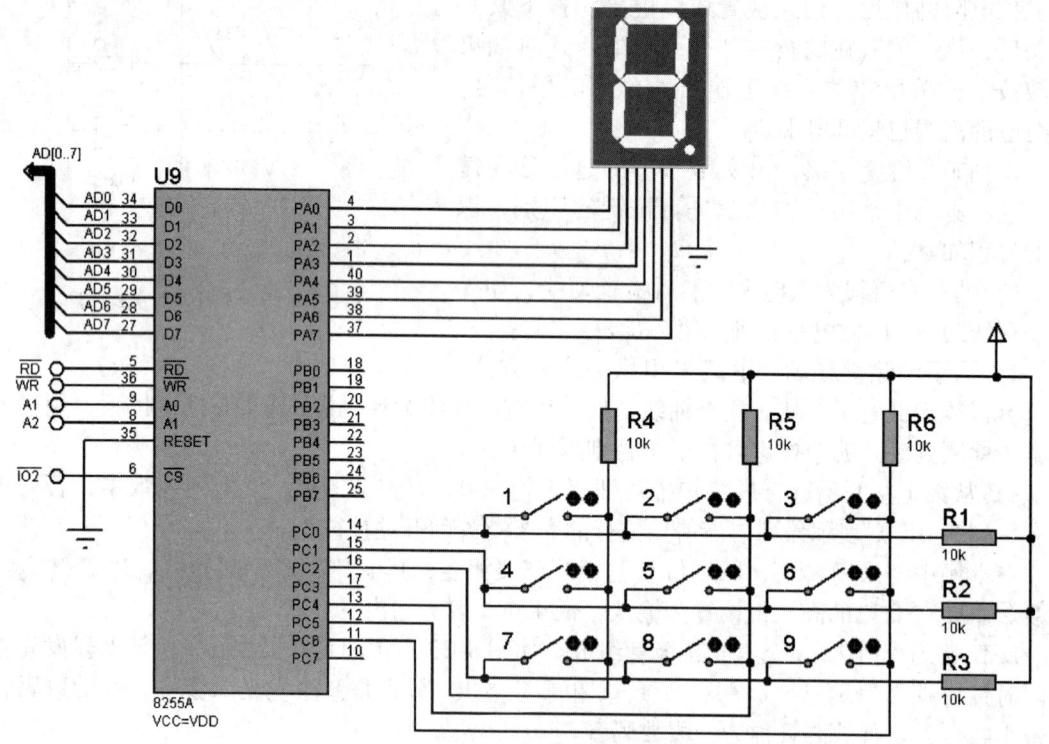

图 8-24 例 8-9 的硬件电路图

源程序如下：
DATA　SEGMENT　　　　　　　　；数据段中存放数字 0~9 的 LED 段码
　　LED DB 3FH, 06H, 5BH, 4FH, 66H, 6DH, 7DH, 07H, 7FH, 6FH

```
DATA    ENDS
CODE SEGMENT
    ASSUME  CS：CODE
START：MOV   AL, 88H              ；8255 控制字 = 10001000B
      MOV   DX, 406H
      OUT   DX, AL
NEXT1：MOV   AL, 0H
      MOV   DX, 404H
      OUT   DX, AL                ；向行线全部输出 0
      IN    AL, DX                ；读取列线的值
      AND   AL, 70H
      CMP   AL, 70H               ；判断列线有无 0
      JZ    DISP0                 ；列线无 0，继续扫描
      CALL  DELAY_20ms            ；延时 20ms，消抖动
      IN    AL, DX                ；再次读取列线的值
      AND   AL, 70H
      CMP   AL, 70H               ；判断列线有无 0
      JZ    DISP0                 ；列线无 0，跳到显示 0 单元
      MOV   CX, 3                 ；开始进行行扫描
      MOV   BH, 0FEH              ；行扫描初值
NEXT2：MOV   AL, BH
      OUT   DX, AL                ；送出行扫描值
      ROL   BH, 1                 ；左移一位，得出下一行行扫描值
      MOV   BL, 3
      SUB   BL, CL
      MOV   AL, 3
      MUL   BL
      MOV   SI, AX                ；计算出当前行的行号
      IN    AL, DX                ；获取列线值
      AND   AL, 70H
      CMP   AL, 060H
      JZ    DISP1                 ；第 1 列有按键按下
      CMP   AL, 050H
      JZ    DISP2                 ；第 2 列有按键按下
      CMP   AL, 030H
      JZ    DISP3                 ；第 3 列有按键按下
      LOOP  NEXT2
DISP0：MOV   AL, LED
      JMP   DSIP
```

```
DISP1: MOV   AL, LED [SI+1]
       JMP   DSIP
DISP2: MOV   AL, LED [SI+2]
       JMP   DSIP
DISP3: MOV   AL, LED [SI+3]
       JMP   DSIP
DSIP:  MOV   DX, 400H
       OUT   DX, AL              ;将段码送端口 A
       JMP   NEXT1

DELAY_20ms  PROC   NEAR          ;延时子程序
       MOV   CX, 5800
LP: LOOP LP
    RET
DELAY_20ms  ENDP
CODE   ENDS
    END   START
```

8.4　Proteus ISIS 仿真实例

利用可编程定时/计数器 8253 和可编程并行接口芯片 8255A 设计一个简单秒表。该秒表由四位七段 LED 管显示，显示的时间范围为 0～999.9s。该秒表由 3 个按钮 K_START、K_STOP 和 K_RESET 进行控制。当按钮 K_START 按下时，秒表开始计数，LED 管实时显示计数的时间；当按钮 K_STOP 按下时，秒表停止计数，LED 管保持显示当前计数的时间；当按钮 K_RESET 按下时，计数值复位，四位七段 LED 管显示 000.0。

1. 电路设计

（1）8086 最小模式电路设计

8086 最小模式电路如图 8-25 所示。本书所有 8086 的 Proteus 仿真电路中的最小模式电路都采用该电路。采用 3 片 74273 作为地址锁存器，采用 1 片 74154 作为地址译码器。

（2）8255A 电路设计

数码管显示有静态和动态两种方法。所谓静态显示，就是当数码管显示某一个字符时，相应的发光二极管恒定地导通或截止。采用这种显示方式时，每一个数码管都需要有一个 8 位数据端口控制。因此当系统中数码管较多时，用静态显示所需的 I/O 口太多。所谓动态显示就是一位一位地轮流扫描各个数码管。对于每一位数码管来说，每隔一段时间点亮一次。数码管的亮度既与导通电流有关，也与点亮时间和间隔时间的比例有关。这种显示方法需有两类端口，即位选端口和数据端口。位选端口控制哪个数码管显示，数据端口决定显示值。数据端口所有数码管公用。当 CPU 输出一个显示值时，各数码管都能收到此值。但是，只有位选码选中的数码管才能导通并显示。

本例采用动态显示的方法控制四位七段数码管，8255A 电路如图 8-26 所示。将 8255A

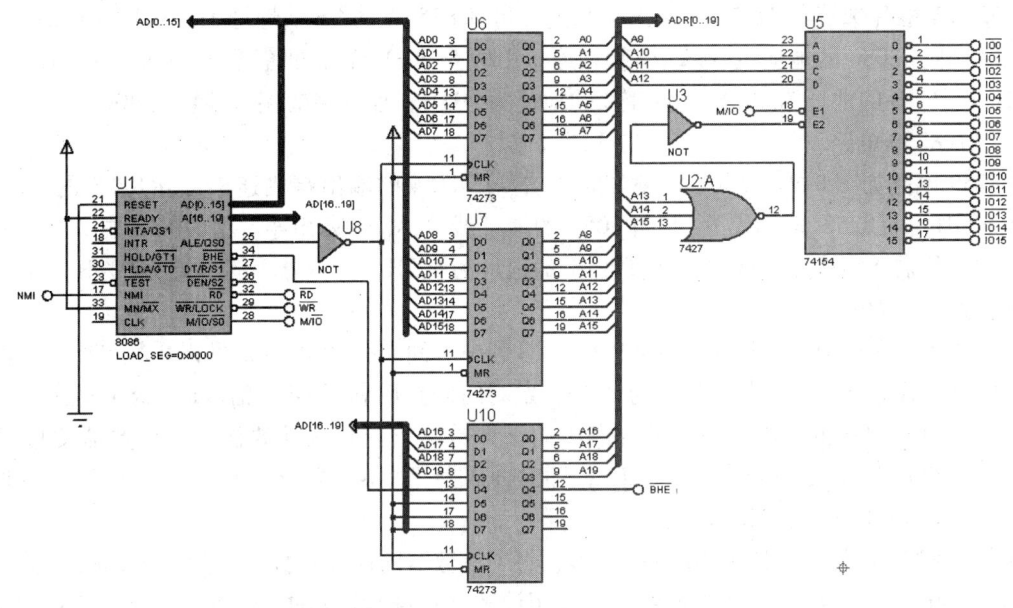

图 8-25 8086 最小模式电路

的端口 A 接四位七段数码管的数据端口，端口 B 的低 4 位接四位七段数码管的位选端口，端口 C 的低 3 位分别接 3 个按钮开关。端口 A 和端口 B 需要配置为输出，端口 C 的低 4 位需要配置为输入，均工作于方式 0。参考图 8-19 得出 8255A 的控制字为 10000001B = 81H。

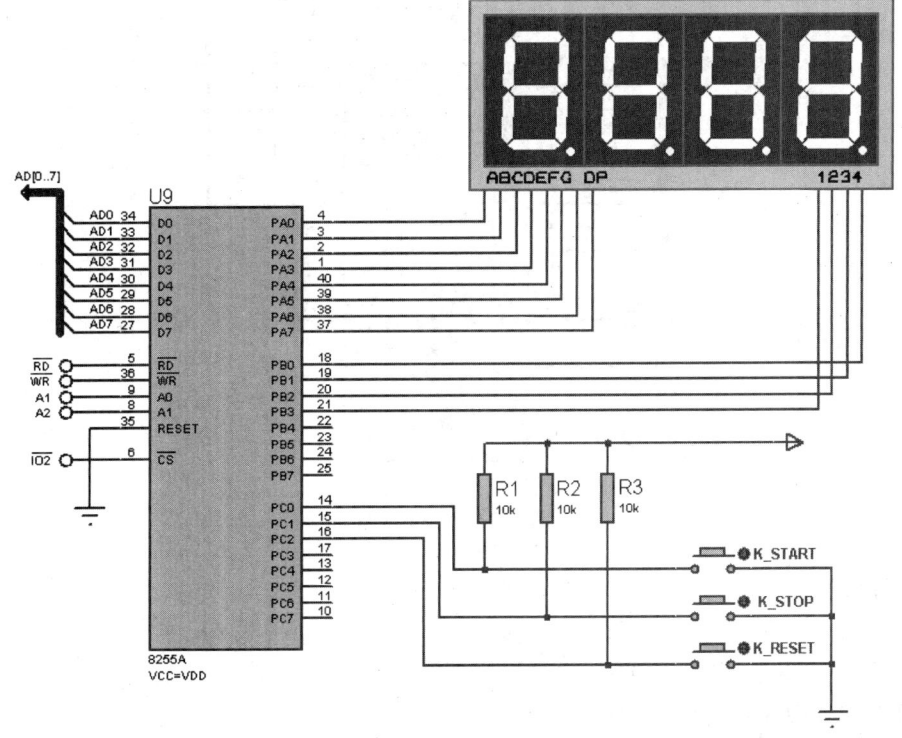

图 8-26 8255A 电路

8255A 的片选端与 74154 的输出端相连，可知 8255A 的 CS 端地址为 400H，而 8255A 的 A_1A_0 引脚与 8086 的地址线 A_2A_1 引脚相连。由表 8-2 中 A_1A_0 的搭配可知端口 A 的地址为 400H，端口 B 的地址为 402H，端口 C 的地址为 404H，控制字的端口地址为 406H。

（3）8253 电路设计

8253 电路如图 8-27 所示。8253 的片选端与 74154 的输出端相连，可知 8253 的$\overline{CS}$端地址为 600H，而 8253 的 A_1A_0 引脚与 8086 的地址线 A_2A_1 引脚相连。由表 8-1 中 A_1A_0 的搭配可知计数器 0 的地址为 600H，计数器 1 的地址为 602H，计数器 2 的地址为 604H，控制字的端口地址为 606H。

该秒表显示的时间范围为 0～999.9s，即最小时间单位为 0.1s，可以采用 8253 的某一个计数器工作在方式 0，定时时间为 0.1s，定时时间到后利用 OUT 信号向 8086 发送一个中断，8086 在收到中断后在中断服务程序中向该计数器重新写入计数初值，计数器便重新开始计数。8253 的输入时钟频率为 1MHz，即时钟周期为 $1\mu s$，要求定时的时间为 0.1s，则计数初值为 $0.1s/1\mu s = 100000$。

因为 8253 中的计数器为 16 位计数器，每个计数器的最大计数次数为 65536 次，要想计数为 100000 次，需要两个计数器级联。先用计数器 0 对 1MHz 的信号进行分频，将计数器 0 的输出信号作为计数器 1 的时钟信号，然后利用计数器 1 继续分频，得到 0.1s 的定时信号，参考例 8-4。计数器 0 工作在方式 3，计数初值设置为 10，计数器 1 工作在方式 0，计数初值设置为 10000。计数器 1 的 OUT 端接 8086 的 NMI 引脚，计数器 1 定时时间到后 OUT 端向 8086 输入一个非屏蔽中断。

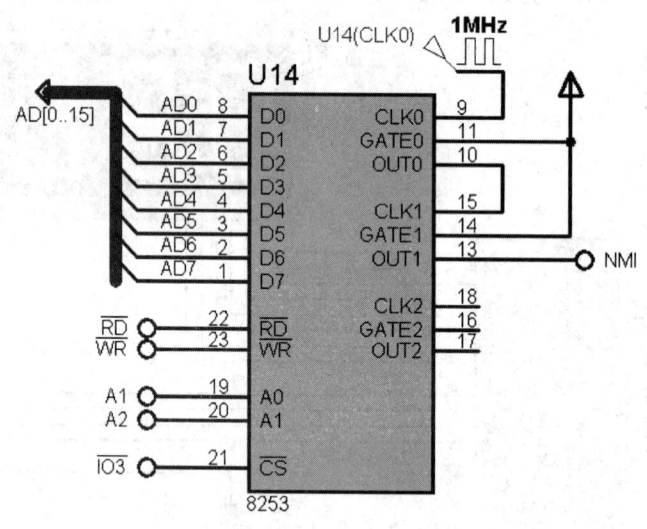

图 8-27 8253 电路

2. 程序设计

U8255_A_PORT   EQU   400H
U8255_B_PORT   EQU   402H
U8255_C_PORT   EQU   404H
U8255_CTRL_PORT EQU   406H

```
U8253_T0_PORT    EQU    600H
U8253_T1_PORT    EQU    602H
U8253_T2_PORT    EQU    604H
U8253_CTRL_PORT  EQU    606H
DATA SEGMENT
    BUFF    DB 16 DUP (0)        ;空出一段区域用于存放中断服务程序的入口地址
    OUTBUFF DB 0,0,0,0           ;存放秒表的时间
    LEDTAB  DB 3FH,06H,5BH,4FH,66H,6DH,7DH,07H,7FH,6FH
                                 ;数码管段码
    KEYBOARD DB 07H              ;存放按键值,按键全部未按下为07H
DATA ENDS
CODE SEGMENT
    ASSUME CS: CODE
START: MOV AX, DATA
       MOV DS, AX                ;获取中断服务程序的入口地址并存入中断向量表中
       MOV AX, 0
       MOV ES, AX
       MOV BX, 8                 ;中断向量表地址
       MOV AX, OFFSET INT_P
                                 ;获取中断服务程序的偏移地址
       MOV WORD PTR ES:[BX], AX
       MOV AX, SEG INT_P         ;获取中断服务程序的段地址
       MOV WORD PTR ES:[BX+2], AX
       MOV AL, 81H               ;初始化8255A和8253
       MOV DX, U8255_CTRL_PORT
                                 ;8255A 控制字 = 10000001B
       OUT DX, AL
       MOV AL, 16H               ;计数器0控制字 = 00010110B
       MOV DX, U8253_CTRL_PORT
       OUT DX, AL
       MOV AL, 10                ;计数器0计数初值
       MOV DX, U8253_T0_PORT
       OUT DX, AL
       MOV AL, 70H               ;计数器1控制字 = 01110000B
       MOV DX, U8253_CTRL_PORT
       OUT DX, AL
       MOV AX, 10000             ;计数器1计数初值
       MOV DX, U8253_T1_PORT
       OUT DX, AL
```

```
            MOV   AL, AH
            OUT   DX, AL
            MOV   DI, 0
AGAIN: CALL   DISP              ;调用 LED 显示子程序
            MOV   DX, U8255_C_PORT
            IN    AL, DX              ;读取按钮值
            AND   AL, 07H
            CMP   AL, 07H
            JZ    AGAIN
            CALL  DELAY_2ms           ;消抖动
            IN    AL, DX
            AND   AL, 07H
            CMP   AL, 07H
            JZ    AGAIN
            MOV   KEYBOARD, AL        ;将按钮值存入变量 KEYBOARD 中
            JMP   AGAIN

DISP   PROC NEAR                     ;显示子程序,将秒表时间的值显示到数码管上
            MOV   CL, 0F7H            ;数码管位选信号初值
            LEA   SI, OUTBUFF
LEDDISP: MOV   AL, CL
            MOV   DX, U8255_B_PORT
            OUT   DX, AL              ;送入位选信号
            LEA   BX, LEDTAB
            MOV   AL, [SI]            ;读取时间某一位上的值
            XLAT                      ;转换成数码管段码
            CMP   CL, 0FDH            ;判断是否数码管个位
            JNZ   NEXT1
            OR    AL, 80H             ;将个位加上小数点
NEXT1: MOV   DX, U8255_A_PORT
            OUT   DX, AL
            CALL  DELAY_2ms
            MOV   AL, 0
            OUT   DX, AL
            CMP   CL, 0FEH
            JZ    NEXT2
            INC   SI                  ;读取时间的下一位的值
            ROR   CL, 1               ;选择下一位数码管
            JMP   LEDDISP
```

```
NEXT2：RET
   DISP   ENDP


DELAY_2ms   PROC   NEAR
    PUSH   CX
    MOV   CX，50
LP：LOOP   LP
    POP   CX
    RET
DELAY_2ms   ENDP


INT_P   PROC                        ;中断服务子程序
    MOV   AX，10000             ;重新写入计数初值
    MOV   DX，U8253_T1_PORT
    OUT   DX，AL
    MOV   AL，AH
    OUT   DX，AL
    MOV   AL，KEYBOARD        ;读取按钮值
    CMP   AL，07H
    JZ   NEXT4                  ;无按钮按下
    CMP   AL，05H
    JZ   NEXT4                  ;停止按钮按下
    CMP   AL，03H
    JZ   NEXT3                  ;复位按钮按下
    INC   DI                    ;秒表时间+0.1s
    MOV   BP，DI
    MOV   DX，0
    MOV   AX，BP
    MOV   BX，1000
    DIV   BX
    LEA   SI，OUTBUFF
    MOV   ［SI］，AL            ;取秒表时间的百位存入内存中
    MUL   BX
    SUB   BP，AX
    MOV   DX，0
    MOV   AX，BP
    MOV   BX，100
    DIV   BX
    MOV   ［SI＋1］，AL         ;取秒表时间的十位存入内存中
```

```
            MUL    BX
            SUB    BP, AX
            MOV    AX, BP
            MOV    BL, 10
            DIV    BL
            MOV    [SI+2], AL      ;取秒表时间的个位存入内存中
            MOV    [SI+3], AH      ;取秒表时间的小数位存入内存中
            JMP    NEXT4
    NEXT3: MOV    DI, 0             ;秒表时间清0
            LEA    SI, OUTBUFF
            MOV    [SI], 0
            MOV    [SI+1], 0
            MOV    [SI+2], 0
            MOV    [SI+3], 0
    NEXT4: IRET
       INT_P  ENDP
    CODE  ENDS
       END   START
```

3. 运行结果

秒表的运行结果如图8-28所示。

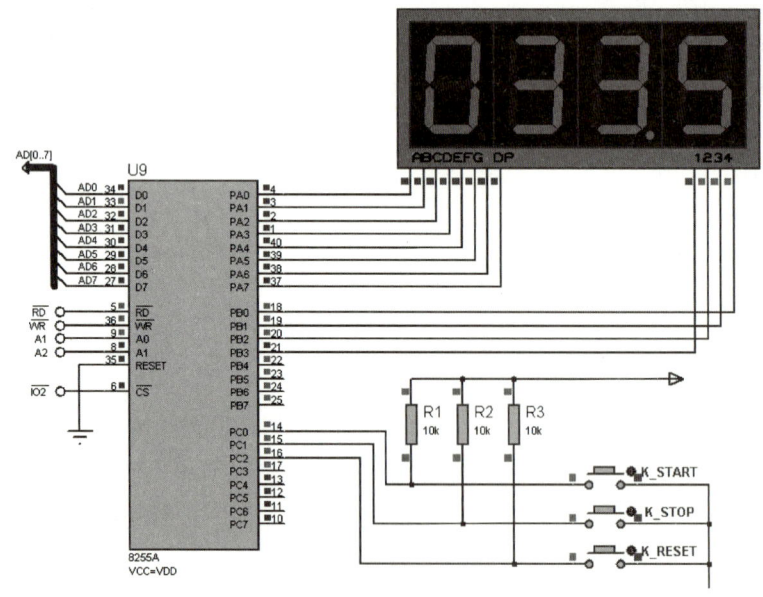

图8-28 秒表的运行结果

本 章 习 题

1. 简述什么是可编程接口芯片。
2. 简述 8253 的特点。
3. 8253 有几种工作方式？简述各工作方式的特点。
4. 8253 每个计数器的最大定时时间是多少？如果要使 8253 的定时时间超过其最大值，则应该如何处理？
5. 简述 8255A 的特点。
6. 8255A 有几种工作方式？简述各工作方式的特点。
7. 按如下要求编写 8253 的初始化程序，已知 8253 的地址为 20H～26H。

（1）使计数器 0 工作在方式 0，采用二进制计数，计数初值为 128。

（2）使计数器 1 工作在方式 1，按 BCD 码计数，计数初值为 3000。

（3）使计数器 2 工作在方式 2，按二进制计数，计数初值为 2FFH。

8. 用 8253 的计数器 1 周期性地发高电平脉冲信号，其周期为 2ms，CLK1 = 2MHz，编程初始化程序并画出 8253 外部的逻辑电路图。设 8253 的端口地址为 E8H～EEH。

9. 8253 的 CLK0 时钟是 2MHz，地址为 304～307H，要求从 OUT0 输出频率为 1000Hz 的方波，从 OUT1 输出频率为 100Hz 的方波，从 OUT2 输出频率为 1Hz 的方波。

（1）请画出 8253 各计数器的接线图。

（2）计算出各通道的计数初值。

（3）选定各计数器的工作方式，然后编写初始化程序。

10. 设 8255A 的 4 个端口地址为 C0H、C2H、C4H、C6H。编写初始化程序设置端口 A 为方式 0 输入，端口 B 为方式 0 输出，端口 C 的低 4 位为输入，将 PC_4 置 1，PC_7 清 0。

11. 在例 8-7 的基础上修改电路，8255A 的端口 A 接 2 个开关 K0、K1，端口 C 接 8 个发光二极管 LED0～LED7。当开关 K0 闭合时，发光二极管 LED0～LED3 点亮，当开关 K1 闭合时，发光二极管 LED4～LED7 点亮。

12. 在例 8-7 的基础上修改电路，8255A 的端口 A 接 2 个开关 K0、K1，端口 C 接 8 个发光二极管 LED0～LED7。当开关 K0 闭合时，8 个发光二极管按 LED0 至 LED7 的顺序循环点亮，当开关 K1 闭合时，8 个发光二极管按 LED7 至 LED0 的顺序循环点亮，当两个开关同时闭合时，所有 LED 灯一起闪烁。

13. 利用 8255A 控制一个按钮开关和一个二位七段数码管，七段数码管显示按钮按下的次数。A 口接数码管的数据端，B 口接数码管的位选端，C 口接一个按钮开关。初始时数码管显示为"00"，当按钮按一次，数码管显示的数字便加 1，当加到"99"后，再按一次按钮，便又显示"00"。设计该电路并编程实现。

第 9 章 中断与中断管理

【教学提示】 中断是微型计算机系统中非常重要的一项技术，是对微处理器功能的有效扩展。本章主要介绍中断和中断源，中断处理过程，8086 的中断系统以及典型的可编程中断控制器 8259A 的结构、功能和应用。

【教学要求】 通过本章的学习，学生应该掌握中断和中断源，中断处理过程，8086 的中断系统以及典型的可编程中断控制器 8259A 的结构、功能和应用。

9.1 概述

中断是微型计算机系统中非常重要的一项技术，是对微处理器功能的有效扩展。由于 CPU 指令速度通常都远远高于外设的响应速度，特别是一些慢速设备在没有中断技术的情况下，CPU 在与外设进行数据交换时，常需要花费大量的时间等待外设对前一次数据的响应。而利用外部中断，微型计算机系统可以实时响应外围设备的数据传送请求，及时处理外部随机出现的意外或是紧急事件；利用内部中断，微处理器为用户提供了发现、调试并解决程序执行异常情况的有效途径。因此，中断是用以提高计算机工作效率的一项重要技术，而如何建立准确的中断概念和灵活掌握中断技术也是学好本门课程的关键之一。

9.1.1 中断与中断源

1. 中断

所谓中断，是指 CPU 在正常运行程序时，由于内部/外部事件或由程序的预先安排引起 CPU 暂时停止正在运行的程序，而转到为内部/外部事件或为预先安排事件服务的程序中去。服务完毕，再返回去继续执行被暂停的程序。也就是说，CPU 在执行当前程序的过程中，插入另外一段程序运行。对于外设何时产生中断，CPU 是预先不知道的，因此，中断具有随机性。但中断技术发展到今天，中断已不再限于只由外部硬件产生，中断可以由程序预先安排，即所谓的软件中断。

随着计算机的发展，中断系统不仅能解决快速主机与慢速外设之间的矛盾，还能完成如下功能：

（1）分时操作，同时处理

有了中断系统，可以实现 CPU 与外设同时工作，也可以让多个外设同时工作，这样就大大提高了 CPU 的吞吐率。

（2）实时处理

在实时信息处理系统中，需要对采集的信息立即做出响应，以避免丢失信息，采用中断技术可以进行信息的实时处理。

（3）故障处理

在计算机运行过程中，往往会出现一些故障，如电源掉电、存储出错、运算溢出等。有了中断系统，当出现上述情况时，CPU 可以转去执行故障处理程序，自行处理故障而不必停机。

2. 中断源

引起中断的原因或发出中断请求的设备称为中断源。中断源有以下 3 类：

1）由计算机硬件异常或故障引起的中断，称为内部异常中断，如电源掉电、存储出错等。

2）程序中执行了中断指令引起的中断，也称为软件中断。

3）外设请求引起的中断，称为硬件中断或外部中断。如键盘、磁盘驱动器、打印机发出的中断。

9.1.2 中断处理过程

一个完整的中断处理过程应包括中断请求、中断判优、中断响应、中断处理和中断返回等阶段。

1. 中断请求

中断请求是由中断源向 CPU 发出中断请求信号。外设发出中断请求信号要具备以下两个条件：

1）外设工作已经告一段落。例如，定时器中断需要在定时时间到后才向 CPU 发出中断；输入设备只有在启动后，将要输入的数据送到接口电路的数据寄存器（即准备好要输入的数据）之后，才可以向 CPU 发出中断请求，通知 CPU 从数据寄存器中取数。

2）系统允许该外设发出中断请求。如果系统不允许该外设发出中断请求，可以将这个外设的请求屏蔽，虽然这个外设准备工作已经完成，也不能发出中断请求。

2. 中断判优

中断请求是随机的，有时会出现多个中断源同时提出中断请求，但每个 CPU 每次只能响应一个中断源的请求，那么究竟先响应哪一个中断源的请求呢？这就必须根据各中断源工作性质的轻重缓急，预先安排一个优先级顺序，称为中断优先级。当有多个中断源同时向 CPU 请求中断时，中断控制逻辑能够自动按照中断优先级进行排队，选中当前优先级最高的中断进行处理，当中断处理完毕，再响应优先级别低的中断申请，这个过程就称为中断优先级判优，也称为中断排队。一般情况下，系统的内部中断优先于外部中断，不可屏蔽中断优先于可屏蔽中断。

中断优先级判优可以通过软件查询方式和硬件优先级排队电路两种方式实现。采用硬件优先级排队电路速度快，但需增加硬件设备；软件查询方式无须增加硬件设备，但速度慢，特别是中断源很多时尤为突出。

软件查询方式的基本原理是：当 CPU 接收到中断请求信号后，执行优先级判断查询程序，逐个检测外设中断请求标志位的状态，如图 9-1 所示。检测的顺序是按优先级的高低来进行的，最先检测到的中断源具有最高的优先级，最后检测到的中断源具有最低的优先级。

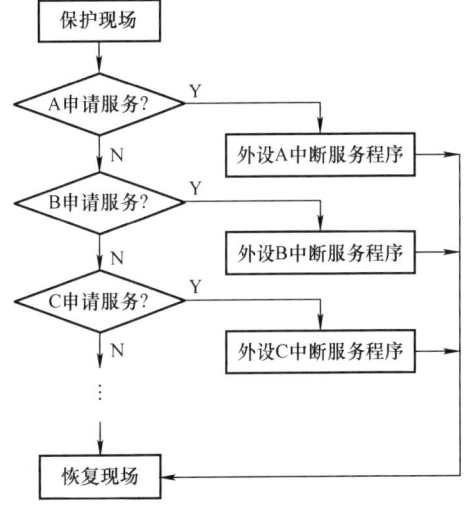

图 9-1 软件查询方式流程图

本章后面我们主要学习采用专用中断管理接口芯片 8259A 的硬件排队电路。

3. 中断响应

经中断判优后，CPU 收到一个当前申请的中断源中优先级别最高的中断请求信号，如果允许 CPU 响应中断（IF = 1），在执行完当前指令后，就中止执行当前程序，而去响应中断请求，此时 CPU 完成如下操作：

（1）关闭中断

为了避免在中断过程中或进入中断服务程序后受到其他中断源的干扰，CPU 会在发出中断响应信号的同时，将标志寄存器的内容压入堆栈保护起来，然后将标志寄存器的中断标志位 IF 与单步标志位 TF 清零，从而自动关闭外部硬件中断和单步中断。

（2）保护断点

所谓断点是指 CPU 响应中断前 CS：IP 指向的下一条指令的地址。保护断点就是将当前 CS 和 IP 的内容压入堆栈保存，以便中断处理完毕后能返回被中断的原程序继续执行，这一过程也是由 CPU 自动完成的。

（3）获取中断类型号

在中断响应周期的第二个总线周期中，由中断控制器给出中断类型号，CPU 根据中断类型号获取中断服务子程序的入口地址（即中断处理程序所在段的段地址及第一条指令的偏移地址），并装入 CS 与 IP。一旦装入完毕，中断服务程序就开始执行。

4. 中断处理

中断响应后，进入中断处理过程，即执行中断服务程序。在中断服务程序中，首先要保护现场，把中断服务程序中所要使用到的寄存器内容保护起来，如将它们的内容压入堆栈，然后才进行与此次中断有关的相应服务处理。处理完毕要恢复现场，即恢复中断前各寄存器的内容。如果在中断服务程序中允许嵌套（可屏蔽中断方式），还应用 STI 指令将 IF 位置 1（即开中断）。

5. 中断返回

在中断服务程序的最后一条指令是一条中断返回指令 IRET。执行指令 IRET 后，之前压入堆栈的断点值及标志寄存器的值弹回到 CS、IP 及标志寄存器中。这样 CPU 就从中断服务程序返回，从而继续执行主程序。

9.2 8086 的中断系统

9.2.1 8086 的中断分类

8086 具有灵活的中断系统，它可以处理 256 种中断源，每个中断对应一个类型码，这 256 种中断对应的中断类型码为 0～255D。按照产生的中断的方法来分，所有 256 种中断可以分为两大类，即外部中断（硬件中断）和内部中断（软件中断）。8086 的中断源分类如图 9-2 所示。

1. 外部中断

外部中断是指由外设通过硬件请求的方式产生的中断，也称为硬件中断。外部中断分为非屏蔽中断和可屏蔽中断。

（1）非屏蔽中断 NMI

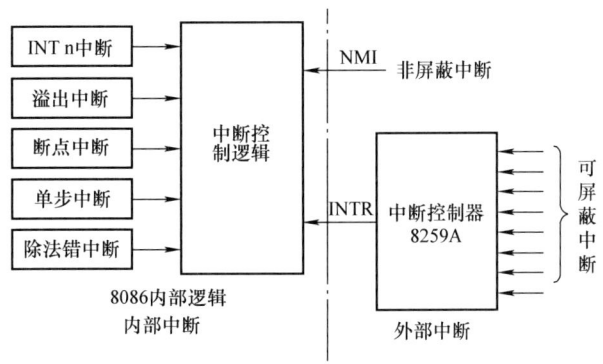

图 9-2 8086 中断源的分类

非屏蔽中断的中断类型码固定为 2，是通过 NMI 引脚进入 CPU 的，它不受中断允许标志 IF 的屏蔽，一个系统中一般只允许有一个非屏蔽中断。

（2）可屏蔽中断 INTR

可屏蔽中断通过 CPU 的 INTR 引脚进入 CPU。可屏蔽中断只有当中断允许标志 IF = 1 时，才能被 CPU 响应。这种中断的中断类型码由中断源在第二个中断响应周期提供，对于图 9-2，若外部中断源通过 8259A 中断控制器接入 CPU，则中断类型码由 8259A 提供。

可屏蔽中断 INTR 是高电平有效，8086 在收到该中断并且 IF = 1 时，便进行中断响应，INTR 的中断响应周期有 2 个，如图 9-3 所示。每个响应周期包括 4 个 T 周期，分别为 T_1、T_2、T_3 和 T_4。在两个响应周期之间由空闲状态隔开。每个中断响应周期，CPU 都会往引脚发一个负脉冲信号，这两个负脉冲会从 T_2 一直维持到 T_4 状态的开始。请求中断的中断源在收到第二个负脉冲 $\overline{INTA}$ 以后，立即把中断类型码送到数据总线的低 8 位 $D_0 \sim D_7$ 上传输给 CPU。

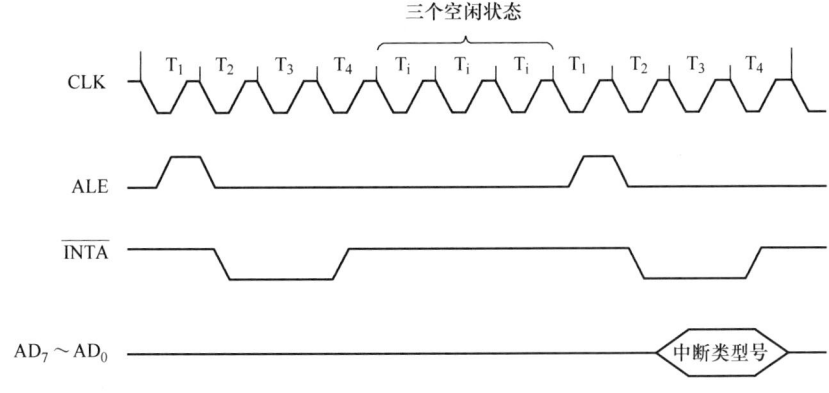

图 9-3 8086 INTR 中断响应周期时序

2. 内部中断

内部中断是由 CPU 运行程序异常或执行内部程序调用引起的中断，因此又称为软件中断。包含以下中断：

(1) 除法错中断

中断类型码为0。执行除法指令时，若除数为0或商超过寄存器所能表示的范围，则CPU立即产生一个除法错中断。

(2) 单步中断

中断类型码为1。当单步标志TF置"1"时，8086处于单步工作方式。在单步工作时，每执行完一条指令，CPU自动产生中断类型码为1的中断。

(3) 断点中断

中断类型码为3。在程序中插入INT 3的地方会引起一个中断，好像产生一个断点，故称为断点中断。在断点处可显示寄存器或存储器单元内容，便于调试。

(4) 溢出中断

中断类型码为4。如果上一条指令使溢出标志位OF为1，则执行INTO指令产生溢出中断。

(5) 软件中断指令 INT n

中断类型码为n。8086的指令系统中有一条INT n指令，执行这条指令就会立即产生中断。例如，INT 21H中断指令产生的软件中断，中断类型码为21H。

9.2.2 中断向量和中断向量表

1. 中断向量

8086一共可以处理256种中断源，每个中断源对应一个中断服务程序。当8086响应某个中断后，需要跳转到该中断的中断服务程序中继续执行。要使CPU从主程序中跳转到中断服务程序中，就必须知道该中断服务程序所在的段地址以及第一条指令所在的偏移地址，该段地址和偏移地址称为中断服务程序的入口地址，即中断向量。每个中断源对应一个中断向量，即中断向量由16位的段地址和16位的偏移地址组成。

2. 中断向量表

把系统中所有中断向量集中起来存放到存储器的某一区域内，这个存放中断向量的存储区就叫中断向量表或中断服务程序入口地址表。8086一共有256个中断源，每个中断源对应一个中断向量，每个中断向量占4个字节（段地址和偏移地址各占2字节），所以中断向量表一共需要占用1KB的地址空间。8086系统把中断向量表安排在内存地址00000H～003FFH（1KB），每4个连续的字节存放一个中断向量，其中高地址字单元存放段地址，低地址字单元存放偏移地址。8086的中断向量表如图9-4所示。

从8086的中断向量表中可以看到，其将中断分为了三部分。第一部分为5个专用的中断（类型码0～4），即除法错中断、单步中断、NMI中断、断点中断和溢出中断；第二部分为27个保留的中断（类型码5～31D），这是提供给系统使用的中断，在这些中断中，有些没有使用，但为了保持系统之间的兼容和便于升级，用户无权对这些中断进行定义；第三部分为224个供用户定义的中断（类型码32D～255D），这些中断可由用户定义为软中断，由INT n指令引入，也可以通过INTR引脚直接引入可屏蔽的硬件中断。

当CPU在处理中断时，需要知道中断服务程序的入口地址，即中断向量，而中断向量存放于中断向量表中，所以CPU需要找到中断向量在中断向量表中的地址，即中断向量表地址指针。如图9-5所示，中断向量在中断向量表中按中断类型码顺序存放的，所以某中断的中断向量表地址指针可由中断类型码乘以4得到，即

第 9 章 中断与中断管理

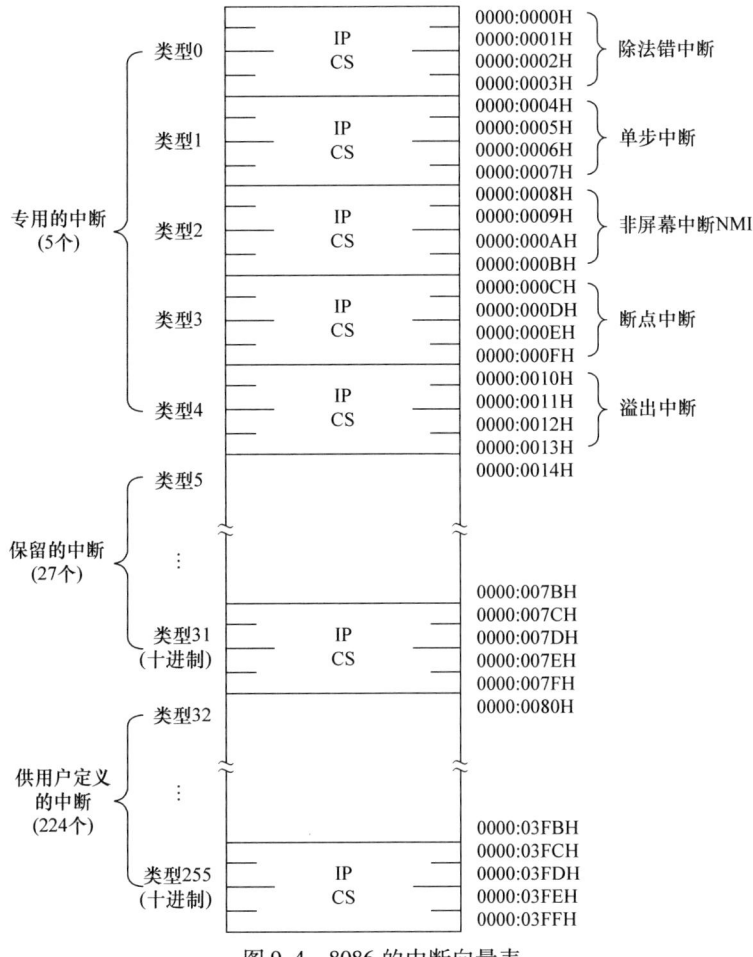

图 9-4 8086 的中断向量表

中断向量表地址指针 = 中断类型码 ×4

CPU 根据中断类型码，可以得到中断向量表地址指针，从而得到中断向量，从而知道了该中断的中断服务程序的段地址和偏移地址，因此就能进行相应的中断处理了。中断类型码与中断向量的关系如图 9-5 所示。

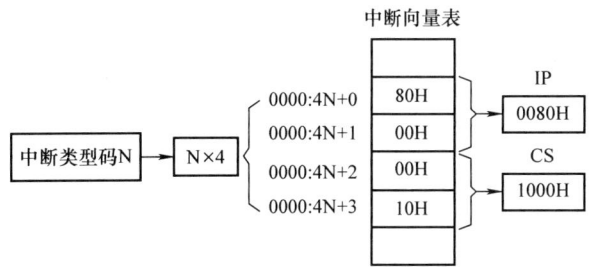

图 9-5 中断类型码与中断向量的关系

【例 9-1】 已知 8086 的中断向量表如图 9-6 所示，执行软中断 INT 31H 时，该中断的中断向量表地址指针和中断向量分别是多少？

195

中断向量表地址指针 = 中断类型码 ×4 = 31H×4 = 0C4H；

中断向量就是 0C4H 地址开始 4 个字节单元中的内容，得到 CS = 0004H，IP = 0003H。

3. 中断向量装入中断向量表

中断向量并非常驻内存 00000H～003FFH（1KB）空间，而是每次开机或系统复位启动的时候由程序装入这段空间内。BIOS 系统程序负责将中断类型码 00H～1FH 共 32 种中断的中断向量装入，而用户自己设置的中断，在中断向量表中没有中断时，需要用户在自己的程序中将中断向量装入中断向量表中指定的地址。

例如，某中断源的中断类型码为 30H，中断服务程序为 INT_P，则设置中断向量的程序为

中断向量表	
000C0H	01H
000C1H	00H
000C2H	02H
000C3H	00H
000C4H	03H
000C5H	00H
000C6H	04H
000C7H	00H
000C8H	05H
000C9H	00H

图 9-6　例 9-1 中断向量表

```
……
    CLI                              ; IF = 0，关中断
    MOV   AX，0                       ; ES 指向 0 段
    MOV   ES，AX
    MOV   BX，30H * 4                 ; 向量表地址送 BX
    MOV   AX，OFFSET INT_P            ; 中断服务子程序的偏移地址送 AX
    MOV   ES：WORD PTR [BX]，AX       ; 中断服务子程序的偏移地址写入向量表
    MOV   AX，SEG INT_P               ; 中断服务子程序的段基址送 AX
    MOV   ES：WORD PTR [BX + 2]，AX   ; 中断服务子程序的段基址写入向量表
    STI                              ; IF = 1，开中断
……
INT_P   PROC                         ; 中断服务子程序
……
    IRET                             ; 中断返回
INT_P   ENDP
```

9.2.3　8086 的中断响应和中断处理过程

8086 一共可以处理 256 种中断源，分外部中断和内部中断。这些中断的优先级从高到低为：除法错中断→INT n→断点中断→溢出中断→NMI 中断→INTR 中断→单步中断。这些中断的响应和处理流程如图 9-7 所示。在前一条指令执行过程中，CPU 会对各种中断源进行识别和搜索。当出现外部中断或内部中断时，首先判断是否有内部中断，如果出现这类中断，则从指令中获得中断类型码后，立即转入保护断点和现场，然后转入中断服务程序；若无内部中断请求，再判断是否有 NMI 和 INTR 请求。如果有可屏蔽中断请求，还要查看 IF 是否为 1，只有在 IF = 1 时，INTR 中断请求才能被响应而转入中断服务程序。如果没有外部中断请求，再检查是否有单步中断，即检查 TF 是否为 1，若 TF = 1，就转入单步处理程序，如果 TF = 0，则说明当前的周期内无任何类型的中断请求，因此可以开始执行下一条指令。

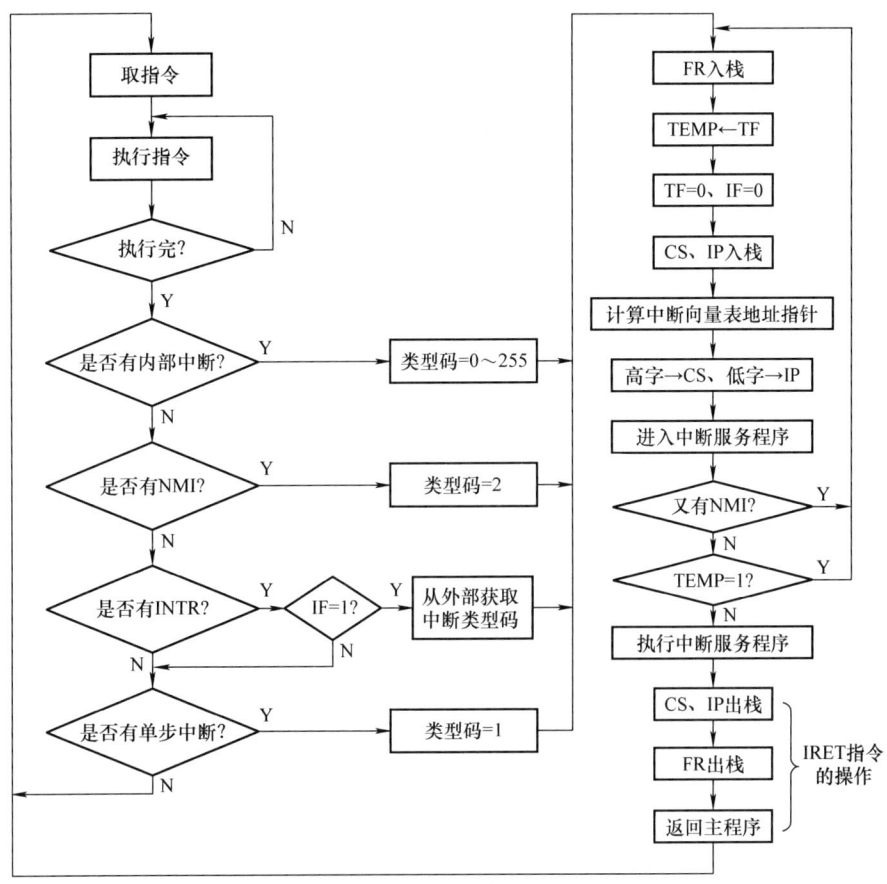

图 9-7 8086 中断响应和中断处理流程

9.3 可编程中断控制器 8259A

Intel 8259A 是一种可编程中断控制器，具有强大的中断管理功能。因为 8086 微处理器的外部中断请求引脚 INTR 只有一个，但外部中断源可以有多个，如时钟、键盘、串口、并口等。所以在 8086 系统中可以采用 8259A 可编程中断控制器来管理外部中断源。8259A 的主要功能有：

1）每片芯片具有 8 级优先权控制，可连接 8 个中断源，通过级联可扩充至管理 64 级优先权，最多可以连接 64 个中断源。
2）通过编程对每一个中断源都可以屏蔽或允许。
3）在第二个中断响应周期，能向 CPU 传输中断类型码。
4）具有一般全嵌套、特殊全嵌套、优先级自动循环方式、中断普通屏蔽方式、中断特殊屏蔽方式等多种工作方式，可通过编程进行选择。

9.3.1 8259A 的内部结构和引脚功能

1. 内部结构

8259A 的内部结构框图如图 9-8 所示。

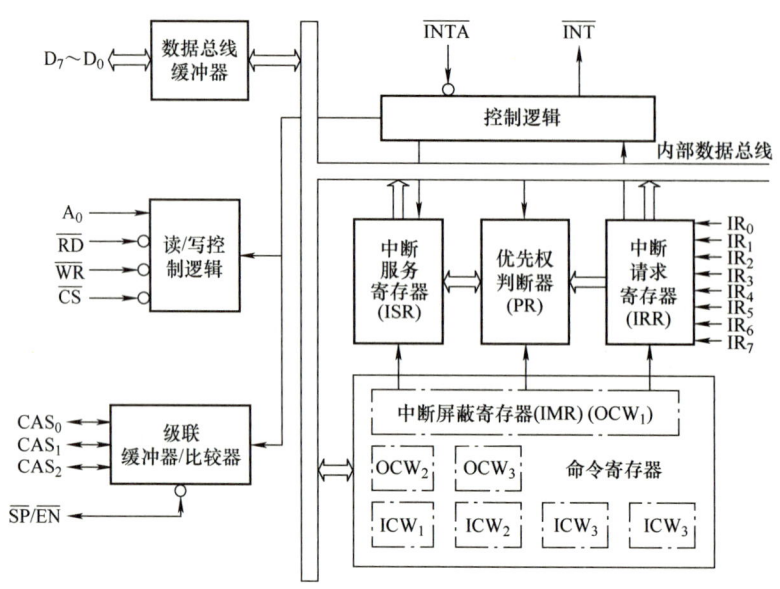

图9-8　8259A 内部结构图

（1）数据总线缓冲器

数据总线缓冲器是一个 8 位的双向三态缓冲器，它直接与 CPU 的数据总线相连。CPU 通过数据总线缓冲器向 8259A 写入数据、控制字或从 8255A 中读取数据。中断类型码就是通过数据缓冲器送到 CPU。

（2）读/写控制逻辑

读/写控制逻辑用来控制 8259A 的内部操作。它根据 CPU 发出来的读/写信号、地址信号以及信号的高低进行内部控制寄存器的选择和数据传送方向的控制。

（3）中断请求寄存器（IRR）

中断请求寄存器（IRR）是一个 8 位锁存寄存器，用来锁存外设送来的 $IR_0 \sim IR_7$ 中断请求信号。外设若有中断请求送到中断请求寄存器 $IR_0 \sim IR_7$，就将其锁存到 IRR 寄存器的相应位。此寄存器可以被 CPU 读出。

（4）优先权判断器（PR）

优先权判断器（PR）用来识别和管理中断请求信号的优先级别。各中断请求信号的优先级别，可以通过对 8259A 编程进行设定和修改。

（5）中断服务寄存器（ISR）

中断服务寄存器（ISR）也是一个 8 位的寄存器，用于存放当前正在处理的中断请求。在第一个响应期间，由优先权判断电路（PR）根据中断请求寄存器（IRR）中各申请中断位的优先级别和中断屏蔽寄存器（IMR）中的状态，选取允许中断的最高优先级请求位，选通到 ISR 中，使 ISR 中的相应位置 1，表明该位对应的中断源正在被处理。当中断处理完毕后，ISR 的复位由中断结束方式决定。此寄存器可以被 CPU 读出。

（6）控制逻辑

控制逻辑按初始化设置的工作方式控制 8259A 的全部工作。该电路可根据 IRR 的内容和 PR 的判断结果，向 CPU 发出中断请求信号 INT，并接收 CPU 返回的响应信号。

(7) 命令寄存器

8259A 共有 7 个 8 位的寄存器。包含 4 个初始化命令寄存器 $ICW_1 \sim ICW_4$ 和 3 个操作命令寄存器 $OCW_1 \sim OCW_3$，CPU 可以对它们进行读写。初始化命令寄存器是系统启动时由初始化程序设置的，是 8259A 工作的前提条件。初始化命令寄存器设定好后，在系统工作中一般不会改变；操作命令寄存器在应用程序中设定，用来对中断过程作动态控制，在系统允许过程中，操作命令寄存器可以多次设置。

操作命令寄存器 OCW_1 也称为中断屏蔽寄存器 IMR，用来屏蔽中断请求信号，当它的某一位或某几位为 1 时，则对应的中断请求就被屏蔽，不能进入系统的下一级也就是 PR 中去判优。

(8) 级联缓冲器/比较器

级联缓冲器/比较器主要用于 8259A 的级联结构，可使 8 个中断源扩展至 64 个。

2. 引脚功能

8259A 共有 28 个引脚，如图 9-9 所示。

$D_0 \sim D_7$：三态输入输出数据总线，用于将 8259A 与系统数据总线相连。

$\overline{CS}$：片选信号，输入信号，低电平有效。

$\overline{RD}$：读信号，输入信号，低电平有效。

$\overline{WR}$：写信号，输入信号，低电平有效。

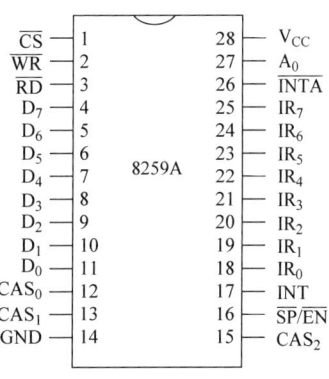

图 9-9 8259A 的引脚图

A_0：端口选择信号线，与 CPU 地址总线的某一位相连，用于选择 8259A 内部的两个端口地址。在 8086 系统中通常与地址总线 A_1 相连。

$IR_0 \sim IR_7$：中断请求输入信号，其中 IR_0 的优先级最高，IR_7 的优先级最低。

INT：中断请求输出信号，它与 CPU 的中断请求信号 INTR 相连。

$\overline{INTA}$：中断响应信号，输入信号，低电平有效，它与 CPU 的中断响应信号 $\overline{INTA}$ 相连。

$\overline{SP/EN}$：主从定义/缓冲器方向信号线，该信号为双功能引脚信号线，当 8259A 工作在缓冲方式时，它用于控制缓冲器的传送方向（即是发送或接收）的输出信号线；当 8259A 工作在非缓冲方式时，作为输入信号线，用于多片级联，它指定 8259A 为主控制器（SP=1）或是从控制器（SP=0）。

$CAS_0 \sim CAS_2$：级联信号线。当 8259A 作为主控制器时，它是输出线；当 8259A 作为从控制器时，它是输入线；它们与 $\overline{SP/EN}$ 配合使用，实现 8259A 的级联功能。

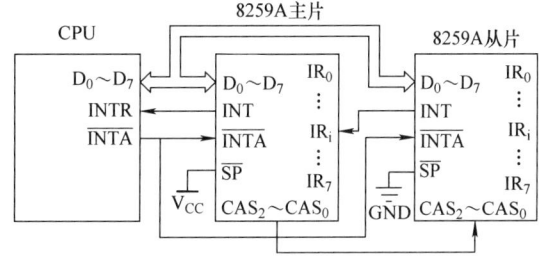

图 9-10 8259A 的级联示意图

8259A 的级联电路连接示意图如图 9-10 所示。

9.3.2 8259A 的工作原理

对 8259A 进行初始化完成后，它便按照要求进行工作。8259A 的中断处理基本过程如下：

1)当一个或多个中断源有中断请求使 $IR_0 \sim IR_7$ 相应引脚变为高电平,便设置 IRR 使相应的位为 1。

2)PR 对中断优先权和中断屏蔽寄存器的状态进行判断后,如果某中断优先级最高且未被屏蔽,就向 CPU 发高电平信号 INT,请求中断服务。

3)CPU 响应中断时,返回中断应答信号。

4)8259A 接到来自 CPU 的第一个信号时,当前 ISR 中相应位置位,并把 IRR 中的相应位复位。

5)在第二个脉冲期间,8259A 向 CPU 发出中断类型码(0~255D),并将其放置到数据总线上。CPU 根据中断类型码,就能找到中断向量表的地址指针,从而获得中断服务程序的入口地址。

6)在 8259A 发送中断类型码的第二个脉冲期间,如果是自动结束中断方式(AEOI),在脉冲结束时会复位 ISR 的相应位。在非自动中断结束方式下,ISR 的相应位要由中断服务程序结束时发出的 EOI 命令来复位。

9.3.3 8259A 的工作方式

8259A 可以工作在多种方式下,这些工作方式都可以通过编程方法来进行设置,因此其中断管理方式很灵活,可以满足用户的不同要求。概括起来,8259A 的工作方式可以分为以下几种:

1)按设置优先级的方式,可分为全嵌套、特殊嵌套、自动循环、特殊循环四种。
2)按屏蔽中断源的方式,可分为普通屏蔽和特殊屏蔽两种。
3)按处理结束中断的方式,可分为自动结束和非自动结束两种。
4)按中断触发的方式,可分为边沿触发、电平触发和中断查询方式三种。

下面对这些工作方式做简单介绍。

1. 中断优先级设置方式

(1)全嵌套方式

这是 8259A 的默认方式,也是最普通和常用的方式。该方式下,8259A 的中断优先级按 $IR_0 \sim IR_7$ 依次递减,并只允许中断级别高的中断源去打断中断级别低的中断服务程序。

(2)特殊嵌套方式

该方式下,当执行某一级中断服务程序时,可响应同级别的中断请求,从而实现同级中断请求的特殊嵌套。特殊嵌套一般用于多片 8259A 级联的情况下。

(3)自动循环方式

该方式下,中断源的优先级并不是固定不变的,初始优先级为 $IR_0 \sim IR_7$ 依次递减,但当某个中断源被处理后,该中断的优先级自动将为最低。

(4)特殊循环方式

该方式与自动循环方式的区别在于,其初始优先级不是 IR_0 为最高,然后依次循环,而是由程序指定 $IR_0 \sim IR_7$ 中的某一个中断优先级最高,然后再按顺序自动循环。

2. 中断源屏蔽方式

(1)普通屏蔽方式

通过对中断屏蔽寄存器 IMR(操作命令寄存器 OCW_1)中的对应位置 1 来屏蔽相应的中断请求,使中断不能送到 CPU。

（2）特殊屏蔽方式

特殊屏蔽方式可用 OCW$_3$ 中的 D$_6$D$_5$ 位来设置，能开放比当前中断优先级别更低的中断请求。当用 OCW$_3$ 设置为特殊屏蔽方式后，再用 OCW$_1$ 对 IMR 中的某一位进行置位，同时使当前中断服务寄存器 ISR 中的对应位自动清 0，这样就既屏蔽了当前正在服务的中断，又真正开放了低级别的中断请求。

3. 中断结束方式

每当一个中断得到响应后，8259A 都会将 ISR 中的对应位置 1，作为优先级比较的依据；而当中断服务结束后，又必须将 ISR 中的对应位清 0。对 ISR 中对应位清 0 的操作称为中断结束的处理。

（1）自动结束方式 AEOI

在中断服务程序中，中断返回之前，不需要发出中断结束命令就会自动清除该中断源所对应的 ISR 位（实际上在 CPU 发出第二个信号时，8259A 便自动清除 ISR 中的对应位）。该方式用于多个中断不会嵌套的系统中。

（2）非自动结束方式 EOI

在中断服务程序返回之前，必须发出中断结束命令才能使 ISR 中的当前服务位清除。此时中断结束命令有两种形式：①不指定中断源结束，即设置操作命令字 OCW$_2$ = 00100000B；②指定中断结束命令，即设置操作命令字 OCW$_2$ = 00100L2L1L0B，其中最低 3 位 L$_2$L$_1$L$_0$ 的编码表示被指定要结束的中断。

4. 中断触发方式

（1）边沿触发方式

该方式下，中断请求输入端出现由低电平跳向高电平的边沿时触发。该方式由 ICW$_1$ 中的 D$_3$ = 0 设定。

（2）电平触发方式

该方式下，中断请求输入端出现高电平时视为有效的中断请求信号。该方式由 ICW$_1$ 中的 D$_3$ = 1 设定。

（3）中断查询方式

该方式下，8259A 不向 CPU 发送 INT 信号，而是通过 CPU 发送查询命令（OCW$_3$ 的 D$_2$ = 1）来确定是否有外设要求中断服务，并且靠查询来获取当前中断请求的优先级。

9.3.4 8259A 的应用

如前所述，8259A 有多种工作方式，各种工作方式都可以通过编程来选择。对 8259A 的编程有以下两种：

1）对它进行初始化编程，通过写入初始化命令字 ICW$_1$ ～ ICW$_4$ 来实现，这是在 8259A 工作之前完成的。

2）操作编程，通过写入操作命令字 OCW$_1$ ～ OCW$_3$ 来实现，用于动态控制中断管理。操作命令字可以在操作过程中的任何时间写入。

1. 8259A 的初始化编程

8259A 的初始化编程是通过 CPU 向 8259A 写入 4 个初始化命令字 ICW$_1$ ～ ICW$_4$ 来实现的，但并不是一定要将这 4 个初始化命令字全部写入。当 A$_0$ = 0 并且 D$_4$ = 1 时，代表写入

了 ICW_1,标志 8259A 初始化的开始,然后根据需要依次写入 $ICW_2 \sim ICW_4$。

初始化命令字 $ICW_1 \sim ICW_4$ 的格式如下所述。

(1) ICW_1 的格式

ICW_1 的作用是选择是否要写入 ICW_4,是否级联以及 $IR_0 \sim IR_7$ 引脚的触发方式,其格式如图 9-11 所示。$A_0 = 0$ 并且 $D_4 = 1$ 表示写入的是 ICW_1,并且地址为偶地址端口,$D_7D_6D_5$ 在 8086 系统中不使用,D_2 用于调用地址间隔设定,在 8086 系统中也不使用。$D_1 = 1$ 表示不级联,那么在后面不需要对 ICW_3 写入,$D_1 = 0$ 表示需要级联,初始化时需要对 ICW_3 写入,以设置级联状态。

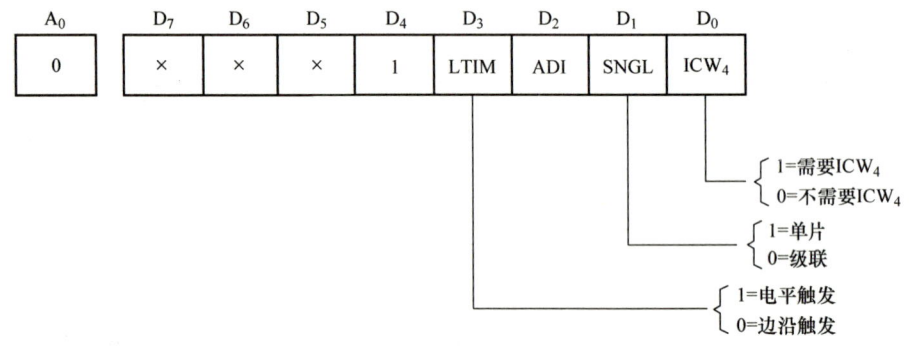

图 9-11 ICW_1 的格式

(2) ICW_2 的格式

ICW_2 用于设置中断类型码,其格式如图 9-12 所示。$A_0 = 1$ 表示写入的地址为奇地址端口。$D_7 \sim D_3$ 为用户通过编程自己设定的类型码,$D_2 \sim D_0$ 被响应的那个中断信号的二进制编码替代(如 IR5 的二进制编码为 101)。在初始化编程时,只写出中断类型码的高 5 位,低 3 位写 0 即可。当 CPU 读取中断类型码时,8259A 根据中断源的编号自动填入低 3 位。8259A 的中断类型码见表 9-1。

A_0	D_7	D_6	D_5	D_4	D_3	D_2	D_1	D_0
1	T_7	T_6	T_5	T_4	T_3	0	0	0

图 9-12 ICW_2 的格式

表 9-1 8259A 的中断类型码

	D_7	D_6	D_5	D_4	D_3	D_2	D_1	D_0
IR_0	T_7	T_6	T_5	T_4	T_3	0	0	0
IR_1	T_7	T_6	T_5	T_4	T_3	0	0	1
IR_2	T_7	T_6	T_5	T_4	T_3	0	1	0
IR_3	T_7	T_6	T_5	T_4	T_3	0	1	1
IR_4	T_7	T_6	T_5	T_4	T_3	1	0	0
IR_5	T_7	T_6	T_5	T_4	T_3	1	0	1
IR_6	T_7	T_6	T_5	T_4	T_3	1	1	0
IR_7	T_7	T_6	T_5	T_4	T_3	1	1	1

(3) ICW_3 的格式

ICW_3 的主要作用有两个：一个作用是对于级联方式下的主片来说，用于指定哪个中断请求输入引脚接有从片；另一个作用是对于级联方式下的从片用于指定本片的 INT 输出接主片的哪个中断请求输入引脚。ICW_3 的格式如图 9-13 所示。图 9-13a 表示作为主片时的格式，当 8259A 的 IR_7 和 IR_6 引脚接有从片时，则主片中的命令字 ICW_3 = 11000000B；图 9-13b 表示作为从片时的格式，例如某一从片的 INT 引脚接主片的 IR_6，则该从片中的命令字 ICW_3 = 00000110B。

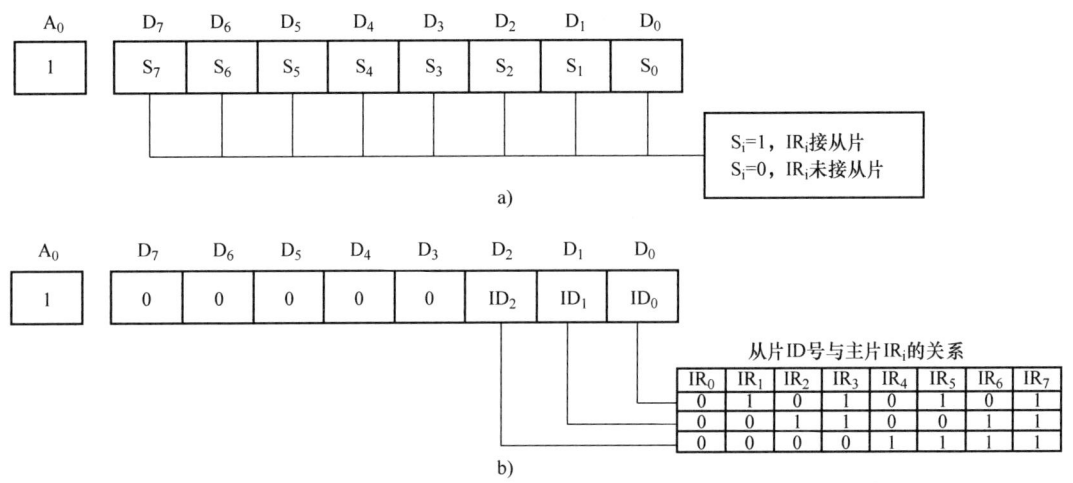

图 9-13 ICW_3 的格式

(4) ICW_4 的格式

ICW_4 的主要作用是设定特殊的全嵌套方式、数据线缓冲方式和中断自动结束方式。其格式如图 9-14 所示。

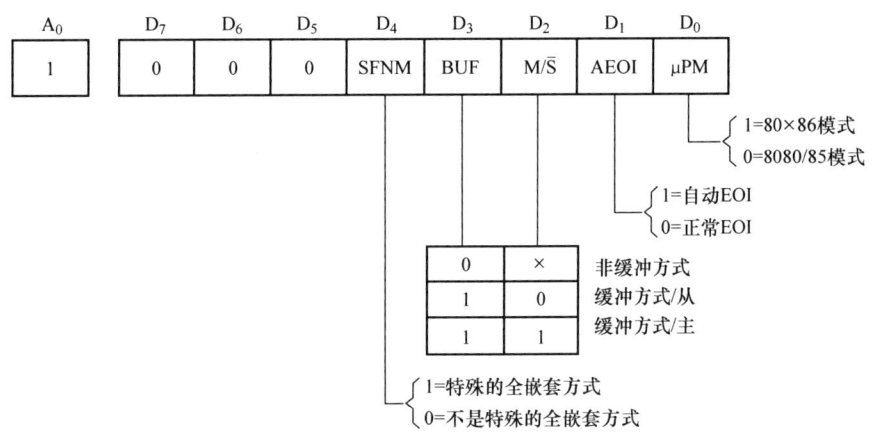

图 9-14 ICW_4 的格式

根据 8259A 所要实现的功能和工作方式对以上四个命令字进行初始化编程，其初始化流程如图 9-15 所示。ICW_1 和 ICW_2 在 8259A 的任何一种操作方式下都是必须要写入的，而

ICW$_3$ 和 ICW$_4$ 是否需要写入可以根据 ICW$_1$ 得出，需要时才写入。ICW$_3$ 主要用于级联，不是级联时则不需要写入。

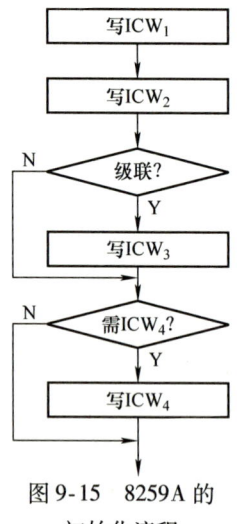

图 9-15 8259A 的初始化流程

2. 8259A 的操作编程

（1）OCW$_1$ 的格式

OCW$_1$ 是中断屏蔽命令字，也称为中断屏蔽寄存器 IMR，OCW$_1$ 初始时全为 0，表示开放所有中断请求。该命令字可屏蔽中断请求寄存器 IR$_7$ ～ IR$_0$ 中的某一位或某几位，来禁止相应的中断源进入 CPU。OCW$_1$ 的格式如图 9-16 所示。

（2）OCW$_2$ 的格式

OCW$_2$ 的作用是设定优先级方式及中断非自动结束方式下的普通或特殊结束方式。其格式和功能如图 9-17 所示。

（3）OCW$_3$ 的格式

OCW$_3$ 的作用是设定特殊屏蔽方式及中断查询方式，指定读 8259A 的内部寄存器。其格式和功能如图 9-18 所示。

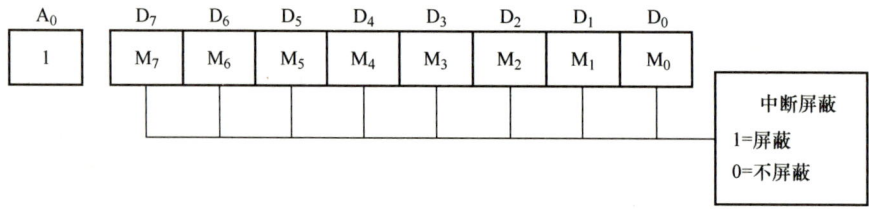

图 9-16 OCW$_1$ 的格式

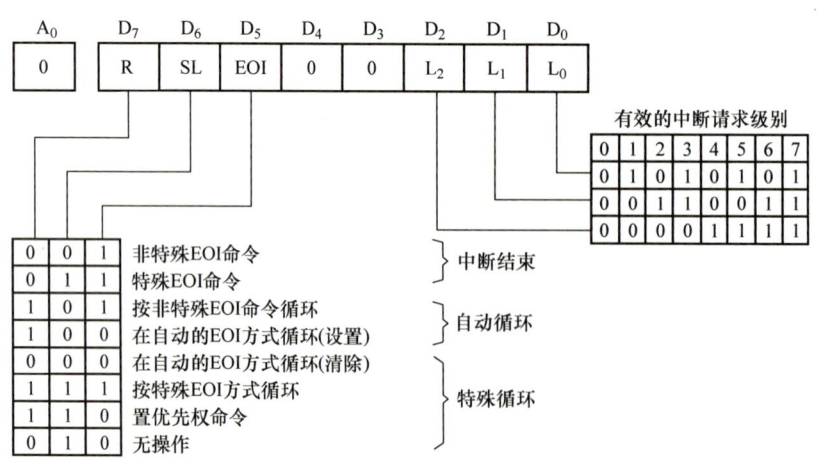

图 9-17 OCW$_2$ 的格式

3. 8259A 的编程举例

【例 9-2】 某 PC 系统中，可编程通用中断控制器 8259A 为单片使用，端口地址为 20H 和 21H，在 BIOS 模块中对 8259A 的初始化程序如下：

```
    MOV    AL, 13H           ; 写 ICW₁，单片 8259A，边沿触发，需要 ICW₄
```

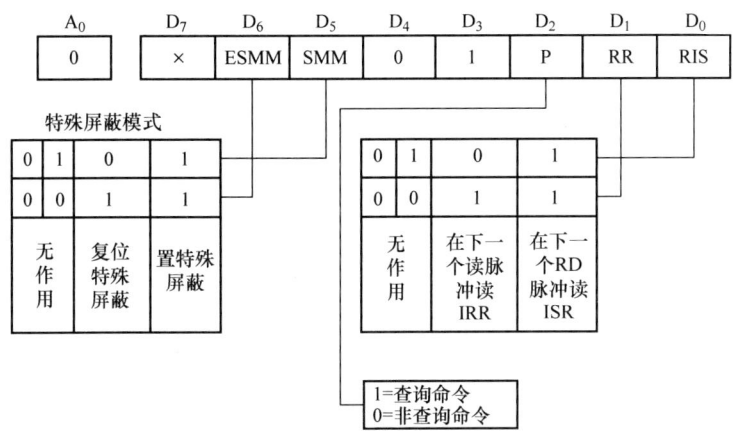

图 9-18 OCW_3 的格式

```
OUT   20H, AL          ; 20H 为 ICW₁ 的端口地址
MOV   AL, 08H          ; 写 ICW₂, 设置中断类型码
OUT   21H, AL          ; 21H 为 ICW₂ 的端口地址
MOV   AL, 09H          ; 写 ICW₄, 缓冲方式, 一般嵌套, 正常结束
OUT   21H, AL          ; 21H 为 ICW₄ 的端口地址
MOV   AL, 0FFH         ; 写入 OCW₁, 屏蔽所有中断
OUT   21H, AL          ; 21H 为 OCW₁ 的端口地址
```

【例 9-3】 8086 系统中,某个外设的中断请求信号连接到 8259A 的 IR_3,要求按普通完全嵌套方式获取中断优先级,中断类型码为 93H,采用边沿触发方式,采用特殊 EOI 方式,屏蔽除了这个中断的其他中断源端口,8259A 在系统中的地址为 208H 和 20AH。写出初始化程序。

由题意 8259A 在系统中的地址为 208H 和 20AH 可知,8259A 的 A_0 引脚连接到 8086 的 A_1 引脚,则偶地址端口为 208H,奇地址端口为 20AH;因为需要设置优先级嵌套方式,所以需要写 ICW_4,采用边沿触发方式、不级联,所以 ICW_1 = 00010011B;要求中断类型码为 93H,则高 5 位为 10010,所以 ICW_2 = 10010000B;因为采用普通完全嵌套、特殊 EOI 方式,用于 8086 系统,所以 ICW_4 = 00000001B;因为要屏蔽除了 IR_3 的其他中断源端口,则 OCW_1 = 11110111B;因为采用特殊 EOI 方式,则 OCW_2 的 R、SL、EOI = 011,$L_2L_1L_0$ = 011,所以 OCW_2 = 01100011B。

初始化程序如下:

```
MOV   AL, 13H          ; 写 ICW₁, 单片 8259A, 边沿触发, 需要 ICW₄
MOV   DX, 208H
OUT   DX, AL
MOV   AL, 90H          ; 写 ICW₂, 设置中断类型码
MOV   DX, 20AH
OUT   DX, AL
MOV   AL, 01H          ; 写 ICW₄, 正常结束 8086
```

```
       OUT   DX, AL
       MOV   AL, 0F7H        ; 写 OCW₁, 开 IR₃, 屏蔽 IR₀~IR₂、IR₄~IR₇
       OUT   DX, AL
       MOV   AL, 63H         ; 写 OCW₂, 设置特殊 EOI 方式, R、SL、EOI = 011, L₂L₁L₀ = 011
       MOV   DX, 208H
       OUT   DX, AL
```

【例 9-4】 如图 9-19 所示 8086 系统中,有两片 8259A 级联,主片端口地址为 20H 和 21H,中断类型码为 08H~0FH,从片端口地址为 0A0H 和 0A1H,中断类型码为 80H~87H。从片的 INT 信号连接到主片的 IR_2。先编程完成对 8259A 的初始化,然后编程读取主片的 IRR 和从片的 ISR 寄存器。

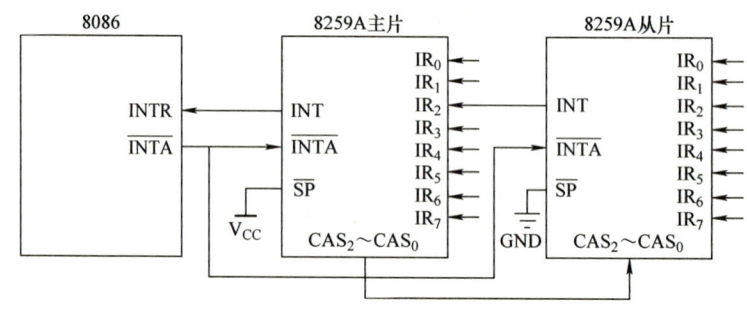

图 9-19 例 9-4 示意图

(1) 对主片 8259A 的初始化程序

```
       MOV   AL, 11H         ; 写 ICW₁, 边沿触发, 需要 ICW₄
       OUT   20H, AL
       MOV   AL, 08H         ; 写 ICW₂, 中断类型码的高 5 位 00001
       OUT   21H, AL
       MOV   AL, 04H         ; 写 ICW₃, 从片连接到主片的 IR₂ 上
       OUT   21H, AL
       MOV   AL, 15H         ; 写 ICW₄, 非缓冲, 非自动 EOI, 特殊全嵌套方式
       OUT   21H, AL
```

(2) 对从片 8259A 的初始化程序

```
       MOV   AL, 11H         ; 写 ICW₁, 边沿触发, 需要 ICW₄
       OUT   0A0H, AL
       MOV   AL, 80H         ; 写 ICW₂, 中断类型码的高 5 位 10000
       OUT   0A1H, AL
       MOV   AL, 02H         ; 写 ICW₃, 从片连接到主片的 IR₂ 上
       OUT   0A1H, AL
       MOV   AL, 01H         ; 写 ICW₄, 非缓冲, 非自动 EOI, 普通全嵌套方式
       OUT   0A1H, AL
```

(3) 读取主片 IRR 和 ISR

```
MOV    AL, 0AH          ;写 OCW₃，发出读 IRR 命令
OUT    20H, AL
NOP                     ;等待主片 8259A 的响应
IN     AL, 20H          ;读 IRR
MOV    AL, 0BH          ;写 OCW₃，发出读 ISR 命令
OUT    0A0H, AL
NOP                     ;等待从片 8259A 的响应
IN     AL, 0A0H         ;读 ISR
```

9.4 Proteus ISIS 仿真实例

利用可编程中断控制器 8259A 与可编程定时/计数器 8253、可编程并行接口芯片 8255A 设计一个 LED 灯控制电路，要求 8255A 的 PA 口分别接 8 个 LED 灯，通过定时器和中断控制器控制 LED 灯以 1s 的周期循环点亮。利用 8253 产生产生周期为 1s 的信号，该信号作为中断信号送入 8259A 的 IR$_0$ 上。当 8086 检测到 8259A 产生的中断信号时，循环点亮 8 个 LED 灯。另外还有一按键产生 NMI 中断，当按键按下时，8 个 LED 灯全部点亮。

1. 电路设计

8086 最小模式电路与前两章所用电路一样，如图 9-20 所示。8255A 与 LED 灯的连接电路如图 9-21 所示，8255A 的引脚 A$_0$、A$_1$ 分别接 8086 的地址总线 A$_1$、A$_2$，所以 8255A 的地址为 400H~406H。8253A 与 8259 的电路连接如图 9-22 所示，由前面所学知识可知 8259A 的地址为 600H，8253 的地址为 800H。按键开关 K$_1$ 产生 NMI 中断信号。

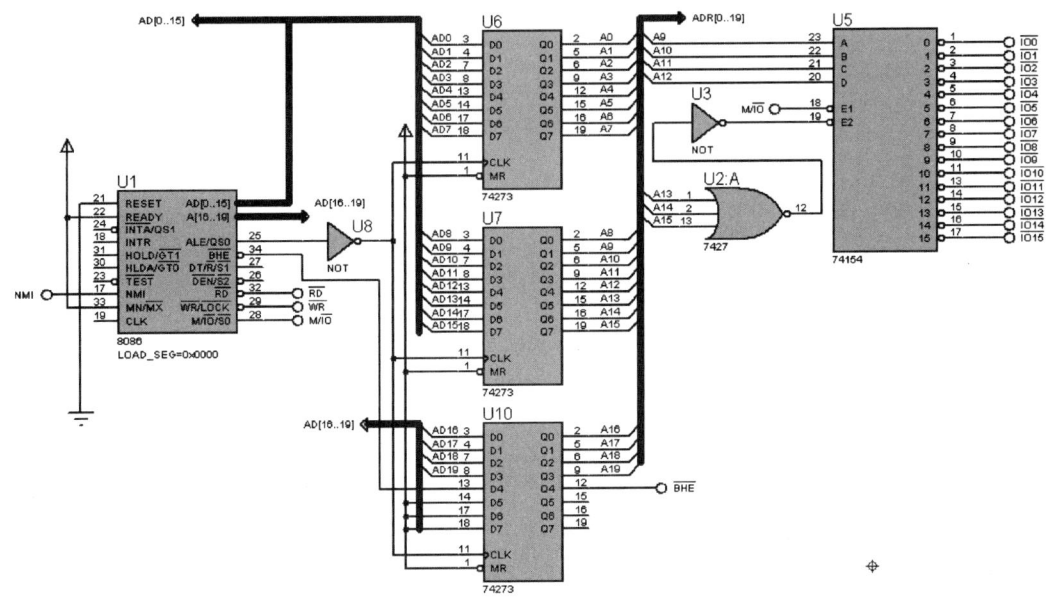

图 9-20   8086 最小模式电路

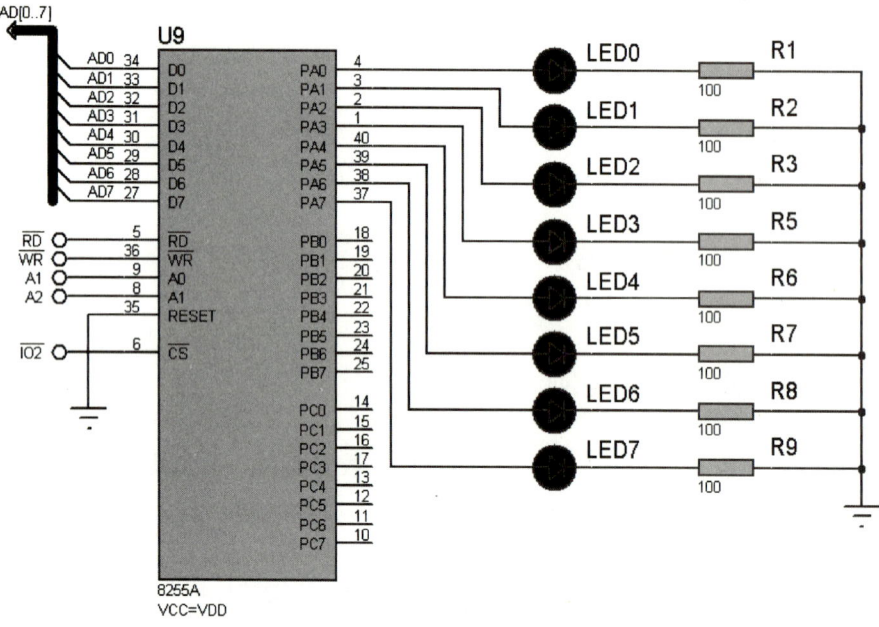

图 9-21　8255A 与 LED 灯的连接电路

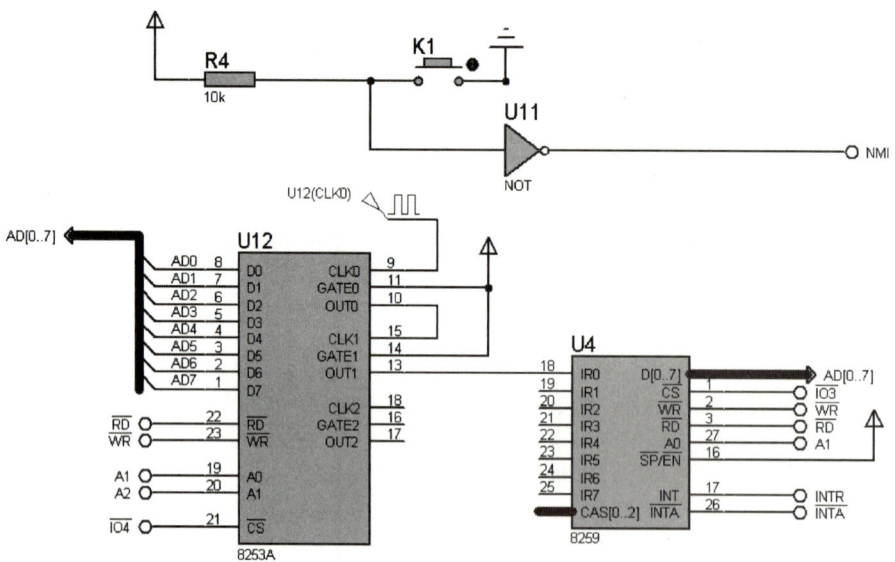

图 9-22　8253A 与 8259 的连接电路

2. 程序设计

U8255_A_PORT　　EQU　400H

U8255_B_PORT　　EQU　402H

U8255_C_PORT　　EQU　404H

U8255_CTRL_PORT　EQU　406H

U8259_ICW1_PORT　EQU　600H

```
U8259_ICW2_PORT    EQU    602H
U8259_ICW3_PORT    EQU    602H
U8259_ICW4_PORT    EQU    602H
U8259_OCW1_PORT    EQU    602H
U8259_OCW2_PORT    EQU    600H
U8259_OCW3_PORT    EQU    600H
U8253_T0_PORT      EQU    800H
U8253_T1_PORT      EQU    802H
U8253_T2_PORT      EQU    804H
U8253_CTRL_PORT    EQU    806H
DATA   SEGMENT
    BUFF   DB 1024 DUP (0)
DATA   ENDS
CODE SEGMENT
    ASSUME  CS：CODE
START：MOV   AX, DATA
      MOV   DS, AX
      CLI
      MOV   AX, 0                          ；NMI 的中断向量存入中断向量表
      MOV   ES, AX
      MOV   BX, 8                          ；中断类型码为 2
      MOV   AX, OFFSET INT_NMI
      MOV   WORD PTR ES：[BX], AX
      MOV   AX, SEG INT_NMI
      MOV   WORD PTR ES：[BX + 2], AX      ；INT0 的中断向量存入中断向量表
      MOV   AX, 0
      MOV   ES, AX
      MOV   BX, 4 * 60H                    ；中断类型码为 60H
      MOV   AX, OFFSET INT_P0
      MOV   WORD PTR ES：[BX], AX
      MOV   AX, SEG INT_P0
      MOV   WORD PTR ES：[BX + 2], AX
      STI
      MOV   AL, 34H
      MOV   DX, U8253_CTRL_PORT
      OUT   DX, AL                         ；设置定时器 0 的控制字
      MOV   AX, 10000
      MOV   DX, U8253_T0_PORT
      OUT   DX, AL                         ；设置定时器 0 的计数值
```

```
            MOV   AL, AH
            OUT   DX, AL
            MOV   AL, 50H
            MOV   DX, U8253_CTRL_PORT
            OUT   DX, AL                          ; 设置定时器 1 的控制字
            MOV   AL, 100
            MOV   DX, U8253_T1_PORT
            OUT   DX, AL                          ; 设置定时器 1 的计数值
            MOV   AL, 80H                         ; 设置 8255A 的控制字
            MOV   DX, U8255_CTRL_PORT
            OUT   DX, AL
            MOV   AL, 13H                         ; 设置 8259 的 $ICW_1$，边沿触发、单
                                                  ;  片、需要 $ICW_4$
            MOV   DX, U8259_ICW1_PORT
            OUT   DX, AL
            MOV   AL, 60H                         ; 设置 8259 的 $ICW_2$，中断类型码高
                                                  ;  5 位 01100B
            MOV   DX, U8259_ICW2_PORT
            OUT   DX, AL
            MOV   AL, 01H                         ; 设置 8259 的 $ICW_4$
            MOV   DX, U8259_ICW4_PORT
            OUT   DX, AL
            MOV   AL, 0FEH                        ; 设置 8259 的 $OCW_1$，打开 $IR_0$，屏
                                                  ;  蔽 $IR_1 \sim IR_7$
            MOV   DX, U8259_OCW1_PORT
            OUT   DX, AL
            MOV   BL, 01H
    AGAIN:  MOV   CX, 0FFFFH
       LP:  LOOP  LP
            JMP   AGAIN
            INT_NMI   PROC                        ; NMI 中断服务程序
            MOV   AL, 0FFH
            MOV   DX, U8255_A_PORT
            OUT   DX, AL                          ; 将 8 个 LED 灯全部点亮
            IRET
            INT_NMI   ENDP
            INT_P0   PROC                         ; INTR 中断服务程序
            MOV   AL, 100
            MOV   DX, U8253_T1_PORT
```

```
            OUT   DX,AL                  ;再次启动定时器1
            MOV   AL,BL
            MOV   DX,U8255_A_PORT
            OUT   DX,AL                  ;将其中一个LED灯点亮
            ROL   BL,1                   ;循环右移,为点亮下一个灯做准备
            IRET
            INT_P0  ENDP
CODE   ENDS
    END   START
```

本 章 习 题

1. 简述什么是中断？什么是中断源？
2. 简述中断处理的步骤。
3. 什么是中断向量？什么是中断向量表？
4. 8086有几类中断源？各中断源的中断类型码如何设定？
5. 简述8086的外部可屏蔽中断的响应和处理流程。
6. 8086在得到中断类型码后，如何找到中断服务程序的入口地址？
7. 若8086系统某外部可屏蔽中断的类型码为32H，它的中断服务程序的入口地址为1000H：0080H，试编程将该中断服务程序的入口地址装入中断向量表中。
8. 单片8259A可以处理多少个中断？每片8259A有多少个ICW和OCW？
9. 若在8086中断系统中，8259A的端口地址为03C0H和003C2H，要求编写8259A的初始化程序，其初始化条件如下：

（1）中断请求的中断类型码为16H。

（2）采用全嵌套方式，一般的EOI命令。

（3）中断请求输入采用边沿触发。

（4）采用缓冲方式，开放所有的中断请求。

第 10 章　数/模与模/数转换及应用

【教学提示】 数/模和模/数转换接口是计算机与控制对象的一个重要接口，特别是在检测和控制系统中，许多被检测对象是模拟量，不能直接被计算机处理，必须先利用模/数转换器把模拟量转化为数字信号，然后输入计算机进行识别和处理，经计算机加工处理以后输出的控制命令，需利用数/模转换器把数字信号还原成模拟量。本章主要介绍了数/模和模/数转换器的基本原理、主要参数及典型模/数转换芯片 ADC0809 和典型数/模转换芯片 DAC0832 的工作原理与应用。

【教学要求】 通过本章的学习，学生应该掌握的内容：数/模和模/数转换器的工作原理及其应用，同时要求了解数/模和模/数转换器的基本概念、结构、典型芯片、主要性能指标。

10.1 概述

在自动控制和测量系统中，常常采用微型计算机实现对参数进行测量和控制。被测或被控对象往往是连续变化的物理量，如温度、压力、速度、水位、流量等。这些随时间连续变化的物理量，称为模拟量。众所周知，计算机处理的都是数字量，不能直接处理模拟量，所以这些模拟量不能直接送入计算机，而且计算机输出的数字量，也不能直接送给使用模拟量控制的执行部件。在测量和控制过程中，一般先利用传感器（例如光电传感器、磁电传感器，压敏传感器等）把物理信号转换成连续的模拟电压或模拟电流，这种代表某种物理量的模拟电压或模拟电流也称为模拟量，然后再把模拟量转换成数字量送到计算机进行处理，这个过程称为模/数（A/D）转换，实现这个过程的器件称为模/数转换器，简称 ADC。相反，将计算机的数字量送给使用模拟量控制的执行部件时，也需要先将数字量转换成模拟电压或模拟电流，这个过程称为数/模（D/A）转换，实现这个过程的器件称为数/模转换器，简称 DAC。

图 10-1 是微机测量和控制系统框图，图中传感器是能够把现场各种物理模拟信号转换成电量模拟信号的转换装置，但一般传感器不能提供足够的模拟信号幅度，所以需经过放大器后再进入模/数转换器。同样，数/模转换器输出的模拟信号一般也不足以驱动系统的执行

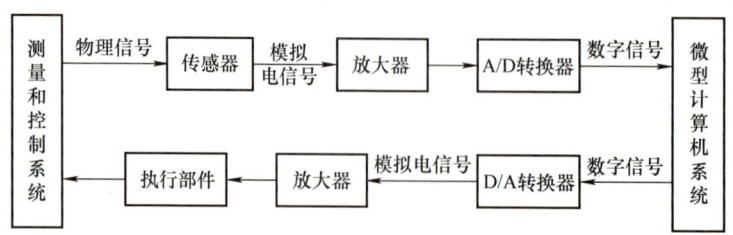

图 10-1　微机测量和控制系统框图

部件，所以往往需要在数/模转换器与执行部件之间加入放大环节，以提供给执行部件足够的驱动能力。

10.2 模/数转换及应用

10.2.1 模/数转换器的基本原理

模/数转换器即 A/D 转换器，简称 ADC，是指一个将时间连续、幅值也连续的模拟信号转变为时间离散、幅值也离散的数字信号的电子元件。市场上 A/D 转换器种类有很多，按位数来分，有 8 位、10 位、12 位、16 位等。A/D 转换器位数越高，分辨率越高，价格也越贵。按结构来分，有单一的、包含多路开关的和多功能的。按转换速率分，有低速、中速和高速 A/D 转换器。按输出方式分，有并行比较型、逐次比较型、双积分型等。这些 A/D 转换器都是将一个输入电压信号转换为一个输出的二进制数字信号，因此，A/D 转换一般要经过采样、保持、量化及编码 4 个过程。在实际电路中，这些过程有的是合并进行的，例如，采样和保持，量化和编码往往都是在转换过程中同时实现的。

1. 采样

采样是将时间上连续变化的信号，转换为时间上离散的信号，即将时间上连续变化的模拟量转换为一系列等间隔的脉冲，脉冲的幅度取决于输入模拟量的大小。

例如，连续的模拟信号为 $x(t)$，利用采样脉冲序列 $p(t)$ 对其进行采样，使之成为采样信号 $x(nT_s)$。$n = 0, 1, \cdots$。T_s 称为采样间隔，或采样周期；$f_s = 1/T_s$，称为采样频率。

2. 保持

由于后续的量化过程需要一定的时间 τ，对于随时间变化的模拟输入信号，要求瞬时采样值在时间 τ 内保持不变，这样才能保证转换的正确性和转换精度，这个过程就是采样保持。正是有了采样保持，实际上采样后的信号是阶梯形的连续函数。

3. 量化

量化又称幅值量化，把采样信号 $x(nT_s)$ 经过舍入或截尾的方法变为只有有限个有效数字的数，这一过程称为量化。

4. 编码

信号 $x(t)$ 经过上述变换以后，即变成了时间上离散、幅值上量化的数字信号。

10.2.2 模/数转换器的主要参数

1. 量程

量程是指 A/D 转换器能够实现转换的输入电压范围。

2. 分辨率

A/D 转换器的分辨率表明了能够分辨最小量化信号的能力，通常用位数来表示。对于一个可以实现 n 位二进制转换的 A/D 转换器来说，能区分 2^n 个不同等级的输入模拟电压，能区分的输入电压的最小值为满量程输入电压的 $1/2^n$。当满量程输入电压一定时，输出的位数越多，能区分的输入电压的最小值越小，即分辨率越高。某 A/D 转换器的分辨率为 8 位，满量程输入电压 $U_{FS} = 5V$，则分辨率是 $5/(2^8 - 1)V \approx 0.0196V$。

分辨率通常也可以用输出的二进制位数表示，例如，ADC0809 的分辨率为 8 位。

3. 转换精度

由于模拟量是连续的，而数字量是离散的，因此，一般是某个范围内的模拟量对应于一个数字量，也就是说，在 A/D 转换器中模拟量和数字量之间并不是一一对应的关系。例如，一个 A/D 转换器在理论上应是模拟量 5V 电压对应数字量 800H，但是实际上 4.997V、4.998V 和 4.999V 也对应数字量 800H。这就存在一个转换精度的问题，这个精度反映了 A/D 转换器的实际输出接近理想输出的精确程度。A/D 转换器的精度通常是用数字量的最低有效位 LSB 来表示。例如转换误差 ≤ ±1LSB，就说明在整个输入范围内，输出数字量与理论上的输出数字量之间的误差小于最低位的一个数字。

4. 转换速率

转换速率是用完成一次 A/D 转换所需要的时间的倒数来表示的，因此转换速率表明了 A/D 转换器的速率。

例如，完成一次 A/D 转换所需要的时间是 100ns，那么转换速率为 10MHz，即每秒转换 10^7 次。

10.2.3 8 位 A/D 转换器 ADC0809 及其应用

1. ADC0809 简介

ADC0809 是美国国家半导体公司生产的逐次逼近型 8 位 A/D 转换器芯片。片内有 8 路模拟开关，可输入 8 个模拟量。单极性，量程为 0 ~ +5V。外接 CLOCK 为 640kHz 时，典型的转换速度为 100μs。片内带有三态输出缓冲器，数据输出端可直接与数据总线相连。其性价比较高，是广泛使用的 A/D 转换芯片之一，可应用于对精度和采样速度要求不高的场合或一般的工业控制领域。ADC0808 是 ADC0809 的简化版本，功能基本相同，也是广泛应用的 A/D 芯片之一。Proteus ISIS 软件提供了 ADC0808 的仿真模型用于仿真调试。

2. ADC0809 的结构

ADC0809 的内部结构如图 10-2 所示。片内带有 8 通道的模拟多路开关和通道寻址逻辑，可控制选择 8 个模拟量中的一个，片内具有多路开关的地址锁存与译码电路、比较器、树型电子开关、逐次逼近型寄存器 SAR、时序与控制电路等。由 CLOCK 信号控制内部电路的工作，由 ADD_A、ADD_B 和 ADD_C 选择需要转换的模拟通道，由 START 信号控制转换的开始。

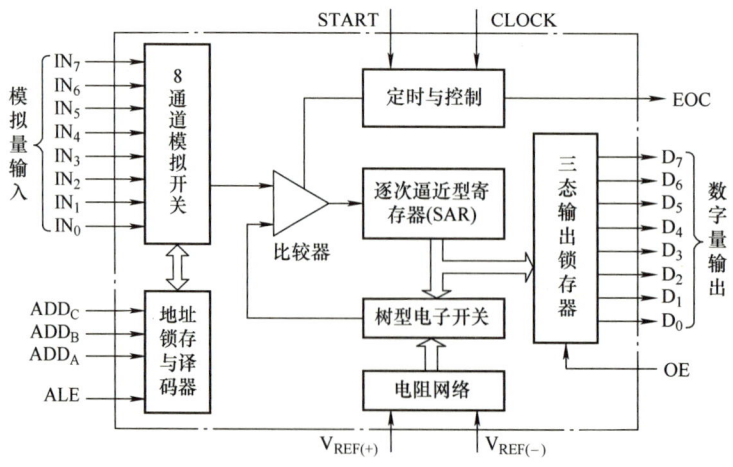

图 10-2 ADC0809 内部结构框图

转换后的数字信号在内部锁存，通过三态输出锁存器传至输出端。

3. ADC0809 的引脚功能

ADC0809 是一个具有 28 引脚的双列直插式的芯片，各引脚如图 10-3 所示，其功能如下所述。

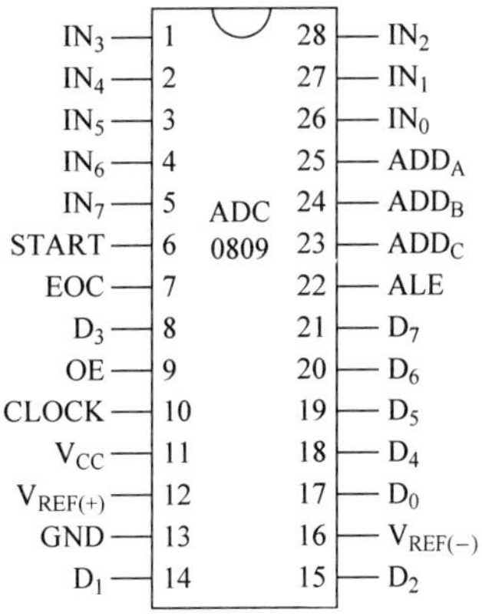

$IN_0 \sim IN_7$：8 通道模拟输入量，通过 3 根地址译码线 ADD_C、ADD_B 和 ADD_A 来选通一路。

ADD_C、ADD_B、ADD_A：模拟通道选择地址信号。当 ADD_C、ADD_B 和 ADD_A 为 000 时，选择通道 IN_0；当 ADD_C、ADD_B 和 ADD_A 为 001 时，选择通道 IN_1；当 ADD_C、ADD_B 和 ADD_A 为 111 时，选择通道 IN_7；以此类推。

$D_0 \sim D_7$：转换后的 8 位数据输出端，为三态可控输出。D_7 为最高位，D_0 为最低位。

图 10-3 ADC0809 的引脚图

ALE：地址锁存允许信号，高电平有效。当此信号有效时，地址信号被锁存。在实际使用时，常把 ALE 信号和 START 信号连在一起，在 START 端加高电平启动信号的同时，将通道号锁存起来。

START：启动转换命令输入端。在该引脚上加高电平，即开始转换。

EOC：转换结束信号，高电平有效。该信号在 A/D 转换过程中为低电平，其余时间为高电平。

OE：输出允许信号，高电平有效。

CLOCK：由此脚接入外部时钟。当 $V_{CC} = +5V$ 时，允许的最高时钟频率是 1280kHz，这时可达到 $t_C = 50\mu s$ 的最快转换速率。ADC0809 典型的时钟频率为 640kHz，转换时间是 100μs。

$V_{REF}(+)$ 和 $V_{REF}(-)$：是两个参考电压输入脚。通常将 $V_{REF}(-)$ 接模拟地，参考电压 $V_{REF}(+) = +5V$ 时，输入范围为 $0 \sim +5V$。

4. ADC0809 的工作时序

ADC0809 的工作时序如图 10-4 所示，当通道地址有效时，ALE 信号将地址锁存，同时转换启动信号 START 的上升沿将逐次逼近寄存器 SAR 复位，在该上升沿之后的 2μs 加 8 个时钟周期内，EOC 信号将变低电平，以指示转换操作正在进行中，直到 A/D 转换完成后 EOC 再变为高电平。微处理器确认 EOC 变为高电平后，可立即给出 OE 信号，打开三态门，

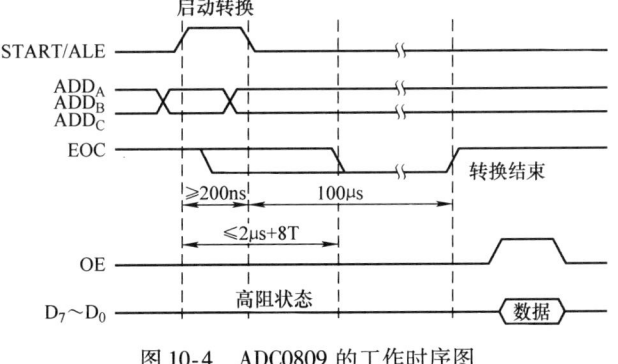

图 10-4 ADC0809 的工作时序图

读取转换结果。

5. ADC0809 的应用举例

【例 10-1】 利用 ADC0808/ADC0809,实现模拟通道 1 的电压监测功能,循环进行 100 次采样,将采样的数据依次存入地址为 1000H 开始的内存中。

采用 Proteus 中的 ADC0808 的仿真模型设计电路,8086 最小模式电路和 ADC0808 的电路如图 10-5 和图 10-6 所示。ADC0808 的通道 1 连接直流源,因为输出信号 OUT_8 为 AD 转换后数字量的最低位,OUT_1 为最高位,所以 $OUT_1 \sim OUT_8$ 分别连接 8086 数据总线的 $AD_7 \sim AD_0$。ADD_A、ADD_B、ADD_C 连接 8086 数据总线的 $AD_0 \sim AD_2$,即通过 $AD_0 \sim AD_2$ 选择不同的模拟通道。从最小模式电路可知,ADC0808 的地址为 200H。当对地址 200H 写数据 01H 时,则选中通道 1,同时 START 和 ALE 信号参数高电平脉冲,启动转换。当读 200H 地址时,则 OE 信号问高电平,将转换后的数据读回。

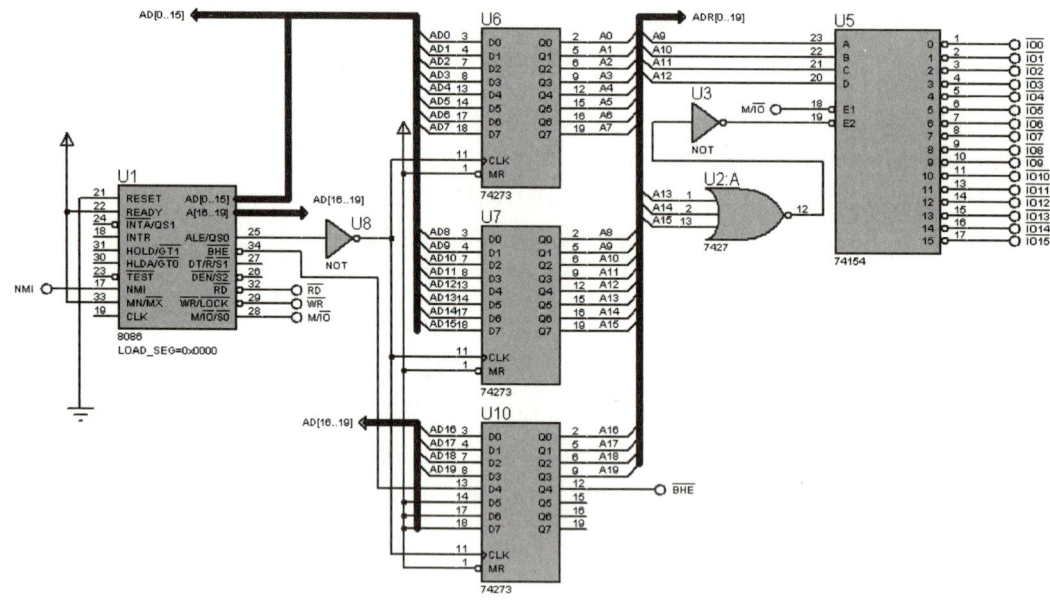

图 10-5 8086 最小模式电路

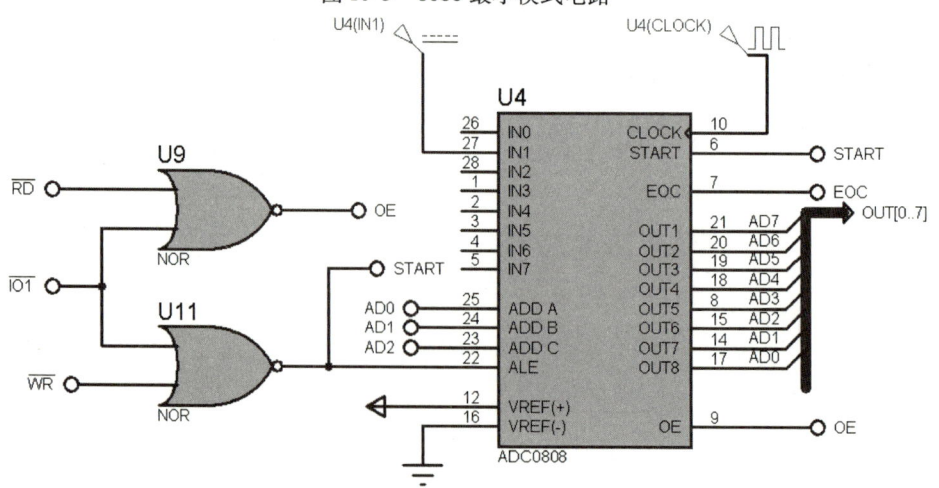

图 10-6 例 10-1 的 ADC0808 电路连接图

程序如下:
```
CODE    SEGMENT
    ASSUME   CS：CODE，DS：DATA
START：MOV    AX，100H
      MOV    DS，AX
      MOV    BX，00H          ; DS：BX=1000H，数据存放起始地址
      MOV    CX，100          ; CX 中是采样次数
AGAIN：MOV    AL，01H
      MOV    DX，200H
      OUT    DX，AL           ; START、ALE=1，同时选中通道 1
      CALL   DELAY_2ms        ; 延时 2ms，确保 A/D 转换结束
      IN     AL，DX           ; 读回转换后的数据
      MOV    [BX]，AL
      INC    BX
      LOOP   AGAIN            ; 循环 100 次采样

DELAY_2ms PROC   NEAR
      PUSH   CX
      MOV    CX，50
  LP：LOOP   LP
      POP    CX
      RET
      DELAY_2ms   ENDP
CODE  ENDS
      END    START
```

仿真结果：

当模拟通道 1 的直流源电压设置为 3V 时，如图 10-7 所示，运行得到如图 10-8 所示结果。由图 10-8 可以看出，BX 为 0064H，即循环 100 次后 BX 的值，DS 为 0100H，所以存储空间 1000H~1063H 中存放的即为 100 次采样的结果，均为 99H，结

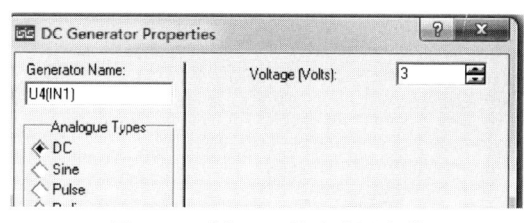

图 10-7 例 10-1 的直流源参数

果正确（由于参考电压为 5V，通道 1 的模拟电压为 3V，所以 255×3/5=204D=99H）。

【例 10-2】 利用 ADC0808/ADC0809 与 8255A 连接，实现模拟通道 0 的电压监测功能，循环进行 50 次采样，将采样的数据依次存入 ADC_buf 开始的内存中。

采用 Proteus 中的 ADC0808 的仿真模型设计电路，8086 最小模式电路如图 10-5 所示，ADC0808 与 8255A 的连接如图 10-9 所示。ADC0808 的通道 0 连接直流源，因为输出信号 OUT_8 为数字量的最低位，OUT_1 为最高位，所以 OUT_1~OUT_8 分别连接 8255 的 PA_7~PA_0，则 8255A 的 PA 口需要设置为输入。ADD_A、ADD_B、ADD_C 连接 PB_0~PB_2，ALE 连接 PB_3，

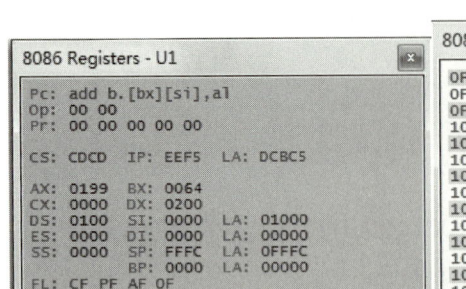

图 10-8 例 10-1 的运行结果

START 连接 PB_4，则 PB 口需要设置为输出。OE 连接 PC_0，EOC 连接 PC_4，则 PC 口的低 4 位需设置为输出，高 4 位需设置为输入。PA、PB、PC 口均工作于方式 0。8255A 的地址为 400H~406H。通过控制 PB 口控制 A/D 转换的开始，以查询方式查询 EOC 信号是否出现上升沿，即 A/D 转换是否完成，当查询到转换完成后，将转换后的数据通过 PA 口读回。循环进行 50 次采样，将采样的数据依次存入 ADC_buf 开始的内存中。ADC0808 的时钟频率设置为 640kHz。

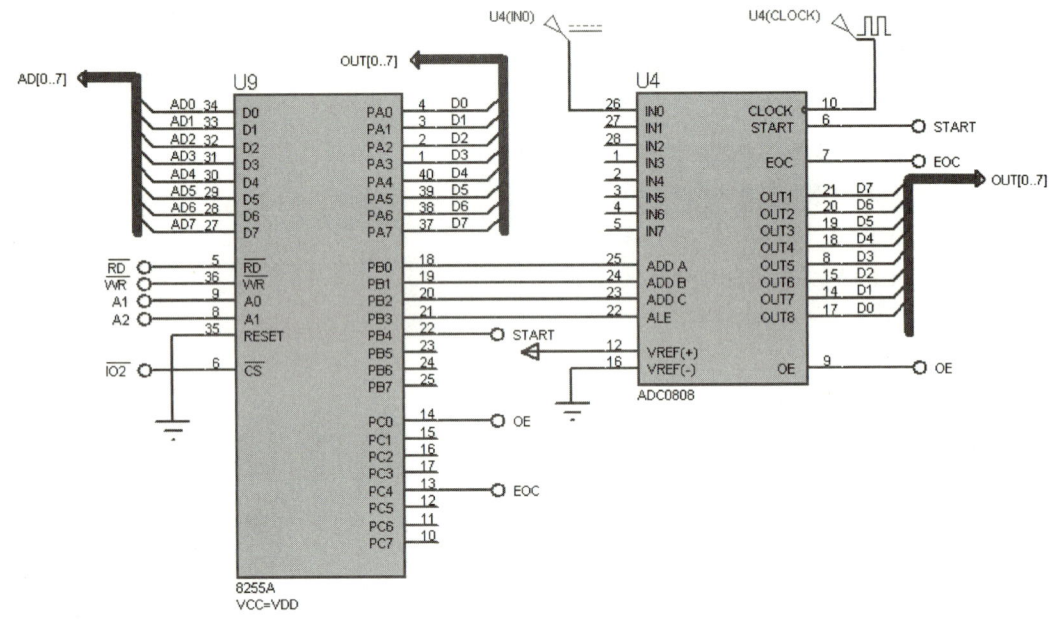

图 10-9 例 10-2 的硬件电路图

程序如下：
DATA   SEGMENT
    ADC_buf   DB   50DUP（?）   ;预留 50 个字节空间，存放 50 次采样后结果
DATA   ENDS
CODE SEGMENT
    ASSUME CS：CODE，DS：DATA

```
START: MOV   AX, DATA
       MOV   DS, AX
       MOV   AL, 10011000B   ;8255 初始化，A 口输入，B 口输出，C 口低 4 位输出
       MOV   DX, 406H        ;高 4 位输入
       OUT   DX, AL
       MOV   AL, 00H
       MOV   DX, 402H
       OUT   DX, AL          ;START、ALE = 0，通过 PB_2 ~ PB_0 选中采样通道 IN_0
       MOV   BX, OFFSET BUF  ;ADC_buf 是数据区首地址
       MOV   CX, 50          ;50 次数采样
AGAIN: MOV   AL, 18H
       MOV   DX, 402H
       OUT   DX, AL          ;START = 1、ALE = 1，开始转换
       MOV   AL, 00H
       MOV   DX, 402H        ;START = 0、ALE = 0
       OUT   DX, AL
WAIT0: MOV   DX, 404H
       IN    AL, DX          ;循环检测 PC_4（EOC 信号）
       AND   AL, 10H
       JNZ   WAIT0           ;若 EOC 为低，则开始转换
WAIT1: IN    AL, DX          ;继续循环检测 PC_4（EOC 信号）
       AND   AL, 10H
       JZ    WAIT1           ;若 EOC 为高，则转换结束，可以读数据
       MOV   AL, 01H
       MOV   DX, 404H
       OUT   DX, AL          ;OE = 1
       MOV   DX, 400H
       IN    AL, DX          ;从 PA 口输入数据
       MOV   [BX], AL        ;存入内存
       MOV   AL, 00H
       MOV   DX, 404H
       OUT   DX, AL          ;OE = 0
       INC   BX              ;指向下一存储单元
       LOOP  AGAIN           ;循环 50 次采样
       RET
CODE ENDS
   END  START
```

仿真结果：

当模拟通道 0 的直流源电压设置为 4V 时，如图 10-10 所示，运行得到如图 10-11 所示结果。由图 10-11 可以看出，BX 为 0032H，即循环 50 次后 BX 的值，DS 为 0800H，所以存储空间 8000H ~ 8031H 中存放的即为 50 次采样的结果，均为 0CCH，结果正确（由于参考电压为 5V，通道 0 的模拟电压为 4V，所以 255 × 4/5 = 204D = 0CCH）。

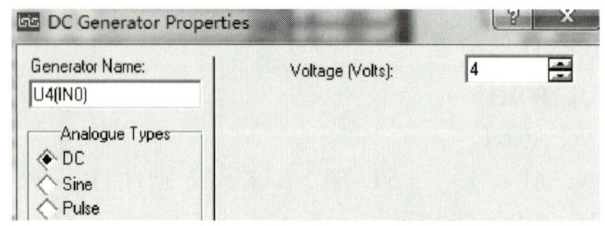

图 10-10　例 10-2 的直流源参数

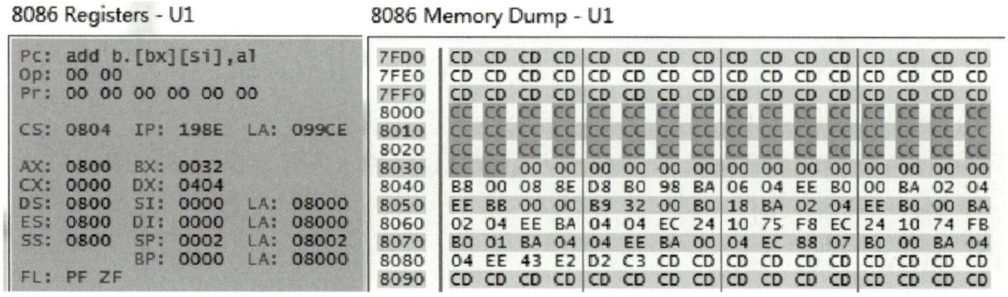

图 10-11　例 10-2 的运行结果

10.3　数/模转换及应用

10.3.1　数/模转换器的基本原理

数/模转换器，又称 D/A 转换器，简称 DAC，它是把数字量转变成模拟量的器件。D/A 转换器基本上由 4 个部分组成，即权电阻网络、运算放大器、基准电源和模拟开关。用存于数字寄存器的数字量的各位数码，分别控制对应位的模拟电子开关，使数码为 1 的位在位权网络上产生与其位权成正比的电流值，再由运算放大器对各电流值求和，并转换成电压值。

最简单的 D/A 转换器电路如图 10-12a 所示，V_{REF} 是一个足够精度的参考电压，运算放大器输入端的各支路对应待转换数据的第 0 位、第 1 位……第 $n-1$ 位。支路中的开关由对应的数位来控制，如果该数位为"1"，则对应的开关闭合；如果该数位为"0"，则对应的开关打开。各输入支路中的电阻分别为 R、$2R$、$4R$、…，这些电阻称为权电阻。

假设有四路开关控制 4 个权电阻，4 个开关从全部断开到全部闭合，运算放大器可以得到 16 种不同的电流输入。这就是说，通过电阻网络，可以把 0000 ~ 1111 转换成大小不同的电流，从而可以在运算放大器的输出端得到大小不同的电压。如果由数字 0000 每次增 1，一直变化到 1111 就可以得到一个阶梯波电压，如图 10-12b 所示。如果数字量周期变化，就会得到周期性的阶梯电压。

对于上面的例子，输入数字量的范围限制在 0000 ~ 1111B 的范围内，相应的输出电压值

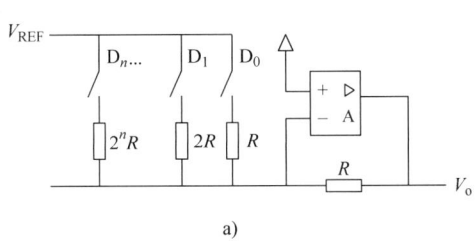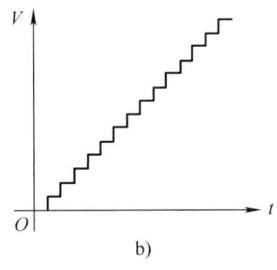

图 10-12 D/A 转换基本原理

也只有 16 种,它们的大小落在 $0 \sim V_{REF} \times (1 \sim 2.4)$ V 之间。在用 D/A 转换器输出一个电压波形时,需要每隔一定的时间 Δt,由程序将一个数字量送给 D/A 转换器,D/A 转换器经过转换后形成相应的电压值。由这些电压值形成的电压波形就会有许多台阶,如图 10-12b 所示。Δt 越小,这些台阶就越窄;D/A 转换器的位数越多,也就是数字量的位数越多时,任意两个相邻的数字量形成的电压台阶之间的高度差也就越小。因此输出电压波形与真实的模拟信号的接近程度取决于 D/A 转换器的位数与转换速度。

有的 D/A 转换集成电路芯片中包含有运算放大器,有的没有,这时就需要外接运算放大器。

10.3.2 数/模转换器的主要参数

1. 输入数字量

输入数字量一般为二进制码,少数为 BCD 码或偏移二进制编码。

2. 输出模拟量

输出模拟量分为电压型和电流型。一般电压型的 D/A 转换器输出为 $0 \sim 5V$ 或 $0 \sim 10V$,电流型的 D/A 转换器输出电流为几毫安至几安。

3. 分辨率

分辨率是当输入数字量发生单位数码变化(即 1LSB)时,所对应的输出模拟量的变化量,即等于模拟量输出的满量程值的 $1/2^N$(N 为数字量位数)。在实际应用中,又常用数字量的位数来表示分辨率。例如,分辨率为 8 位的 D/A 转换器能给出满量程电压的 1/256(即 $1/2^8$)的分辨能力。

4. 转换精度

转换精度是指一个实际的 D/A 转换器与理想的 D/A 转换器相比较的转换误差。精度反映 D/A 转换的总误差。其主要误差有失调误差、增益误差、非线性误差和微分非线性误差。

分辨率和转换精度是两个不同的概念。分辨率取决于 D/A 转换器的位数,而精度取决于构成 DAC 的各个部件的精度和稳定性。分辨率高的 D/A 转换器并不一定具有高的精度。

5. 建立时间

建立时间也称稳定时间,是指在 D/A 转换器的数字输入端从最小量变为最大量(如从全"0"变为全"1")时,其模拟输出达到稳定所需的时间。建立时间反映了 D/A 转换器的转换速度,不同型号的 D/A 转换器,其建立时间不相同,一般从几纳秒到几微秒。

6. 线性误差

相邻两个数字量之间的差应是 1LSB,即理想的转换特性应是线性的。在满量程范围内,偏离理想转换特性的最大值称为线性误差。

7. 温度系数

在规定的范围内，相应于温度每变化1℃，增益、线性度、零点及偏移（对双极性D/A转换器）等参数的变化量。温度系数直接影响转换精度。

10.3.3 8位D/A转换器DAC0832及其应用

当前市场上的D/A转换器芯片种类和型号较多，既有分辨率和价格均较低的8位、10位芯片，也有速度和分辨率较高，价格也较高的16位乃至20位以上的芯片；既有电流输出型芯片，也有内部带运算放大器的电压输出型芯片；按生产工艺分，有双极型、TTL型和CMOS型芯片；按转换方式分有并行和串行D/A转换器，并行快，串行慢。

DAC0832是美国国家半导体公司生产的CMOS型8位D/A转换芯片，是DAC0800系列的一种。DAC0832与微机接口方便，转换控制容易，且价格便宜，因此在实际中得到了广泛的应用。

1. DAC0832的内部结构

DAC0832内部采用T型电阻解码网络，由二级缓冲寄存器和D/A转换电路及转换控制电路组成，如图10-13所示。

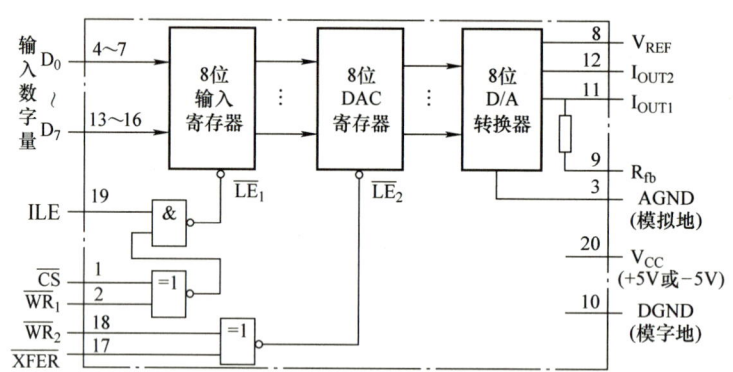

图10-13 DAC0832内部结构

2. DAC0832的引脚功能

DAC0832芯片为20脚双列直插式封装，其引脚分布如图10-14所示，引脚功能如下所述。

$D_7 \sim D_0$：8位数字量输入信号，其中D_0为最低位，D_7为最高位。

$\overline{CS}$：片选信号，输入，低电平有效。

$\overline{WR_1}$：输入寄存器写信号，输入，低电平有效。由ILE、$\overline{CS}$、$\overline{WR_1}$的逻辑组合产生输入寄存器控制信号$\overline{LE_1}$。当$\overline{LE_1}$为低电平时，输入寄存器内容随数据线变化，$\overline{LE_1}$的正跳变将输入数据锁存。

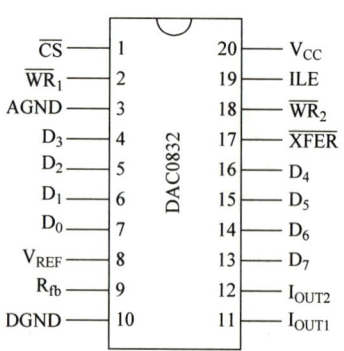

图10-14 DAC0832的引脚图

ILE：输入寄存器的允许信号，高电平有效。ILE信号和$\overline{CS}$、$\overline{WR_1}$共同控制选通输入寄存器。当$\overline{CS}$、$\overline{WR_1}$均为低电平，而ILE为高电平时，输入数据立即被送至8位输入寄存器的输出端（见图 10-13）。当上述三个控制信号中任一个无效时，输入寄存器将数据锁存，输出端呈保持状态。

$\overline{XFER}$：数据传送信号，输入，低电平有效。

$\overline{WR_2}$：DAC 寄存器的写信号，输入，低电平有效。由 $\overline{XFER}$、$\overline{WR_2}$ 组成 DAC 寄存器的控制信号 $\overline{LE_2}$。$\overline{LE_2}$ 的正跳变将输入数据锁存到 DAC 寄存器。

I_{OUT1}：电流输出 1。当 DAC 寄存器中全为"1"时，输出电流最大，当 DAC 寄存器中全为"0"时，输出电流最小。

I_{OUT2}：电流输出 2。它与 I_{OUT1} 的关系是：$I_{OUT1} + I_{OUT2}$ = 常数。

R_{fb}：内部反馈电阻引脚，该电阻在芯片内，R_{fb} 端可以直接接到外部运算放大器的输出端。这样，相当于将一个反馈电阻接在运算放大器的输入端和输出端。

V_{REF}：参考电压输入端，可接正电压，也可接负电压，范围为 $-10 \sim +10V$。

V_{CC}：芯片电源。$+5 \sim +15V$，典型值为 $+15V$。

AGND：模拟地。芯片模拟信号接地点。

DGND：数字地。芯片数字信号接地点。

3. DAC0832 的工作方式

（1）直通型方式

在这种方式下 DAC0832 内部的两个寄存器（输入寄存器和 DAC 寄存器）均处于直通状态，因此要将 $\overline{CS}$、$\overline{WR_1}$、$\overline{WR_2}$ 和 $\overline{XFER}$ 都接数字地，ILE 接高电平，数据一旦加在数据线 $D_7 \sim D_0$ 上，就直接送入 D/A 转换电路。这种方式可用于一些不采用微机的控制系统中。

（2）单缓冲方式

在这种方式下 DAC0832 内部的两个寄存器之一处于直通状态，输入数据只经过一级缓冲送入 D/A 转换器。这种方式只需执行一次写操作即可完成 D/A 转换。当 $\overline{CS}$、$\overline{WR_1}$ 接地时，把第一级寄存器（输入寄存器）设置为直通，数据由 $\overline{WR_2}$ 和 $\overline{XFER}$ 控制写入第二级缓冲寄存器（DAC 寄存器）；当 $\overline{WR_2}$、$\overline{XFER}$ 接地，把第二级寄存器设置为直通，数据由 $\overline{CS}$、$\overline{WR_1}$ 和 ILE 控制写入第一级寄存器。

（3）双缓冲方式

该方式适用于系统中有多片 DAC0832，特别是要求同时输出多个模拟量的场合。使用时，多片 0832 的 $\overline{WR_2}$ 和 $\overline{XFER}$ 并联在一起。先分别将每一路的数据写入各个芯片的第一级寄存器，然后同时将数据锁存到每一片 0832 的第二级寄存器。

4. DAC0832 的模拟输出

DAC0832 以电流形式输出转换结果，要得到电压形式需外加 I/V 转换的电路，常采用外接运算放大器。根据运算放大器的连接方式不同，输出电压分为单极性输出和双极性输出，如图 10-15 所示。

（1）单极性电压输出

输出电压 V_{OUT} 与输入数字量 D 的关系为

$$V_{OUT} = -V_{REF} \times D/256$$

式中，D 为输入数字量的十进制值。因为转换结果 I_{OUT1} 接运算放大器的反相端，所以式中有一个负号。若 $V_{REF} = +5V$，$D = 0 \sim 255$（00H ~ FFH）时，$V_{OUT} = -(0 \sim 4.98)V$。

（2）双极性电压输出

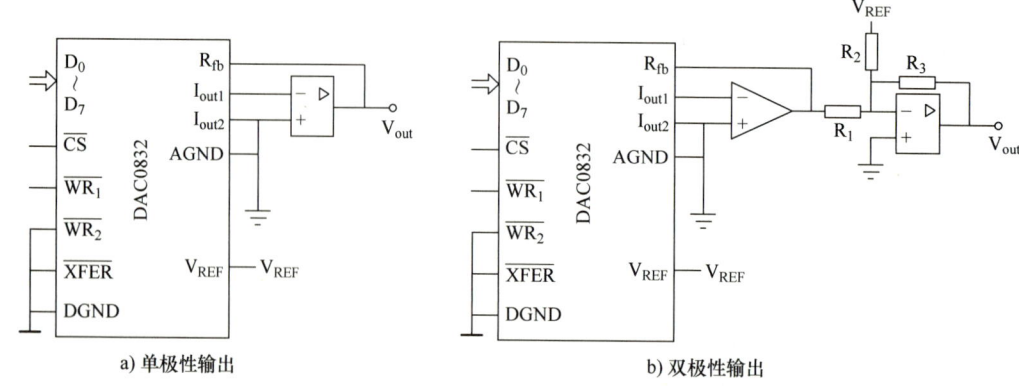

图 10-15 DAC0832 的电压输出

有时输入待转换的数字量有正有负,因而希望 D/A 转换输出也是双极性的;有些控制系统中,也要求控制电压应有极性变化。当采用如图 10-15b 所示双极性输出电路时,输出电压 V_{OUT} 与输入数字量 D 的关系为

$$V_{OUT} = V_{REF} \times (D - 128)/128$$

若 V_{REF} = +5V,当 D = 0 时,V_{OUT} = −5V;当 D = 128(80H)时,V_{OUT} = 0V;当 D = 255(FFH)时,V_{OUT} = 4.96V。

5. DAC0832 的应用举例

【例 10-3】 利用 8086 控制 DAC0832 产生幅度为 5V 的锯齿波,周期任意。

8086 最小模式电路如图 10-5 所示,DAC0832 的电路如图 10-16 所示。DAC0832 的 $\overline{CS}$ 端连接 $\overline{IO2}$,所以 DAC0832 的地址为 400H。由于电压锯齿波的幅度要求为 5V,所以 DAC0832 的 V_{REF} 脚接 5V 直流电压源。锯齿波的规律是电压从最小值开始逐渐上升,上升到最大时立刻跳变为最小值,如此往复。所以只要从 0 开始往 DAC0832 输出数据,直到最大值 FFH,然后再从 0 开始下一个周期。这个过程循环执行即可在 DAC0832 输出端得到一个锯齿波。

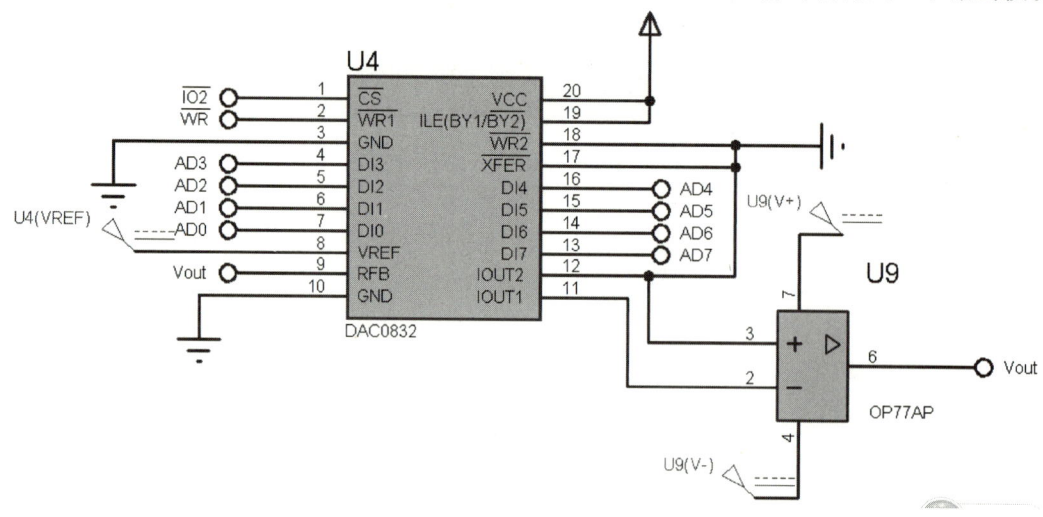

图 10-16 DAC0832 电路图

程序如下:

```
CODE    SEGMENT
    ASSUME  CS：CODE，DS：DATA
START：MOV   DX，400H          ；DAC0832 的地址为 400H
      MOV   AL，00H
AGAIN：OUT   DX，AL
      CALL  DELAY             ；调用延时程序
      INC   AL                ；数字量加 1
      JMP   AGAIN

    DELAY  PROC  NEAR
        MOV  CX，20
AGAIN1：LOOP  AGAIN1
        RET
    DELAY  ENDP
CODE   ENDS
    END   START
```

运行结果：

采用示波器测试 V_{out} 端波形，得到的锯齿波如图 10-17 所示。锯齿波的周期与子程序 DELAY 的延时时间有关。

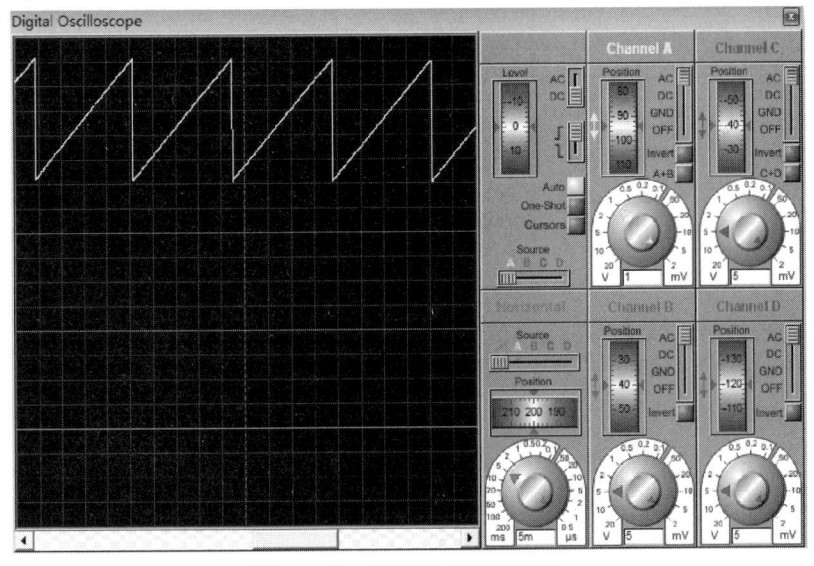

图 10-17　例 10-3 的锯齿波形

【例 10-4】　利用 8086 控制 DAC0832 产生幅度为 5V 的三角波，周期任意。

电路图与例 10-3 一样，只需更改程序即可。与锯齿波不一样的是，三角波的电压上升到最大值后，并不立刻下降到最小值，而是逐渐下降到最小值。

程序如下：

```
CODE    SEGMENT
    ASSUME  CS：CODE，DS：DATA
```

```
START：MOV   DX，400H
       MOV   AL，00H
AGAIN：OUT   DX，AL
       CALL  DELAY
       CMP   AL，255
       JZ    NEXT
       INC   AL
       JMP   AGAIN
NEXT： DEC   AL
       OUT   DX，AL
       CALL  DELAY
       CMP   AL，0
       JNZ   NEXT
       JMP   AGAIN

DELAY   PROC   NEAR
        MOV    CX，20
AGAIN1：LOOP   AGAIN1
        RET
    DELAY   ENDP
CODE   ENDS
       END    START
```

运行结果如图 10-18 所示。

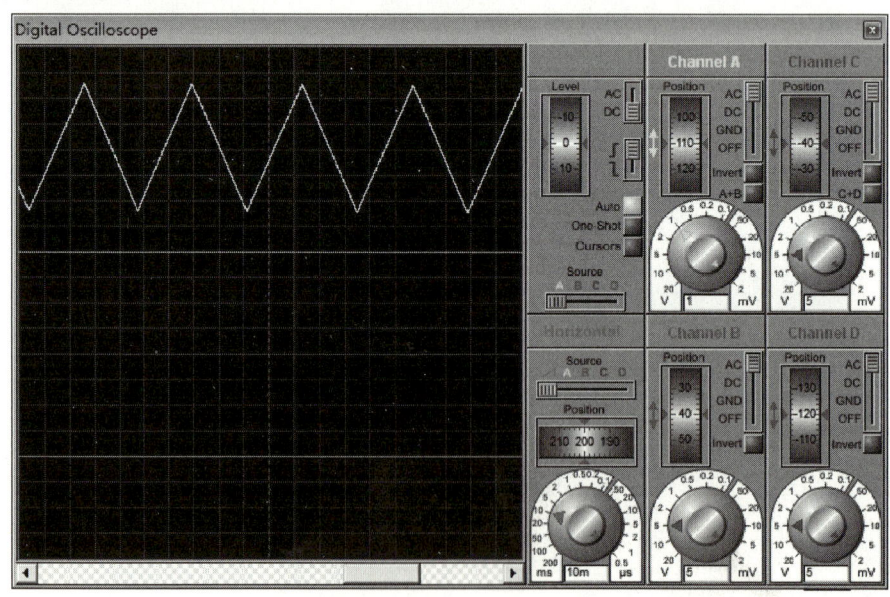

图 10-18 例 10-4 的三角波形

10.4　Proteus ISIS 仿真实例

利用 ADC0808/ADC0809 与 8255A 连接，同时实现模拟通道 0 和通道 1 的电压监测功能，并采用数码管显示。当开关 K_SWAP 断开时，数码管显示通道 0 的电压，当 K_SWAP 闭合时，数码管显示通道 1 的电压。

采用 Proteus 中的 ADC0808 的仿真模型设计电路，8086 最小模式电路如图 10-5 所示，ADC0808 与 8255A 的连接如图 10-19 所示，数码管显示电路如图 10-20 所示。

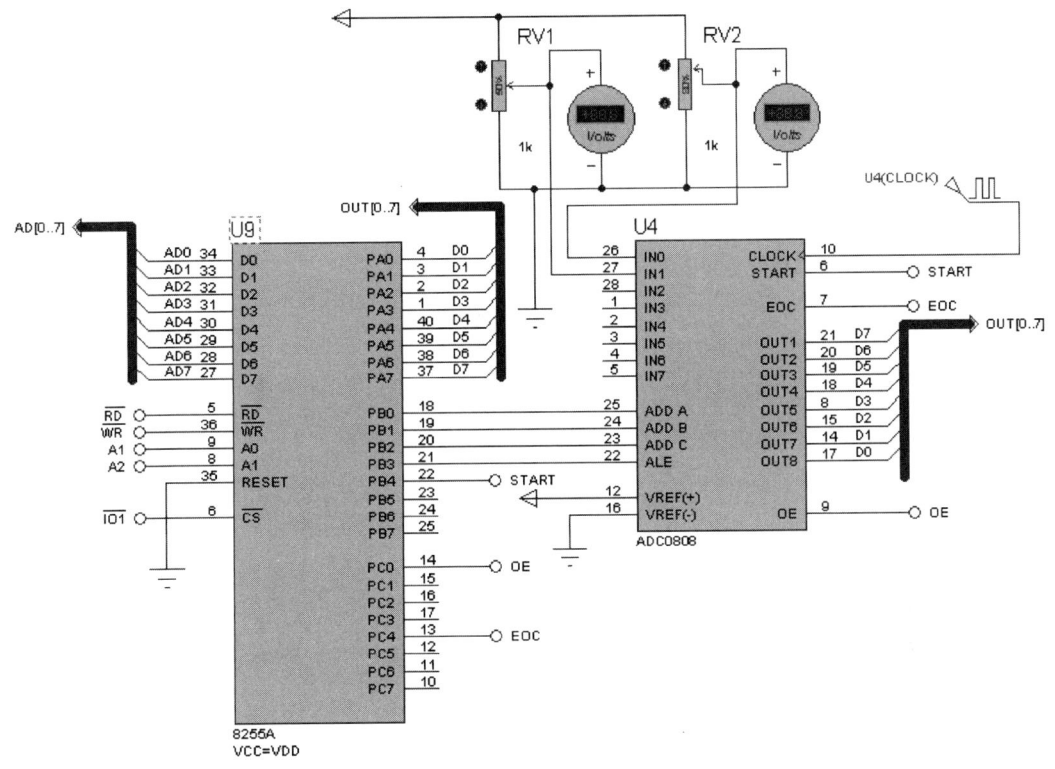

图 10-19　ADC0808 与 8255A 连接电路

程序如下：
U9_8255_A_PORT　　EQU　200H
U9_8255_B_PORT　　EQU　202H
U9_8255_C_PORT　　EQU　204H
U9_8255_CTRL_PORT　EQU　206H
U10_8255_A_PORT　　EQU　400H
U10_8255_B_PORT　　EQU　402H
U10_8255_C_PORT　　EQU　404H
U10_8255_CTRL_PORT　EQU　406H
DATA SEGMENT

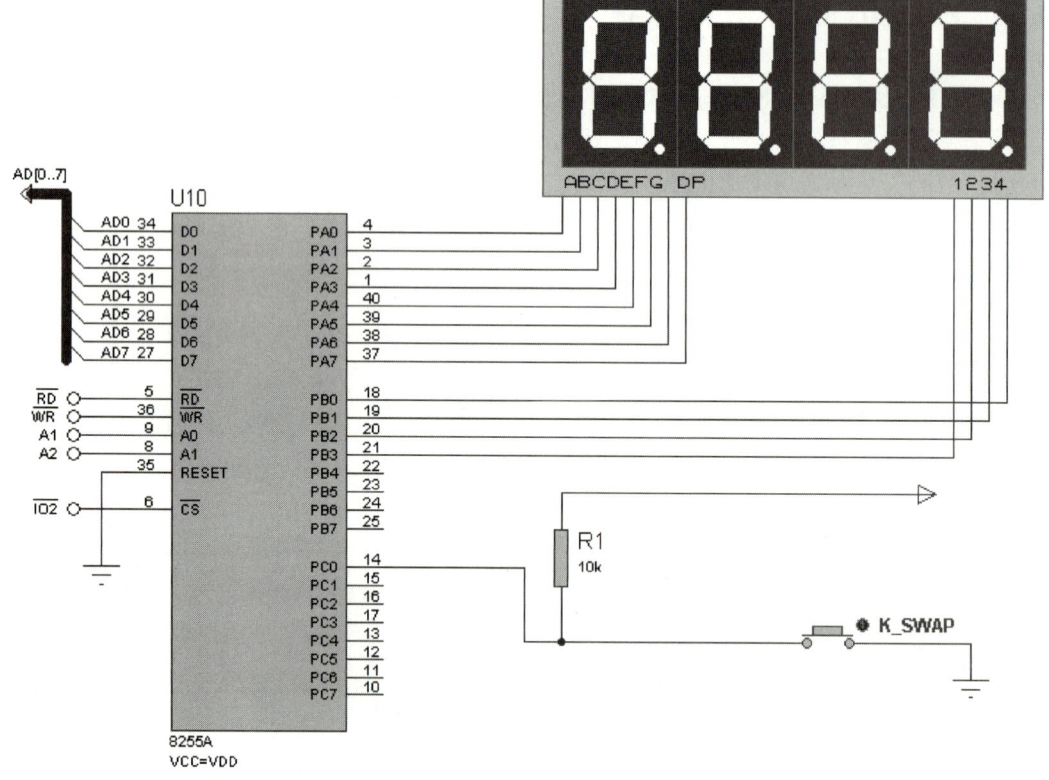

图 10-20　数码管显示电路

```
    OUTBUFF   DB 0, 0, 0, 0                ;用于存放检测到的电压值
    LEDTAB    DB 3FH, 06H, 5BH, 4FH, 66H, 6DH, 7DH, 07H
              DB 7FH, 6FH, 77H, 7CH, 39H, 5EH, 79H, 71H  ;数码管段码
DATA   ENDS
CODE   SEGMENT
    ASSUME   CS：CODE
START：MOV   AX, DATA
       MOV   DS, AX
       MOV   AL, 98H            ；U9_8255 初始化
       MOV   DX, U9_8255_CTRL_PORT
       OUT   DX, AL
       MOV   AL, 00H
       MOV   DX, U9_8255_B_PORT
       OUT   DX, AL             ；START、ALE = 0
       MOV   AL, 81H            ；U10_8255 初始化
       MOV   DX, U10_8255_CTRL_PORT
       OUT   DX, AL
```

```
AGAIN: LEA   SI, OUTBUFF            ;取 OUTBUFF 的首地址
       MOV   DX, U10_8255_C_PORT
       IN    AL, DX                  ;读取按键值
       AND   AL, 01H
       CMP   AL, 01H                 ;判断按键是否按下
       JZ    NEXT0                   ;如果没按下，调到 NEXT0 执行
       CALL  DLAY_2ms                ;如果按下，判断是否抖动，延时 2ms 再判
                                     ;断是否按下
       IN    AL, DX
       AND   AL, 01H
       CMP   AL, 01H
       JZ    NEXT0
       MOV   AL, 19H                 ;按键按下，检测通道 1 电压
       MOV   [SI], 0EH                ;显示通道 1 电压，数码管最高位显示"E"
       JMP   NEXT1
NEXT0: MOV   AL, 18H                 ;按键未按下，检测通道 0 电压
       MOV   [SI], 0CH                ;显示通道 0 电压，数码管最高位显示"C"
NEXT1: MOV   DX, U9_8255_B_PORT
       OUT   DX, AL                  ;START 与 ALE = 1
       MOV   AL, 00H
       MOV   DX, U9_8255_B_PORT      ;START、ALE = 0
       OUT   DX, AL
WAIT0: MOV   DX, U9_8255_C_PORT
       IN    AL, DX                  ;循环检测 PC4（EOC 信号）
       AND   AL, 10H
       JNZ   WAIT0                   ;若 EOC 为低，则开始转换
WAIT1: IN    AL, DX                  ;继续循环检测 PC4（EOC 信号）
       AND   AL, 10H
       JZ    WAIT1                   ;若 EOC 为高，则转换结束，可以读数据
       MOV   AL, 01H
       MOV   DX, U9_8255_C_PORT
       OUT   DX, AL                  ;OE = 1
       MOV   DX, U9_8255_A_PORT
       IN    AL, DX                  ;从 PA 口输入数据
       MOV   BX, 500
       MOV   AH, 0
       MUL   BX
```

```
            MOV   BX, 255
            DIV   BX                    ;将转换后的数据 D×5×100/255,得到真实
                                        ;电压值的 100 倍,如 4V,则为 400
            MOV   BL, 10
            DIV   BL                    ;除以 10,余数即为小数点后第二位值
            MOV   [SI+3], AH            ;将小数点后第二位值存入 OUTBUFF 中
            MOV   AH, 0
            DIV   BL                    ;除以 10,余数即为小数点后第一位值
                                        ;商为电压的整数值
            MOV   [SI+2], AH            ;将小数点后第一位值存入 OUTBUFF 中
            MOV   [SI+1], AL            ;将整数值存入 OUTBUFF 中
            MOV   AL, 0
            MOV   DX, U9_8255_C_PORT
            OUT   DX, AL                ;OE=0
            CALL  DISP                  ;调用显示程序
            JMP   AGAIN

        DISP  PROC NEAR
            MOV   CL, 0F7H              ;数码管位选信号初值
            LEA   SI, OUTBUFF
        LEDDISP: MOV   AL, CL
            MOV   DX, U10_8255_B_PORT
            OUT   DX, AL                ;送入位选信号
            LEA   BX, LEDTAB
            MOV   AL, [SI]              ;读取电压某一位上的值
            XLAT                        ;转换成数码管段码
            CMP   CL, 0FBH              ;判断是否数码管个位
            JNZ   NEXT2
            OR    AL, 80H               ;将个位加上小数点
        NEXT2: MOV   DX, U10_8255_A_PORT
            OUT   DX, AL
            CALL  DLAY_2ms
            MOV   AL, 0
            OUT   DX, AL
            CMP   CL, 0FEH
            JZ    NEXT3
            INC   SI                    ;读取电压下一位的值
```

```
            ROR    CL, 1              ;选择下一位数码管
            JMP    LEDDISP
NEXT3: RET
DISP    ENDP

DLAY_2ms  PROC   NEAR
          PUSH   CX
          MOV    CX, 50
LP:       LOOP   LP
          POP    CX
          RET
DLAY_2ms  ENDP
CODE   ENDS
       END    START
```

运行结果:

电压表测出通道 0 和通道 1 的输入电压分别是 4V 和 2.5V, 如图 10-21 所示。当开关 K_SWAP 断开时, 数码管显示通道 0 的电压为 4.00 (见图 10-22), 最高位"C"代表通道 0; 当开关 K_SWAP 闭合时, 数码管显示通道 1 的电压为 2.49, 最高位"E"代表通道 1 (见图 10-23)。

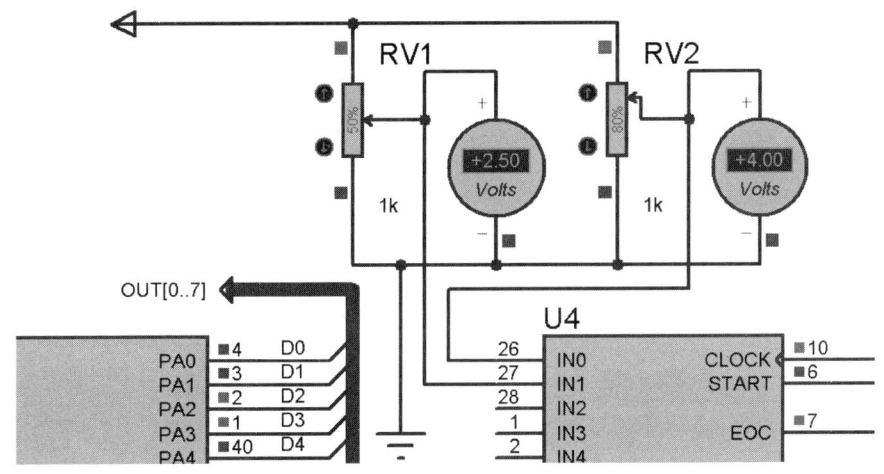

图 10-21 模拟通道输入电压

微机原理与接口技术

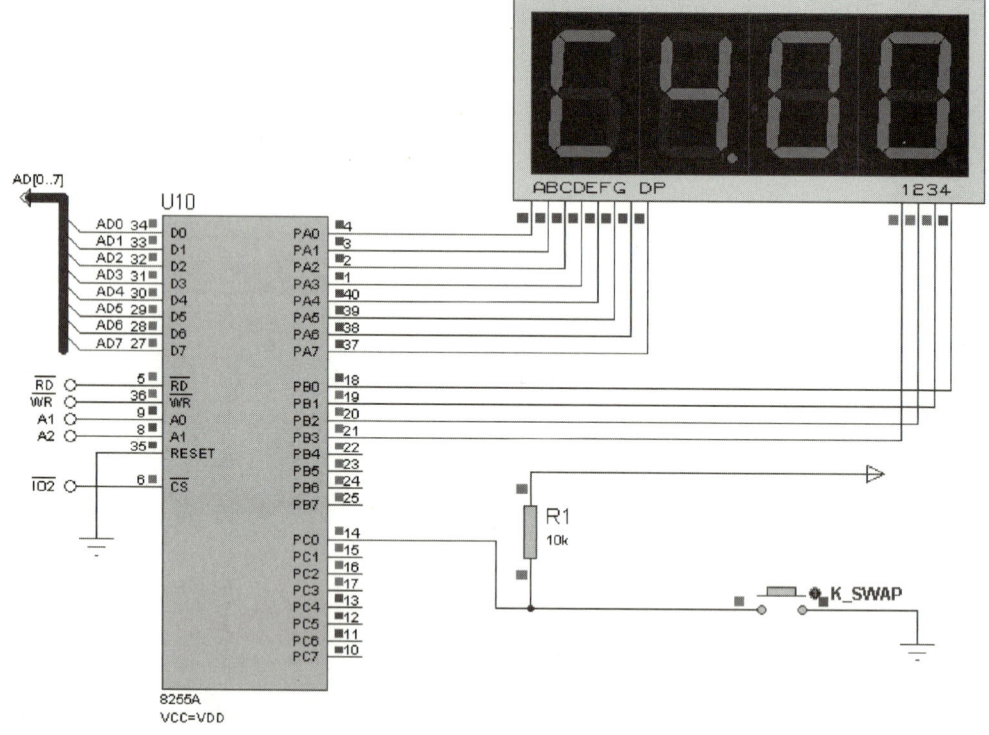

图 10-22　数码管显示通道 0 的电压

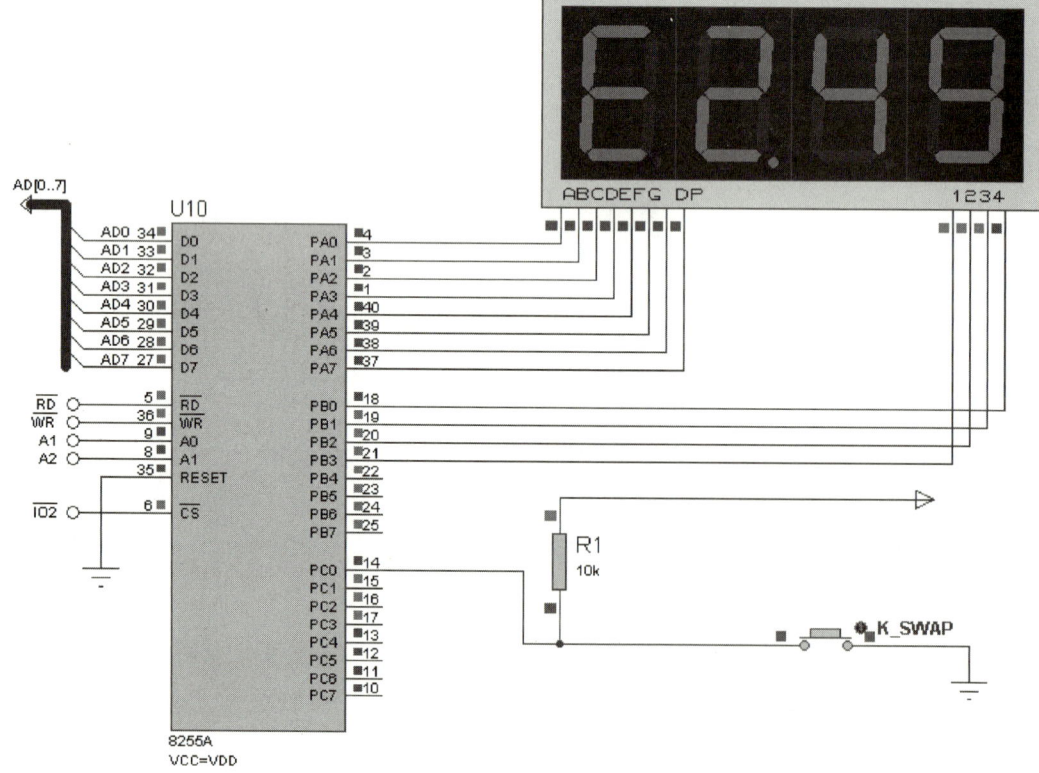

图 10-23　数码管显示通道 1 的电压

本 章 习 题

1. A/D 转换器和 D/A 转换器在微型计算机控制系统中起何作用?

2. ADC0809 开始转换的必要条件有哪些?怎样才表示转换结束?转换结束时,CPU 怎样才能读取转换好的数据?

3. 在进行 A/D 转换时,要求以每秒 4000 个点的速度采样,若要采样一分钟,请问需要多少字节的存储空间来存储采用到的数据?ADC0809 是否满足采样速度的要求?为什么?

4. DAC0832 有多少种工作方式?各有什么特点?

5. 利用 8255A 和 ADC0808 设计一个电路,要求利用查询法采样模拟通道 IN6 的电压,将采样到的数据存入内存 12800H 开始的 200 个存储单元中。设计电路图并编写程序。

6. 采用例 10-3 的电路图,产生一幅度为 5V 的方波信号,编写程序。

7. 采用例 10-3 的电路图,产生一幅度为 3.6V 的三角波信号,编写程序。

第11章 总 线

【教学提示】 总线（Bus）是计算机各种功能部件之间传送信息的公共通信干线。它是构成系统的插件间、插件的片间或系统间的标准信息通路。总线的性能好坏直接影响计算机系统的工作效率、可靠性、可扩展性以及可维护性等多项功能。本章主要介绍总线的概念、分类、参数指标，系统总线和外部总线。

【教学要求】 通过本章的学习，学生应该掌握总线的概念，总线的参数指标，总线的分类，了解微型计算机常用总线标准，PC 总线、ISA 与 EISA 总线、PCI 总线、RS-232C 总线、RS-485 总线和 USB 总线。

11.1 概述

11.1.1 总线的基本概念

任何一个微处理器都要与一定数量的部件和外围设备连接，但如果将各部件和每一种外围设备都分别用一组线路与 CPU 直接连接，那么连线将会错综复杂，甚至难以实现。为了简化硬件电路设计、系统结构，常用一组线路，配置以适当的接口电路，与各部件和外围设备连接，这组共用的连接线路被称为总线。

总线（Bus）是计算机各种功能部件之间传送信息的公共通信干线。它是构成系统的插件间、插件的片间或系统间的标准信息通路。总线的性能好坏直接影响计算机系统的工作效率、可靠性、可扩展性以及可维护性等多项功能。

为了便于机器的扩充和新设备的添加，有了总线标准，不同厂商可以按照同样的标准和规范生产各种不同功能的芯片、模块和整机，用户可以根据功能需求去选择不同厂家生产的、基于同种总线标准的模块和设备，甚至可以按照标准，自行设计功能特殊的专用模块和设备，以组成自己所需的应用系统。这样可使芯片级、模块级、设备级等各级别的产品都具有兼容性和互换性，以使整个计算机系统的可维护性和可扩充性得到充分保证。

概括起来，总线具有如下优点：

1) 便于采用模块化结构设计方法，简化了系统设计。面向总线的微型计算机设计只要按照这些规定制作 CPU 插件、存储器插件以及 I/O 插件等，将它们连入总线就可工作，而不必考虑总线的详细操作。

2) 便于系统扩充和升级。因为 CPU、存储器、I/O 接口等都是按总线规约挂到总线上的，因而只要总线设计恰当，可以随时随着处理器的芯片以及其他有关芯片的进展设计新的插件，新的插件插到底板上对系统进行更新，其他插件和底板连线一般不需要更改。

3) 便于故障诊断和维修。用主板测试卡可以很方便找到出现故障的部位。

4) 标准总线可以得到多个厂商的广泛支持，便于生产与之兼容的硬件板卡和软件。

11.1.2 总线的分类

总线可以从不同的角度进行分类。

1. 按功能分

1）数据总线（Data Bus）：在 CPU 与 RAM 或者外设之间来回传送需要处理或是需要存储的数据。其位数也称为总线的宽度，反映的是一次传送数据的位数。

2）地址总线（Address Bus）：用来传送存储器或者外设端口的地址。地址总线的位数往往决定了存储器存储空间的大小。

3）控制总线（Control Bus）：将微处理器控制单元的控制信号，传送到周边设备，如读/写信号、片选信号和读入中断响应信号等。

2. 按传输数据的方式分

1）串行总线：数据线只有一根，一次只能传递一位信息，用于较远距离的数据传输。如 SPI、I^2C、USB 及 RS – 232 等总线。

2）并行总线：数据线通常超过两根，一次可以传输多位信息。常用的并行总线有 8 位、16 位、32 位和 64 位，多用于系统内部与主机距离很近的外设，如 ISA 总线、EISA 总线、STD 总线、PCI 总线等。

3. 按时钟信号是否独立分

1）同步总线：时钟信号独立于数据，所有的互联部件或设备都必须使用同一个时钟（同步时钟），在规定的时钟节拍内进行规定的总线操作，来完成部件或设备之间的信息交换。如 SPI、I^2C 总线。

2）异步总线：时钟信号是从数据中提取出来的，没有统一的时钟而依靠各部件或设备内部定时操作，所有部件或设备是以信号握手的方式进行通信。RS – 232 就是异步串行总线。

4. 按所在位置分

1）片内总线：又称芯片总线，是 CPU 芯片内部的连接各个部件的总线，如 ALU、通用寄存器、内部 Cache 等。

2）系统总线：又称内总线或板级总线，用来连接微机各功能部件而构成一个完整微机系统。CPU 通过系统总线对存储器的内容进行读写，同样通过系统总线，实现将 CPU 内数据写入外设，或由外设读入 CPU，如 PC 总线、ISA 总线、EISA 总线、PCI 总线等。

3）外部总线：又称通信总线，用于微型计算机系统之间、微型计算机系统与其他电子仪器或设备之间通信，如 RS – 232 总线、RS – 485 总线、USB 总线等。

11.1.3 总线的参数指标

1. 总线的位宽

总线的位宽指的是总线能同时传送的二进制数据的位数，或数据总线的位数，即 32 位、64 位等总线宽度的概念。在工作频率固定的条件下，总线的位宽越宽，每秒钟数据传输率越大，总线的带宽越宽。

2. 总线的工作频率

总线的工作时钟频率以 MHz（兆赫兹）为单位，工作频率越高，总线工作速度越快，总线带宽越宽，如总线频率为 33MHz、66MHz、100MHz 等。

3. 总线的带宽

总线的带宽又称总线数据传输速率，指的是单位时间内总线上传送的数据量，即每秒钟传送 MB（兆字节）的最大稳态数据传输率。与总线密切相关的两个因素是总线的位宽和总线的工作频率，它们之间的关系：

总线的带宽＝总线的工作频率×总线的位宽/（8bit×每个存取周期的时钟数）

例如，总线频率为 66MHz，32 位的总线，若每 3 个时钟周期完成一次总线存取操作，则该总线的带宽＝66MHz×32bit/（8bit×3）＝88MB/s。

11.2 系统总线

计算机系统发展至今，常见的系统总线有 PC/XT 总线、ISA 总线、EISA 总线、PCI 总线等。

1. PC/XT 总线

IBM 公司 1981 年推出的第一台 IBM PC 以及随后推出的 IBM PC/XT 机所使用的总线是 PC 历史上最早使用的总线结构，被称为 PC 总线或 PC/XT 总线。由于 IBM PC 或 IBM PC/XT 机上使用的都是 8088 微处理器，所以这种总线只有 20 位的地址线和 8 位的数据线。

连接到 PC/XT 总线扩展槽中的信号包括了 8 位的双向数据总线、20 位的地址总线、6 级中断请求申请信号、三组 DMA 通道控制线、内存与 I/O 读写控制线、动态 RAM 刷新控制线、时钟和定时信号线等。另外还包括了电源线±5V 和±12V。

2. ISA 总线

ISA 是 Industry Standard Architecture（工业标准体系结构）的缩写，是 IBM 公司 1984 年为推出 PC/AT 机而建立的系统总线标准，所以也叫 AT 总线。它是对 XT 总线的扩展，以适应 8/16 位数据总线要求。其工作频率为 8MHz 左右，最大传输率 16MB/s。可插接显卡，声卡、网卡以及所谓的多功能接口卡等扩展插卡。它在 80286 至 80486 时代应用非常广泛，以至于奔腾机中还保留有 ISA 总线插槽。其缺点是 CPU 资源占用太高，数据传输带宽太小，现在是已经被淘汰的插槽接口。

ISA 总线共有 98 只引脚，分 5 类，分别是地址线、数据线、控制线、时钟和电源。8 位 ISA 扩展 I/O 插槽由 62 个引脚组成，用于 8 位的插卡；8/16 位的扩展插槽除了具有一个 8 位 62 线的连接器外，还有一个附加的 36 线连接器，这种扩展 I/O 插槽既可以支持 8 位的插卡，也可支持 16 位的插卡。

3. EISA 总线

EISA（Extended Industry Standard Architecture，扩展工业标准结构）是 EISA 集团为配合 32 位 CPU 而设计的总线扩展标准，最高速率可达 33MB/s。它吸收了 IBM 微通道总线的精华，并且兼容 ISA 总线。它是在 ISA 总线的基础上使用双层插座，在原来 ISA 总线的 98 条信号线上又增加了 98 条信号线，也就是在两条 ISA 信号线之间添加一条 EISA 信号线。该总线应用于 80386 至 80586 计算机，但其性能限制了奔腾等先进处理器性能的发挥，现今已被淘汰。

4. PCI 总线

PCI（Peripheral Component Interconnect，外围部件互连标准）总线是当前最流行的总线之一，它是由 Intel 公司推出的一种局部总线，几乎所有的主板产品上都带有 PCI 总线插槽。它定义了 32 位数据总线，且可扩展为 64 位。PCI 总线主板插槽的体积比原 ISA 总线插槽还小，但其功能比 ISA 和 EISA 有极大的改善，支持突发读写操作，最大传输速率可达

132MB/s，可同时支持多组外围设备。PCI 局部总线不能兼容 ISA、EISA 总线，但它不受制于处理器，是基于奔腾等新一代微处理器而发展的总线。

PCI 总线是一种树型结构，并且独立于 CPU 总线，可以和 CPU 总线并行操作。PCI 总线上可以挂接 PCI 设备和 PCI 桥片，PCI 总线上只允许有一个 PCI 主设备，其他的均为 PCI 从设备，而且读写操作只能在主从设备之间进行，从设备之间的数据交换需要通过主设备中转。

与 ISA 总线相比，PCI 总线有如下显著的特点：

1）高速性。PCI 局部总线以 33MHz 的时钟频率操作，采用 32 位数据总线，数据传输速率可高达 132MB/s，远超过以往各种总线。而早在 1995 年 6 月推出的 PCI 总线规范 2.1 已定义了 64 位、66MHz 的 PCI 总线标准。因此 PCI 总线完全可为未来的计算机提供更高的数据传送率。另外，PCI 总线的主设备（Master）可与微机内存直接交换数据，而不必经过微机 CPU 中转，也提高了数据传送的效率。

2）即插即用性。目前随着计算机技术的发展，微机中留给用户使用的硬件资源越来越少，也越来越含糊不清。在使用 ISA 板卡时，有两个问题需要解决：一是在同一台微机上使用多个不同厂家、不同型号的板卡时，板卡之间可能会有硬件资源上的冲突；二是板卡所占用的硬件资源可能会与系统硬件资源（如声卡、网卡等）相冲突。而 PCI 板卡的硬件资源则是由微机根据其各自的要求统一分配，绝不会有任何的冲突问题。

3）可靠性。PCI 独立于处理器的结构，形成一种独特的中间缓冲器设计方式，将 CPU 子系统与外围设备分开。这样用户可以随意增添外围设备，以扩充电脑系统而不必担心在不同时钟频率下会导致性能的下降。与原先微机常用的 ISA 总线相比，PCI 总线增加了奇偶校验错（PERR）、系统错（SERR）、从设备结束（STOP）等控制信号及超时处理等可靠性措施，使数据传输的可靠性大为增加。

4）复杂性。PCI 总线强大的功能大大增加了硬件设计和软件开发的实现难度。

5）自动配置。PCI 总线规范规定 PCI 插卡可以自动配置。PCI 定义了 3 种地址空间：存储器空间、输入输出空间和配置空间，每个 PCI 设备中都有 256 字节的配置空间用来存放自动配置信息，当 PCI 插卡插入系统，BIOS 将根据读到的有关该卡的信息，结合系统的实际情况为插卡分配存储地址、中断和某些定时信息。

6）共享中断。PCI 总线是采用低电平有效方式，多个中断可以共享一条中断线，而 ISA 总线是边沿触发方式。

7）扩展性好。如果需要把许多设备连接到 PCI 总线上，而总线驱动能力不足时，可以采用多级 PCI 总线，这些总线上均可以并发工作，每个总线上均可挂接若干设备。因此 PCI 总线结构的扩展性是非常好的。由于 PCI 的设计是要辅助现有的扩展总线标准，因此与 ISA，EISA 及 MCA 总线完全兼容。

8）多路复用。在 PCI 总线中为了优化设计采用了地址线和数据线共用一组物理线路，即多路复用。PCI 接插件尺寸小，又采用了多路复用技术，减少了元件和引脚个数，提高了效率。

9）严格规范。PCI 总线对协议、时序、电气性能、机械性能等指标都有严格的规定，保证了 PCI 的可靠性和兼容性。由于 PCI 总线规范十分复杂，其接口的实现就有较高的技术难度。

如果想了解更多 PCI 总线的标准规范,请读者自行查阅相关资料。

11.3 外部总线

11.3.1 RS-232C 总线

RS-232C 标准的全称是 EIA-RS-232C 标准,其中 EIA(Electronic Industry Association)代表美国电子工业协会,RS(Recommended Standard)代表推荐标准,232 是标识号,C 代表 RS232 的最新一次修改(1969 年),在这之前还有 RS-232B、RS-232A 标准,不过这两种标准现在已很少使用了。RS-232C 总线标准是一种串行的外部总线标准,在微机系统中应用十分广泛,可以说是微型计算机必备的接口总线。目前在 PC 上的 COM1、COM2 接口,就是 RS-232C 接口。

1. RS-232C 的引脚定义

RS-232C 总线的信号线少,一共规定了 25 条信号线,包含两个信号通道,即第一通道(又称主通道)和第二通道(又称次通道)。所以标准的 RS-232C 采用 25 脚 D 型连接器,其引脚排列如图 11-1 所示,每根引脚的定义见表 11-1。在这 25 根引脚中,有 4 根数据线、11 根控制线、3 根定时信号线、2 根地线。另外还保留了 2 根引脚,有 3 根引脚未定义。

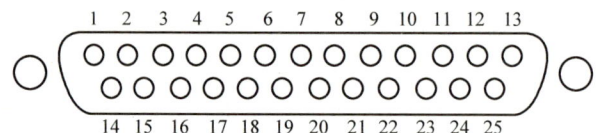

图 11-1 25 脚 D 型连接器

表 11-1 25 脚 D 型连接器的引脚定义

引脚	名称	功能	引脚	名称	功能
1	AA	保护地 PD	14	SBA	次信道发送数据
2	BA	发送数据 TXD	15	DB	发送定时
3	BB	接收数据 RXD	16	SBB	次信道接收数据
4	CA	请求发送 RTS	17	DD	接受定时
5	CB	清除发送 CTS	18		未定义
6	CC	数据设备就绪 DSR	19	SCA	次信道发送请求
7	AB	信号地 SG	20	CD	数据终端就绪 DTR
8	CF	载波检测 DSD	21	CG	信号质量检测
9	备用	保留用于测试	22	CE	振铃提示 RI
10	备用	保留用于测试	23	CH/CI	数据速率选择 DSRD
11	——	未定义	24	DA	外部速率选择
12	SCF	次信道载波检测	25		未定义
13	SCB	次信道清除发送			

在实际进行异步通信时,只需 9 个信号即够用,因此也可以采用 9 脚 D 型连接器。目前

PC 已用 9 脚连接器取代了 25 脚连接器，9 脚连接器如图 11-2 所示，其引脚的定义见表 11-2。

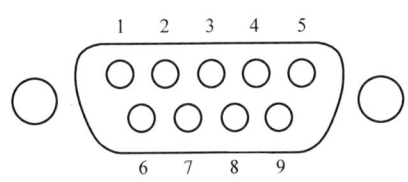

图 11-2　9 脚 D 型连接器

表 11-2　9 脚 D 型连接器的引脚定义

引脚	名称	功能	引脚	名称	功能
1	DCD	载波检测	6	DSR	数据准备好
2	RXD	接收数据	7	RTS	请求发送
3	TXD	发送数据	8	CTS	清除发送
4	DTR	数据终端就绪	9	RI	振铃提示
5	SG	信号地 GND			

下面就 9 脚连接器的引脚功能进行说明。

TXD（Transmitted Data）：发送数据，串行数据的发送端。

RXD（Received Data）：接收数据，串行数据的接收端。

RTS（Request To Send）：请求发送，当数据终端准备好发送出数据时，就发送出有效的 RTS 信号，通知数据通信设备准备接收数据。

CTS（Clear To Send）：清除发送，当数据通信设备已准备好接收数据终端设备的传送数据时，发出有效的 CTS 信号响应 RTS 信号，其实质是允许发送。

DTR（Data Terminal Ready）：数据终端准备就绪，通常当数据终端一加电，该信号就有效，表明数据终端设备已准备好。

DSR（Data Set Ready）：数据装置准备好，通常表示数据通信设备已接通电源连接到通信线路上，并处于数据传输方式，而不是处于测试方式或断开状态。

DCD（Data Carrier Detection）：载波检测，当本地调制解调器接收到来自对方的载波信号时，就从该引脚向数据终端设备提供有效信号。

RI（Ringing）：振铃提示，调制解调器接收到对方的拨号信号期间，该引脚信号作为电话响铃的提示，保持有效。

GND：保护地，起屏蔽保护作用，一般应参照设备的使用规定，连接到设备的外壳或者机架上，必要时连接到大地。

2. RS–232C 的电气特性

RS–232C 采用负逻辑工作，即

逻辑"1"用负电平表示，有效电平范围是 $-3 \sim -15\text{V}$；

逻辑"0"用正电平表示，有效电平范围是 $+3 \sim +15\text{V}$；

-3~+3V 为过渡区，逻辑状态不定，为无效电平。

由以上规定可见，RS-232C 是用正负电平来表示逻辑状态，这与 TTL 以高低电平表示逻辑状态的规定大不相同。显然为了能够同计算机的串行接口使用的 TTL 芯片连接，必须在 RS-232C 与 TTL 电路之间进行电平转换。常用的电平转换芯片有 MAX3232、MC1488、MC1489、UN232 等。

3. RS-232C 的连接

RS-232C 的连接设备连线有两种。一种是通过 RS-232C 连接两台设备进行短距离通信，这种情况下不需要连接调制解调器（Modem），是两台数字终端设备（如计算机）之间通过 RS-232C 接口连接，如图 11-3 所示。该连接不使用联络信号，为了正确交换信息，TXD 与 RXD 应当交叉连接。

另一种是用于长距离通信，两个设备通信需要借助于 DCE（调制解调器或其他远传设备）和电话线，如图 11-4 所示。

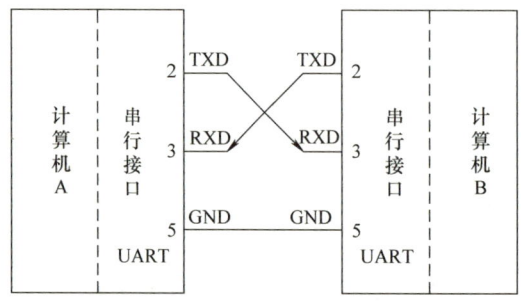

图 11-3 两台计算机近距离通信

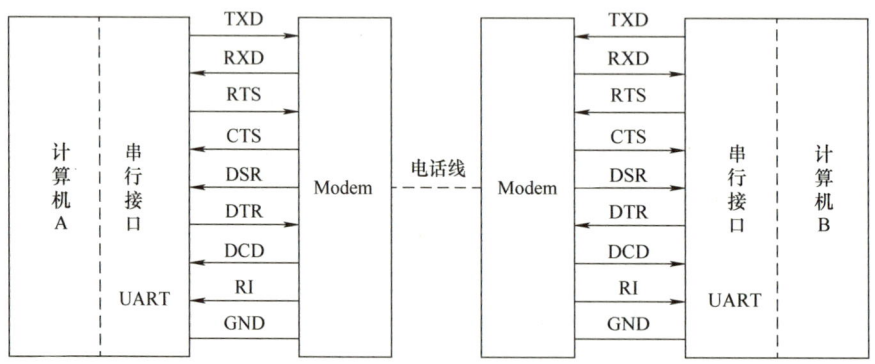

图 11-4 两台计算机远距离通信

11.3.2 RS-485 总线

RS-232C 虽然是目前应用比较广泛的一种串行通信接口，但其最大的缺点是不能进行远距离传输，而且是采用单端驱动单端接收电路，即采用公共地线的方式（多根信号线共地）。这种共地线方式的缺点是不能区分由驱动电路产生的有用信号和外部引入的干扰信号，两地之间的电位差将成为通信错误的根源。而且 RS-232C 接口的信号电平值较高，易损坏接口电路的芯片，又因为与 TTL 电平不兼容，故需使用电平转换电路方能与 TTL 电路连接。为改进 RS-232C 通信距离短、电平高、速率低等缺点，RS-422 定义了一种平衡通信接口，将传输速率提高到 10Mbit/s，并允许在一条平衡总线上连接最多 10 个接收器。RS-422 是一种单机发送、多机接收的单向、平衡传输规范，被命名为 TIA/EIA-422-A 标准。为扩展应用范围，EIA 又于 1983 年在 RS-422 基础上制定了 RS-485 标准，增加了多点、双向通信能力，即允许多个发送器连接到同一条总线上，同时增加了发送器的驱动能力和冲突保护特性，扩展了总线共模范围，后命名为 TIA/EIA-485-A 标准。由于 EIA 提出的建议标准都是以"RS"作为前缀，所以在通信工业领域，仍然习惯将上述标准以 RS 作前缀称谓。

  RS-485 是一种差分通信方式，它的通信线路是两根，通常用 A 和 B 或者 D+ 和 D- 来表示。逻辑"1"以两线之间的电压差为 +（0.2~6）V 表示，逻辑"0"以两线间的电压差为 -（0.2~6）V 来表示，是一种典型的差分通信，可以有效地抑制共模干扰。而且 RS-485 内部的物理结构采用的是平衡驱动器和差分接收器的组合，抗干扰能力也大大增加。

  RS-485 通信速度快，最大传输速率可以达到 10Mbit/s 以上。传输距离最远可以达到 1200m 左右，但是他的传输速率和传输距离是成反比的，只有在 100Kbit/s 以下的传输速率，才能达到最大的通信距离，如果需要传输更远距离可以使用中继。

  RS-485 可以在总线上进行联网实现多机通信，总线上允许挂多个收发器，从现有的 RS-485 芯片来看，有可以挂 32、64、128、256 等不同个设备的驱动器。

  RS-485 的接口非常简单，和 RS-232C 所使用的 MAX232 类似，只需要一个 RS-485 转换器，就可以直接和微处理器的 UART 串行接口连接起来，并且完全使用的是和 UART 一致的异步串行通信协议。但是由于 RS-485 是差分通信，因此接收数据和发送数据是不能同时进行的，也就是说它是一种半双工通信模式。

  如果想了解更多 RS-485 总线的标准规范，请读者自行查阅相关资料。

11.3.3 USB 总线

  USB（Universal Serial Bus）总线的中文含义是通用串行总线，它是一种快速同步传输的双向串行接口，是 1994 年由 Intel、Compaq、IBM、DEC、Microsoft、NEC 和 Northen Telecom 等公司为简化 PC 与外设之间的互连而共同研究开发的一种免费的标准化连接器，它支持各种 PC 与外设之间的连接，还可实现数字多媒体集成。现在生产的计算机都配备了 USB 接口，各种操作系统如 Microsoft Windows、Mac OS、Linux 等都支持 USB 接口总线。

  从 1994 年 11 月 11 日发布了 USB V0.7 版本以来，USB 版本经历了多年的发展，现在已经发展为 3.1 版本，称为 21 世纪计算机中的标准扩展接口。当前计算机中主要采用的是 USB 2.0 和 USB3.0 接口，各 USB 版本间能很好兼容。

  目前 USB 接口可以连接鼠标、键盘、打印机、扫描仪、摄像头、充电器、闪存盘、MP3、手机、数码相机、移动硬盘等几乎所有的外围设备，之所以 USB 总线能够如此广泛被应用，是因为其速度快、支持热插拔、可连接多个设备和提供了内置电源等特点。

  速度快是 USB 总线最突出的特点之一，USB1.1 标准的 USB 接口最高传输速率为 1.5MB/s，USB2.0 标准的接口速率可达 60MB/s，而支持 USB3.0 标准的接口速率更是高达 500MB/s。

  USB 接口支持热插拔，连接外设不必打开机箱，也不需要关闭主机电源，使用方便。

USB 接口可以连接多个不同的设备。一个 USB 口理论上可以最多连接 127 个 USB 设备。

USB 接口提供了内置电源，可通过 USB 接口由主机向外设提供电源（+5V，100～500mA），生活中可以通过 USB 接口给手机、MP3、MP4 等外设充电。

1. USB 接口和引脚定义

USB 是一个标准的协议，USB 总线结构简单，通常 USB 接口信号线仅由 2 条电源线、2 条信号线组成。外观分为 A 型和 B 型，如图 11-5 所示。A 型和 B 型又都分为插头和插座。通常连在计算机一侧称为 USB 插座，又叫母插；连设备一侧称为 USB 插头，又叫公插。目前最常见的 USB 接口有标准 USB、Mini USB、Micro USB 为。与标准 USB 相比，Mini USB 更小，适用于移动设备等小型电子设备。图 11-6a 为 Mini USB 的 A 型插头、图 11-6b 为 Mini USB 的 B 型插头、图 11-6c 为标准 USB 的 B 型插头、图 11-6d 为标准 USB 的 A 型插座、图 11-6e 为标准 USB 的 A 型插头。

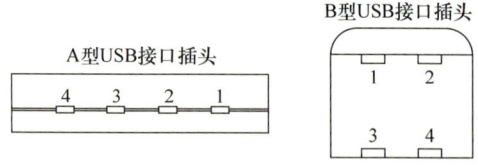

图 11-5　A 型和 B 型 USB 接口插头引脚图

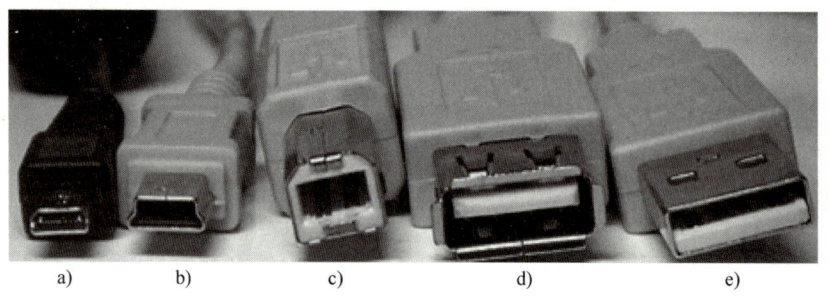

图 11-6　各种 USB 插头

USB 各个引脚的功能见表 11-3，USB 总线包括 4 条线，分别是 V_{CC}、D+、D- 和 GND。

表 11-3　USB 引脚定义

引脚	名称	电缆颜色	描述
1	V_{CC}	红	1+5V
2	D-	白	数据-
3	D+	绿	数据+
4	GND	黑	地

2. USB 系统组成

一个 USB 系统包含三类硬件设备：USB 主机（USB HOST）、USB 设备（USB DEVICE）、USB 集线器（USB HUB）。

（1）USB 主机

在一个 USB 系统中，当且仅当有一个 USB 主机时，USB 主机具有管理 USB 系统、每毫秒产生一帧数据、发送配置请求对 USB 设备进行配置操作和对总线上的错误进行管理和恢复等功能。

(2) USB 设备

在一个 USB 系统中，USB 设备和 USB 集线器的总数不能超过 127 个。USB 设备接收 USB 总线上的所有数据包，通过数据包的地址域来判断是不是发给自己的数据包，若地址不符，则简单地丢弃该数据包，若地址相符，则通过响应 USB 主机的数据包与 USB 主机进行数据传输。

(3) USB 集线器

USB 集线器用于设备扩展连接，所有 USB 设备都连接在 USB 集线器的端口上。一个 USB 主机总与一个根集线器（USB ROOT HUB）相连。USB 集线器为其每个端口提供 100mA 电流供设备使用。同时，USB 集线器可以通过端口的电气变化诊断出设备的插拔操作，并通过响应 USB 主机的数据包把端口状态汇报给 USB 主机。一般来说，USB 设备与 USB 集线器间的连线长度不超过 5m，USB 系统的级联不能超过 5 级（包括 ROOT HUB）。

3. USB 的数据传输

从物理结构上，USB 系统是一个星形结构。但在逻辑结构上，每个 USB 逻辑设备都是直接与 USB 主机相连进行数据传输的。在 USB 总线上，每毫秒传输一帧数据。每帧数据可由多个数据包的传输过程组成。USB 设备可根据数据包中的地址信息来判断是否响应该数据传输。在 USB 标准中，规定了 4 种传输方式以适应不同的传输需求。

(1) 控制传输方式

控制传输是双向传输，数据量通常较小，用来发送设备请求信息，主要用于读取设备配置信息及设备状态、设置设备地址、设置设备属性、发送控制命令等功能。全速设备每次控制传输的最大有效负荷可为 64 个字节，而低速设备每次控制传输的最大有效负荷仅为 8 个字节。

(2) 同步传输方式

同步传输又称为等时传输，仅适用于全速/高速设备，提供了确定的带宽和间隔时间。同步传输每毫秒进行一次传输，有较大的带宽，常用于语音设备。同步传输每次传输的最大有效负荷可为 1023 个字节。

(3) 中断传输方式

中断传输用于支持数据量少的周期性传输需求。全速设备的中断传输周期可为 1～255ms，而低速设备的中断传输周期为 10～255ms。全速设备每次中断传输的最大有效负荷可为 64 个字节，而低速设备每次中断传输的最大有效负荷仅为 8 个字节。

(4) 块数据传输方式

块数据传输是非周期性的数据传输，仅全速/高速设备支持块数据传输，同时，当且仅当总线带宽有效时才进行块数据传输。块数据传输每次数据传输的最大有效负荷可为 64 个字节。打印机和扫描仪属于这种类型。

本 章 习 题

1. 什么是总线？采用总线有何好处？
2. 总线的分类有哪些？
3. PCI 总线相对于 ISA 总线有哪些优点？
4. RS-232C 的电平与 TTL 电平有何区别？
5. USB 接口有什么特点？
6. USB 系统由哪些部分组成？

附　　录

附录 A　ASCII 码表（完整版）

ASCII 值	控制字符	ASCII 值	控制字符	ASCII 值	控制字符	ASCII 值	控制字符
0	NUT	32	(space)	64	@	96	`
1	SOH	33	!	65	A	97	a
2	STX	34	"	66	B	98	b
3	ETX	35	#	67	C	99	c
4	EOT	36	$	68	D	100	d
5	ENQ	37	%	69	E	101	e
6	ACK	38	&	70	F	102	f
7	BEL	39	,	71	G	103	g
8	BS	40	(	72	H	104	h
9	HT	41	)	73	I	105	i
10	LF	42	*	74	J	106	j
11	VT	43	+	75	K	107	k
12	FF	44	,	76	L	108	l
13	CR	45	-	77	M	109	m
14	SO	46	.	78	N	110	n
15	SI	47	/	79	O	111	o
16	DLE	48	0	80	P	112	p
17	DC1	49	1	81	Q	113	q
18	DC2	50	2	82	R	114	r
19	DC3	51	3	83	X	115	s
20	DC4	52	4	84	T	116	t
21	NAK	53	5	85	U	117	u
22	SYN	54	6	86	V	118	v
23	ETB	55	7	87	W	119	w
24	CAN	56	8	88	X	120	x
25	EM	57	9	89	Y	121	y
26	SUB	58	:	90	Z	122	z
27	ESC	59	;	91	[	123	{
28	FS	60	<	92	/	124	|
29	GS	61	=	93	]	125	}
30	RS	62	>	94	^	126	~
31	US	63	?	95	—	127	DEL

说明：

NUL 空	VT 垂直制表	SYN 空转同步
SOH 标题开始	FF 走纸控制	ETB 信息组传送结束
STX 正文开始	CR 回车	CAN 作废
ETX 正文结束	SO 移位输出	EM 纸尽
EOT 传输结束	SI 移位输入	SUB 换置
ENQ 询问字符	DLE 空格	ESC 换码
ACK 承认	DC1 设备控制 1	FS 文字分隔符
BEL 报警	DC2 设备控制 2	GS 组分隔符
BS 退一格	DC3 设备控制 3	RS 记录分隔符
HT 横向列表	DC4 设备控制 4	US 单元分隔符
LF 换行	NAK 否定	DEL 删除

附录 B Proteus VSM 元件库

元件名称	中文名	说明
7407	驱动门	
1N914	二极管	
74LS00	与非门	
74LS04	非门	
74LS08	与门	
74LS390 TTL	双十进制计数器	
7SEG	4 针 BCD – LED	输出从 0~9 对应于 4 根线的 BCD 码
7SEG	3 – 8 译码器电路	BCD – 7SEG 转换电路
ALTERNATOR	交流发电机	
AMMETER – MILLI	mA 安培计	
AND	与门	
BATTERY	电池/电池组	
BUS	总线	
CAP	电容	
CAPACITOR	电容器	
CLOCK	时钟信号源	
CRYSTAL	晶振	
D – FLIPFLOP	D 触发器	
FUSE	保险丝	
GROUND	地	
LAMP	灯	

（续）

元件名称	中文名	说明
LED – RED	红色发光二极管	蓝色发光二极管为 LED – BLUE、绿色、黄色类推
LM016L	2 行 16 列液晶	可显示 2 行 16 列英文字母，有 8 位数据总线 $D_0 \sim D_7$，RS, R/W, EN 三个控制端口（共 14 线），工作电压为 5V。没背光，和常用的 1602 字节功能和引脚一样（除了调背光的二个引脚）
LOGIC ANALYSER	逻辑分析器	
LOGICPROBE	逻辑探针	
LOGICPROBE [BIG]	逻辑探针（大）	用来显示连接位置的逻辑状态
LOGICSTATE	逻辑状态	用鼠标单击，可改变该方框连接的逻辑状态
LOGICTOGGLE	逻辑触发	
MASTERSWITCH	按钮	手动闭合，立即自动打开
MOTOR	电动机	
OR	或门	
POT – LIN	三引线可变电阻器	
POWER	电源	
RES	电阻	
RESISTOR	电阻器	
SWITCH	按钮	注意和 BUTTON 按键区别
SWITCH – SPDT	二选通一按钮	
VOLTMETER	电压表	
VOLTMETER – MILLI	毫伏表	
VTERM	串行口终端	
Electromechanical	电机	
Inductors	电感器	
Laplace Primitives	拉普拉斯变换	
Memory Ics	存储器	
Microprocessor Ics	微控制器	
Miscellaneous	各种器件	AERIAL – 天线，BATTERY – 电池组，CELL – 电池，CRYSTAL – 晶振，FUSE – 保险丝，METER – 仪表等
Modelling Primitives	各种仿真器件	是典型的基本器件模拟，不表示具体型号，只用于仿真，没有 PCB
Optoelectronics	各种光电器件	发光二极管，LED，液晶等

(续)

元件名称	中文名	说明
PLDs & FPGAs	可编程逻辑控制器件	
Resistors	各种电阻	
Simulator Primitives	常用的仿真器件	
Speakers & Sounders	扬声器	
Switches & Relays	开关、继电器、键盘	
Switching Devices	晶闸管	
Transistors	晶体管、场效应晶体管	
TTL 74 series		
TTL 74ALS series		
TTL 74AS series		
TTL 74F series		
TTL 74HC series		
TTL 74HCT series		
TTL 74LS series		
TTL 74S series		
Analog Ics	模拟电路集成芯片	
Capacitors	电容器	
CMOS 4000 series		
Connectors	排座，排插	
Data Converters	数据转换器件	ADC、DAC 等器件
Debugging Tools	调试工具	
ECL 10000 Series	各种常用集成电路	

参 考 文 献

[1] 顾晖,陈超,梁惺彦. 微机原理与接口技术——基于8086和Proteus仿真[M].2版.北京:电子工业出版社,2015.
[2] 陈光军,傅越千,张丽娟,等. 微机原理与接口技术[M].北京:北京大学出版社,2007.
[3] 彭虎,周佩玲,傅忠谦. 微机原理与接口技术(基于16位机)[M].北京:电子工业出版社,2005.
[4] 沈美明,温冬婵. IBM-PC汇编语言程序设计[M].2版.北京:清华大学出版社,2001.
[5] 史新福. 微型计算机原理与接口技术[M].北京:人民邮电出版社,2009.
[6] 何小海,严华. 微机原理与接口技术[M].北京:科学出版社,2006.
[7] 徐晨,陈继红,王春明,等. 微机原理及应用[M].北京:高等教育出版社,2004.
[8] 杨邦华,马世伟,王健,等. 微机原理与接口技术实用教程[M].北京:清华大学出版社,2008.
[9] 周润景,张丽娜,刘映群. Proteus入门实用教程[M].北京:机械工业出版社,2007.
[10] 周灵彬,任开杰. 基于Proteus的电路与PCB设计[M].北京:电子工业出版社,2010.